U0725087

暖通施工员（工长）岗位实务知识

建筑施工企业管理人员岗位资格培训教材编委会　组织编写

高红岩　王志伟　曹万刚　编著

中国建筑工业出版社

图书在版编目（CIP）数据

暖通施工员（工长）岗位实务知识/ 建筑施工企业
管理人员岗位资格培训教材编委会组织编写 . —北京：
中国建筑工业出版社，2007
建筑施工企业管理人员岗位资格培训教材
ISBN 978-7-112-08849-2

Ⅰ . 暖… Ⅱ . 建… Ⅲ.①采暖设备-建筑安装工程-
工程施工-技术培训-教材②通风设备-建筑安装工程-工
程施工-技术培训-教材 Ⅳ. TU83

中国版本图书馆 CIP 数据核字（2007）第 077620 号

建筑施工企业管理人员岗位资格培训教材
暖通施工员（工长）岗位实务知识
建筑施工企业管理人员岗位资格培训教材编委会 组织编写
高红岩 王志伟 曹万刚 编著
*
中国建筑工业出版社出版、发行（北京西郊百万庄）
新 华 书 店 经 销
北京密云红光制版公司制版
北京市安泰印刷厂印刷
*
开本：787×1092 毫米 1/16 印张：14 字数：336 千字
2007 年 6 月第一版 2011 年 4 月第二次印刷
印数：3001—4500 册 定价：**28.00** 元
ISBN 978-7-112-08849-2
（15513）

本书结合目前暖通施工管理人员的实际状况和工作需要，讲解了施工员（工长）在实际岗位中应掌握的基础知识、安装方法、标准要求及操作要领，包括给水排水工程、通风与空调、锅炉工程及施工现场岗位实务管理、工程质量控制要点及细部做法等方面的内容，均以现行国家规范、标准为依据，强调实用性、科学性和先进性。本书可作为施工员（工长）的岗位资格培训教材，也可作为平时学习的参考用书，以提高业务能力，从容应对岗位工作的要求。

*   *   *

　　责任编辑：刘　江　曾　威
　　责任设计：董建平
　　责任校对：梁珊珊　关　健

《建筑施工企业管理人员岗位资格培训教材》

编 写 委 员 会

（以姓氏笔画排序）

艾伟杰　中国建筑一局（集团）有限公司

冯小川　北京城市建设学校

叶万和　北京市德恒律师事务所

李树栋　北京城建集团有限责任公司

宋林慧　北京城建集团有限责任公司

吴月华　中国建筑一局（集团）有限公司

张立新　北京住总集团有限责任公司

张囡囡　中国建筑一局（集团）有限公司

张俊生　中国建筑一局（集团）有限公司

张胜良　中国建筑一局（集团）有限公司

陈　光　中国建筑一局（集团）有限公司

陈　红　中国建筑一局（集团）有限公司

陈御平　北京建工集团有限责任公司

周　斌　北京住总集团有限责任公司

周显峰　北京市德恒律师事务所

孟昭荣　北京城建集团有限责任公司

贺小村　中国建筑一局（集团）有限公司

出 版 说 明

建筑施工企业管理人员（各专业施工员、质量员、造价员，以及材料员、测量员、试验员、资料员、安全员）是施工企业项目一线的技术管理骨干。他们的基础知识水平和业务能力的大小，直接影响到工程项目的施工质量和企业的经济效益；他们的工作质量的好坏，直接影响到建设项目的成败。随着建筑业企业管理的规范化，管理人员持证上岗已成为必然，其岗位培训工作也成为各施工企业十分关心和重视的工作之一。但管理人员活跃在施工现场，工作任务重，学习时间少，难以占用大量时间进行集中培训；而另一方面，目前已有的一些培训教材，不仅内容因多年没有修订而较为陈旧，而且科目较多，不利于短期培训。有鉴于此，我们通过了解近年来施工企业岗位培训工作的实际情况，结合目前管理人员素质状况和实际工作需要，以少而精的原则，组织出版了这套"建筑施工企业管理人员岗位资格培训教材"，本套丛书共分15册，分别为：

◇《建筑施工企业管理人员相关法规知识》
◇《土建专业岗位人员基础知识》
◇《材料员岗位实务知识》
◇《测量员岗位实务知识》
◇《试验员岗位实务知识》
◇《资料员岗位实务知识》
◇《安全员岗位实务知识》
◇《土建质量员岗位实务知识》
◇《土建施工员（工长）岗位实务知识》
◇《土建造价员岗位实务知识》
◇《电气质量员岗位实务知识》
◇《电气施工员（工长）岗位实务知识》
◇《安装造价员岗位实务知识》
◇《暖通施工员（工长）岗位实务知识》
◇《暖通质量员岗位实务知识》

其中，《建筑施工企业管理人员相关法规知识》为各岗位培训的综合科目，《土建专业岗位人员基础知识》为土建专业施工员、质量员、造价员培训的综合科目，其他13册则是根据13个岗位编写的。参加每个岗位的培训，只需使用2~3册教材即可（土建专业施工员、质量员、造价员岗位培训使用3册，其他岗位培训使用2册），各书均按照企业实际培训课时要求编写，极大地方便了培训教学与学习。

本套丛书以现行国家规范、标准为依据，内容强调实用性、科学性和先进性，可作为施工企业管理人员的岗位资格培训教材，也可作为其平时的学习参考用书。希望本套丛书能够帮助广大施工企业管理人员顺利完成岗位资格培训，提高岗位业务能力，从容应对各自岗位的管理工作。也真诚地希望各位读者对书中不足之处提出批评指正，以便我们进一步完善和改进。

中国建筑工业出版社

2006 年 12 月

前　言

本书为建筑企业基层岗位管理人员岗位资格培训系列教材之一。结合当前暖通设备安装施工员（工长）培训的实际需要，在编写过程中，力求实用性、操作性及岗位实际运用的原则进行编写。

本书主要介绍了最基本的专业知识及施工现场的有关实施细则。其主要内容包括暖通施工技术、施工管理、安全管理、质量管理、技术管理、文明施工和现场保护等内容。在编写时，我们力求做到理论联系实际，注重了安装工艺的阐述，也注重了施工现场操作，以便通过培训达到既掌握岗位知识又掌握岗位管理的目的。

本书的编写人员有高红岩、王志伟、曹万刚、孟昭荣、石立军、郭金河、骆实、刘月明、周颖杰等同志，由孟昭荣、孙从军、高红岩、何京主审。

本书编写时参阅了大量相关培训教材及有关规范，在此对这些编者表示万分感谢！

本书虽几经修改，但由于时间仓促及编者专业水平、实践经验有限，书中的错误及不当之处，敬请各位读者批评指正。

目　录

第一章　基　础　知　识

第一节　工　程　图　识　读

一、投影基本概念

1. 投影的概念

在光线的照射下空间物体就会在墙壁或地面上出现影子，这种现象就叫投影。把投影这种自然现象用几何方法加以总结和提高就形成了投影法。

2. 投影法的分类

投影法可分为中心投影法和平行投影法两类。

（1）中心投影法：所有投影线都从一点发出，这种投影法叫做中心投影法。如图 1-1 所示。

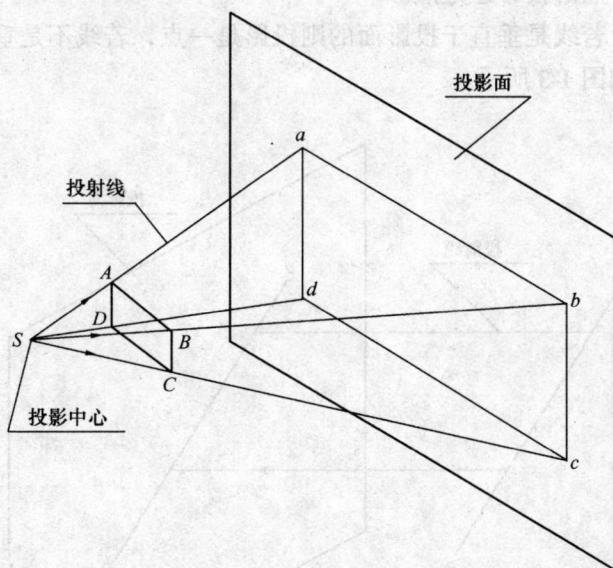

图 1-1　中心投影法

（2）平行投影法：将投影中心移至无穷远，那么所有的投影线都平行，如图 1-2 所示，这种所有投影线都相互平行的投影法叫做平行投影法。

根据投影线是否垂直于投影面，平行投影法又分为斜投影法和正投影法两种。

1）斜投影法：投影线倾斜于投影面所得投影的方法，如图 1-2（a）所示。用斜投影法所得的投影称为斜投影。

2）正投影法：投影线垂直于投影面所得投影的方法，如图 1-2（b）所示。用正投影

1

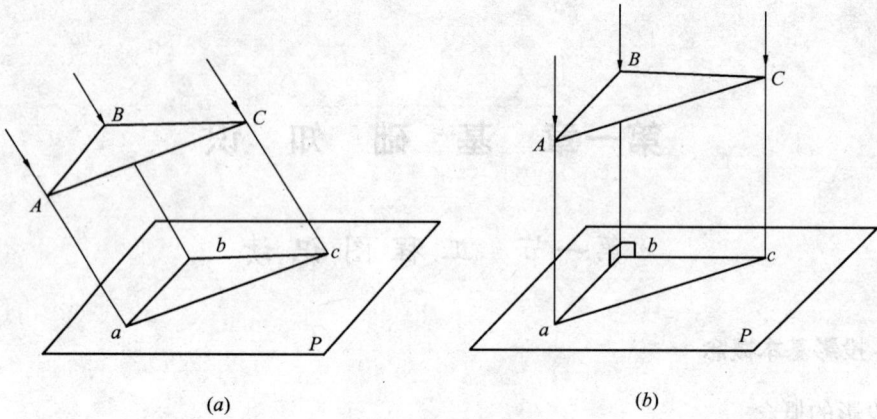

图 1-2　平行投影法
（a）斜投影法；（b）正投影法

法所得的投影称为正投影。

正投影法能够准确地表达物体形状和大小，而且作图也比较简便，容易度量，因此在工程制图中得到广泛应用。

①点的正投影：点的投影还是点。

②线的正投影：若线是垂直于投影面的则投影是一点，若线不是垂直于投影面的则投影还是一条直线，如图 1-3 所示。

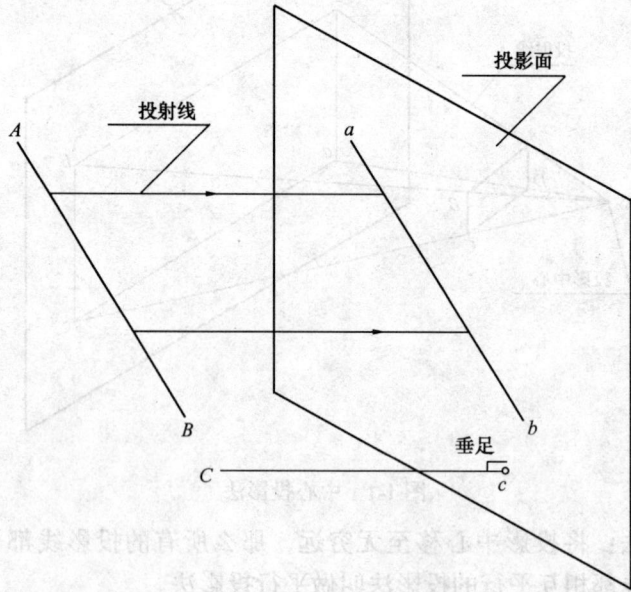

图 1-3　线的正投影

③面的正投影：若被投影面是垂直于投影面的则所得正投影是一条直线，若被投影面不是垂直于投影面的则所得正投影还是一个面，如图 1-4 所示。

2

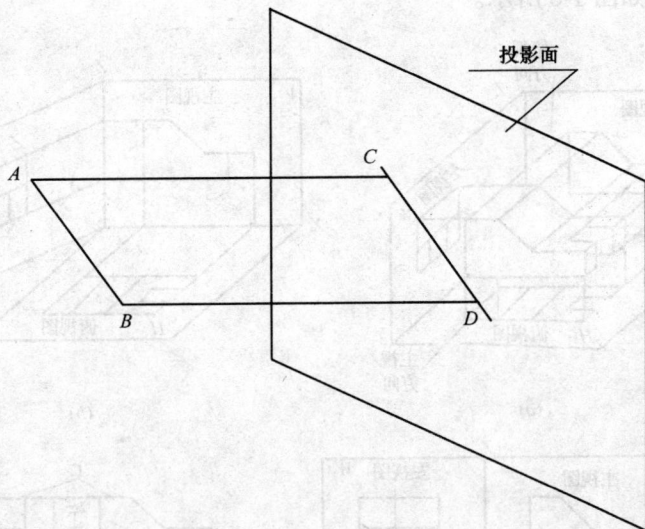

图 1-4　面的正投影

二、三视图及投影规律

在实际绘图中，假想把视线当作平行投射线，用正投影法画出物体的正投影图，就是物体的视图。

1.三视图的形成

仅有一个投影面是不能准确完整的表达物体的形状的，需要在水平面、正面、侧面三个方向进行投影才能完整表达物体形状。实际绘图中也是将物体向三个方向投影，得到三视图。

2.三投影面体系的建立

为表达物体形状，常采用互相垂直的三个投影面，建立三投影面体系，如图 1-5 所示，其名称如下：

正立投影面简称正面，用 V 表示；

水平投影面简称水平面，用 H 表示；

侧立投影面简称侧面，用 W 表示。

OX 轴：正面与水平面的交线，它代表长度方向。

OY 轴：水平方向与侧面的交线，它代表宽度方向。

OZ 轴：正面与侧面的交线，它代表高度方向。

原点 O：OX、OY、OZ 三轴的交点。

3.物体在三投影面体系中的投影

把物体放置在所建立的三投影面体系中，使物体的各主要平面分别平行于各投影面，投影时使物体处于观察者与投影面之间，按正投影法分别向各投影面

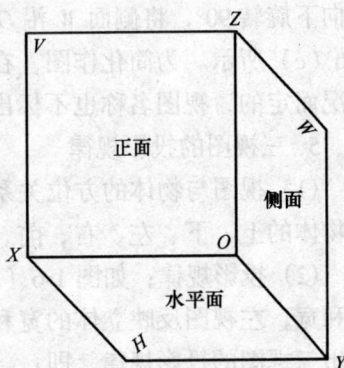

图 1-5　三投影面体系

投影即是三视图，如图 1-6 所示。

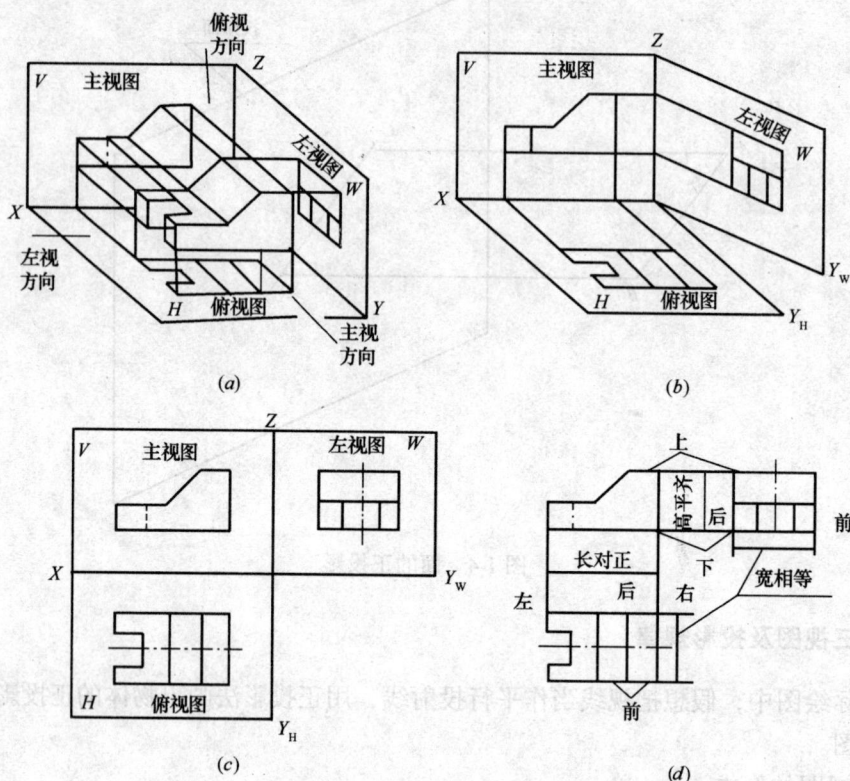

图 1-6 三视图形成过程

主视图——物体由前向正投影面投影所得的图形；
俯视图——物体由上向水平投影面投影所得的图形；
左视图——物体由左向右侧投影面投影所得的图形

4．三投影面的展开

为了把三个视图画在一张图纸上图 1-6（a），必须把相互垂直的三个投影面展开成一个平面，如图 1-6（b）所示。先将空间的物体移走，正面 V 保持不动，将水平面 H 沿 OX 轴向下旋转 90°，将侧面 W 沿 OZ 轴向右转 90°。这样就在同一平面上得到了三视图，如图 1-6（c）所示。为简化作图，在三视图中，不画投影面的边框，视图间的距离也是由实际情况而定的，视图名称也不标出，如图 1-6（d）所示。

5．三视图的投影规律

（1）视图与物体的方位关系：所谓方位关系是指观察者面对正面 V 来观察物体为准，看物体的上、下、左、右、前、后六个方位在三视图中的对应关系，如图 1-6（d）所示。

（2）投影规律：如图 1-6（d）所示，主视图反映物体的长和高，俯视图反映物体的长和宽，左视图反映立体的宽和高。表明了每个视图反映了物体两个方向的尺寸，因此总结出三视图的投影规律，即：

①主、俯视图长对应；

②主、左视图高平齐；

③俯、左视图宽相等。

简称"长对正、高平齐、宽相等"。

不仅整个物体的三视图符合上述投影规律，而且物体上的每一组成部分的三个投影也符合上述投影规律。

三、管道视图基本画法

管道工程图是管道工程语言，是设计人员表达设计意图和交流技术的重要工具。因此，工程图的表示方法必须按国家标准进行。由于管道工程种类繁多，在此仅按国家标准《给水排水制图标准》（GB/T 50106—2001）、《采暖通风与空气调节制图标准》（GBJ 114—88）规定，介绍暖通工程图的表示方法。

1. 暖通工程中常用管道线型表示方法（表 1-1）

常用管道线型　　　　　　　　　　　　　　　　表 1-1

名　称	线　　型	线宽	用　　途
粗实线	——————	b	暖通施工图中表示：采暖供水、供汽干管、立管；风管及部件轮廓线，系统图中的管线；设备、部件编号的索引标志线，非标准部件的外轮廓线
中实线	——————	$0.5b$	暖通施工图中表示散热器及散热器连接支管线；采暖通风空调设备的轮廓线；风管法兰线
细实线	——————	$0.35b$	暖通平剖面图中土建轮廓线 尺寸线、尺寸界线、局部放大部分的范围线、引出线、标高符号线、较小图形的中心线、材料图例线
粗虚线	－ － － －	b	暖通图中表示采暖回水管、凝结水管；平剖面图中非金属风道的内表面轮廓线
中虚线	－ － － －	$0.5b$	风管被遮挡部分的轮廓线
细虚线	－ － － －	$0.35b$	暖通图中原有风管轮廓线；采暖地沟；工艺设备被遮挡部分的轮廓线
细点画线	－·—·—	$0.35b$	中心线；定位轴线
折断线	⌇	$0.35b$	不需画全的断开界线
波浪线	〰	$0.35b$	不需画全的断开界线

2. 管道的视图基本画法

（1）在采暖系统和空调系统平面图、系统图中，采暖、空调水管通常用单实线表示；在大样图、节点图中用双线表示。

（2）在通风和空调系统平面图、大样图中，风管通常用双实线表示——即双线是风管外轮廓线，也有用三线表示的，外轮廓线为实线和点画线表示的管中心线；在系统图中用单线表示风管。

3．管件的基本画法

（1）普通水管短管的三视图画法，见图1-7，短管的两个端面是两个同心的圆，内外表面都是圆滑的曲面，内壁看不见的轮廓线用虚线表示，如果当虚线正好和实线重合时，将它画成实线。H面投影与V面投影相同，可以省略。

（2）同心变径管的三视图画法，见图1-8，同心变径管是内外表面光滑的空心圆锥台，两个端面是大小不等的同心圆。

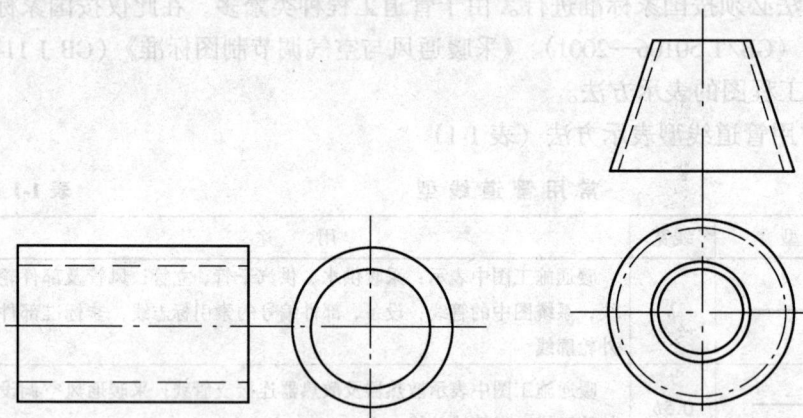

图 1-7　短管的三视图

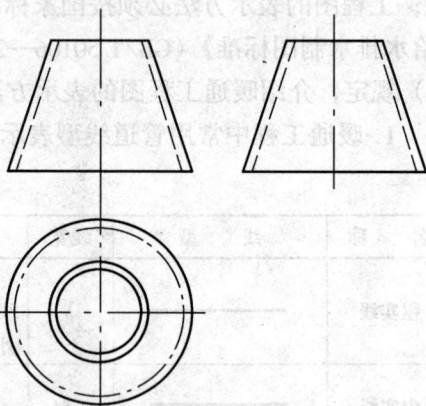

图 1-8　同心变径管的三视图

（3）平焊法兰的三视图画法，见图1-9。

（4）水管弯头的三视图画法，见图1-10。

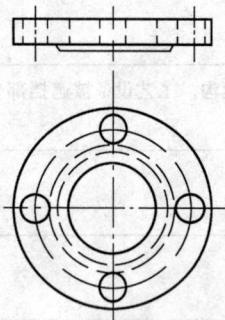

图 1-9　平焊法兰的三视图

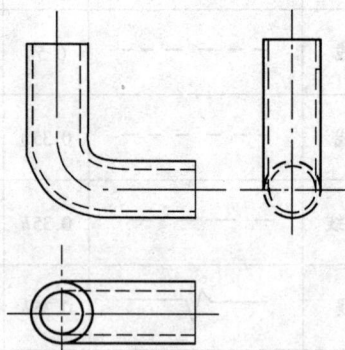

图 1-10　水管弯头的三视图

（5）水管三通常见两种，同径三通和异径三通，三视图画法，见图1-11。

（6）水管弯头：在平面图中无特殊说明的情况下管线拐弯的地方就是弯头，如图1-12。

（7）风管弯头：同水管一样平面图中管线拐弯的地方就是弯头，如图1-13。

（8）水管三通、四通：在平面图中管线连接处就是三通、四通，如图1-14。

6

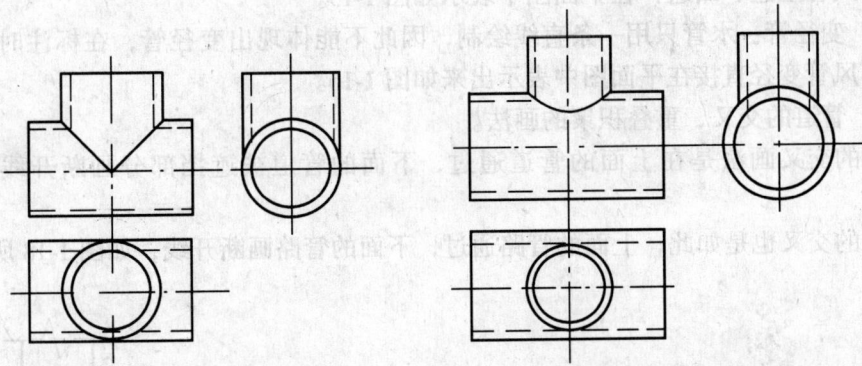

图 1-11 同径三通和异径三通的三视图

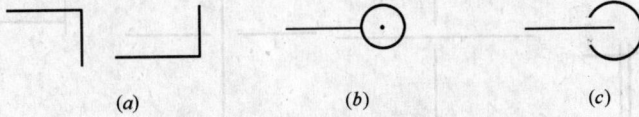

图 1-12 水管弯头
(a) 弯头；(b) 上返弯；(c) 下返弯

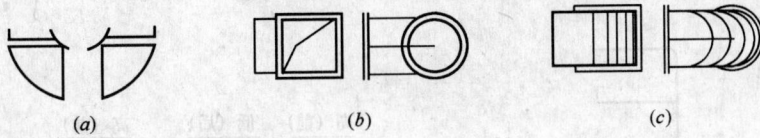

图 1-13 风管弯头
(a) 弯头；(b) 上返弯；(c) 下返弯

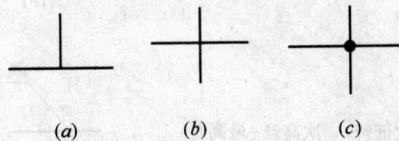

图 1-14 水管三通、四通
(a) 连接处的三通；(b) 连接处的四通；(c) 交点处加点的画法

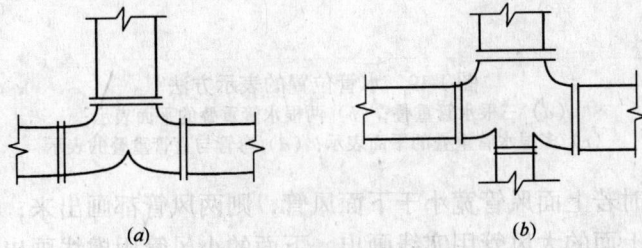

图 1-15 风管三通、四通
(a) 三通；(b) 四通

（9）风管三通、四通：在平面图中表示如图 1-15。

（10）变径管：水管只用一条直线绘制，因此不能体现出变径管，在标注时标出管径的变化；风管变径直接在平面图中表示出来如图 1-16。

（11）管道的交叉、重叠积聚的画法。

水管的交叉画法是在上面的管道通过，下面的管道被遮挡部分画断开线如图 1-17 所示：

风管的交叉也是如此，上面的管路通过，下面的管路画断开线，如图 1-18 所示：

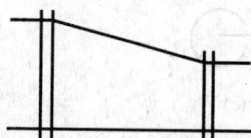

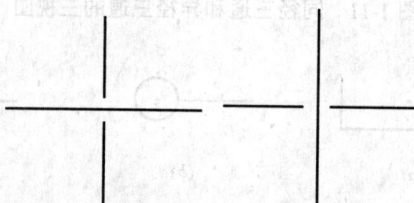

图 1-16　变径管　　　　图 1-17　水管的交叉画法　　　　图 1-18　风管的交叉画法

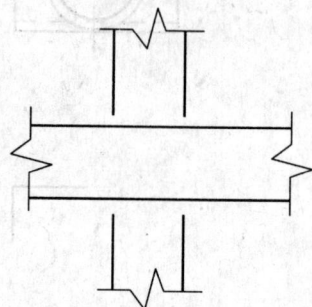

当水管位置重叠或积聚时常见的表示方法如图 1-19。

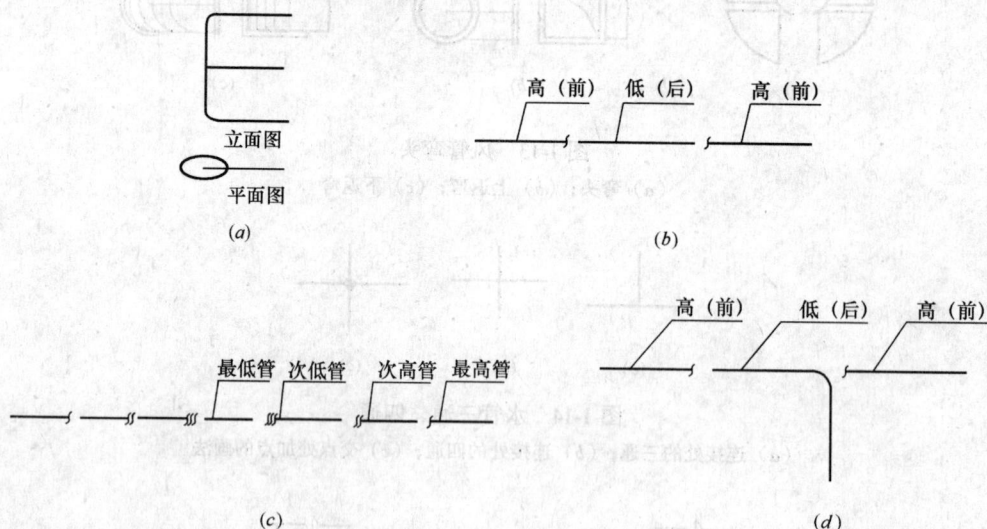

图 1-19　水管位置的表示方法
（a）三根水管重叠；（b）两根水管重叠的平面表示；
（c）多根水管重叠的平面表示；（d）弯管与直管重叠的表示

风管位置重叠时若上面风管宽小于下面风管，则两风管都画出来；若上面风管宽不小于下面风管，则画上面的大风管用实线画出，下面的小风管用虚线画出。

（12）常见各种阀门画法（表 1-2、表 1-3）。

名　称	图　例	名　称	图　例
截止阀		散热器放风门	
蝶阀		手动排气阀	
电动蝶阀		自动排气阀	
平衡阀		疏水器三通阀	
闸阀		球阀	
止回阀		电磁阀	
安全阀		角阀	
膨胀阀		三通阀	
减压阀		四通阀	

通风空调风管道中常用阀门

表 1-3

名　　称	图　　例	名　　称	图　　例
多叶调节阀		排烟风口	
电动多叶调节阀		余压阀	
电动蝶阀		排烟阀	
蝶阀		电动排烟阀	
70℃防火阀		风管防回流阀	
150℃防火阀		280℃防火阀	
70℃电动防火阀		防火排烟阀	

4．常用图例（表 1-4、表 1-5）

序号	名　称	图　例	说　明
1	管道	———————	用于一张图内只有一种管道
		—— A —— / —— F ——	用汉语拼音、英文单词字头表示管道类别
		－ · － · － · －	用图例表示管道类别
2	采暖供水（汽）管	———————	
3	采暖回（凝结）水管	－ － － － －	
4	保温管	∼∼∼∼	常用文字说明替代
5	方形补偿器	⊓	
6	套筒补偿器	▭	
7	波纹管补偿器	◇◇◇	
8	弧形补偿器	∩	
9	波形补偿器	◇	
10	丝堵	⊣I	
11	滑动支架	≡	
12	固定支架	✕	单管
13	流向	→	用箭头表示

序号	名　　称	图　　例	说　　明
14	截流孔板	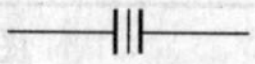	
15	泄水丝堵	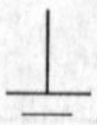	
16	散热器	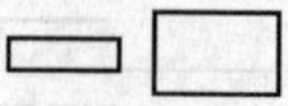	左图：平面 右图：立面
17	集气罐		
18	管道泵		
19	过滤器	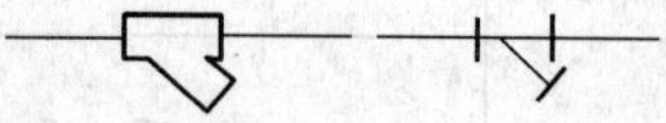	
20	除污器	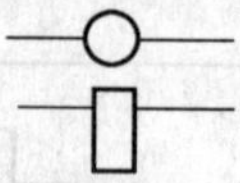	上图：平面 下图：立面
21	暖风机		
22	恒速水泵		
23	变速水泵		
24	管道软接头		
25	板式热交换器	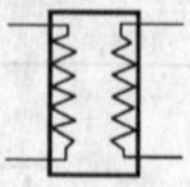	
26	地板嵌入式散热器		
27	压力表		
28	温度计		

序　号	名　称	图　例	说　明
1	风管		
2	弯头		左弯、右弯 方、圆风管上弯 方、圆风管下弯
3	带导流片弯头		
4	消声弯头		
5	柔性接头		
6	消声器		
7	消声静压箱		

序 号	名 称	图 例	说 明
8	新风入口		
9	排风出口		
10	轴流风机		
11	离心风机		
12	卧式暗装风机盘管		
13	变风量末端调节器		
14	百叶排风口		
15	空调回风口		
16	方形散流器		
17	条缝风口		
18	板式过滤器		
19	袋式过滤器		

序 号	名 称	图 例	说 明
20	活性碳过滤器		
21	加湿器		
22	加热盘管		
23	冷却盘管		

四、图纸的分类

建造一幢房屋从设计到施工，要由许多专业、许多工种共同配合来完成。

1. 按专业分工的不同分类

(1) 建筑施工图（简称建筑图）：主要用来表示房屋的规划位置、外部造型、内部布置、内外装修、细部构造、固定设施及施工要求等。它包括施工图首页、总平面图、平面图、立面图、剖面图和详图。

(2) 结构施工图（简称结构图）：主要表示房屋承重结构的布置、构件类型、数量、大小及做法等。它包括结构布置图和构件详图。

(3) 设备施工图（简称设备图）：主要表示各种设备、管道和线路的布置、走向以及安装施工要求等。设备施工图又分为给水排水施工图（水施）、采暖施工图（暖施）、通风与空调施工图（通施）、电气施工图（电施）等。设备施工图一般包括平面布置图、系统图和详图等。

2. 按图纸的作用分类

施工图均有：图纸目录、设计施工说明、设备、材料表、工艺流程图、平面图、轴测图、立（剖）面图、大样图、节点图和标准图（通用图）等。

(1) 图纸目录：为便于查阅和保管，设计人员将一个项目工程的施工图纸按一定的名称和顺序归纳整理编排成图纸目录。一般是先列出新设计的图纸，后列出选用的标准图。通过图纸目录，可知该项目整套专业图的图别、图名、图号及其数量等。

(2) 设计施工说明：设计人员在图样上无法表明而又必须要建设单位和施工单位知道的一些技术和质量的要求，一般均以文字的形式加以说明。其内容一般有工程设计的主要技术数据、施工验收要求以及特殊注意事项。

(3) 设备、材料表：设计人员将该工程所需的各种设备和各类管道、阀门、管件以及防腐、绝热材料的名称、规格、型号、数量统计归纳后列出的明细表。

以上三部分是施工图纸不可少的组成部分，既是图样的纲领和索引，又是图样的补充与说明。了解这些内容，有助于进一步看懂管道工程图。

（4）工艺流程图：工艺流程图是表示整个管道系统整个工艺变化过程的原理图。它是设备布置和管道布置等设计的依据，也是施工安装和操作运行的依据。通过它，可以全面了解建筑物的名称、设备编号、整个系统的仪表控制点（温度、压力、流量及分析的测点），可以确切了解管道材质、规格、编号、输送的介质与流向以及主要控制阀门等。

（5）平面图：管道平面图是管道工程图中最基本的一种图样，它主要表示设备、管道在建筑物内的平面位置，表示管线的排列和走向、坡度和坡向、管径、标高以及各管段的长度尺寸和相对位置等具体数据。

（6）轴测图（系统图）：轴测图是一种立体图，它是管道工程图中的重要图样之一。它反映设备管道的空间布置，管线的空间走向。由于它有立体感，有助于读者想像管线的空间布置状况，能代替管道立（剖）面图。

（7）立（剖）面图：立（剖）面图也是管道工程图中的常见图样。它主要反映设备管道在建筑物内垂直高度方向上的布置，反映在垂直方向上管线的排布和走向以及管线的编号、管径、标高等具体数据。

（8）节点图：节点图就是对以上几种图样无法表示清楚的节点部位的放大图。它能清楚地反映某一局部管道或组合件的详细结构和尺寸。节点是用代号表示它所在工程图样中的部位，如"节点A"，在相应的施工图中就能找到用"A"所表示的部位。

（9）大样图：大样图表示一组（套）设备或一组管件组合安装的详图。它反映了组合体各部位的详细构造与尺寸。由于它用双线图表示，真实感强，有助于进一步识懂管道工程图。

（10）标准图：标准图是一种具有通用性的图样。它是为使设计和施工标准化、统一化，一般由国家或有关部委颁发的标准图样。标准图样详细反映了成组管道、部件或设备的具体构造尺寸和安装技术要求。标准图一般不能用作单独施工图纸，而是作为某些施工图中的一个组成部分。

五、图纸识读

1. 相关专业施工图

（1）建筑工程图：表示该工程内部和外部结构形状的图纸。建筑工程图也分为平面图、立面图、剖面图等。

1）平面图表示建筑面积、房间大小、隔断、楼梯、门窗等位置和尺寸，墙厚度等。

2）立面图表示建筑物的外部形状，房屋长、宽、高等尺寸以及屋面的形式，门窗洞口的位置等。

3）剖面图表示建筑物内部高度的情况，如房间高度，楼房分层、门窗高度等。

暖通施工图与建筑图有着密切的关系。风管的标高、定位、坡向、距离等尺寸都是以建筑图为基准。前期的预埋件，风管水管的穿墙、穿楼板的预留孔洞都是要在建筑图上表示的。

（2）结构工程图：表示该建筑结构形式的图纸。风管水管安装过程中，要在结构上生根的地方，都要参看结构图纸的做法，避免破坏结构强度。

（3）电气安装施工图：电气安装施工图包括平面图、系统图、接线原理图、施工说明等。电气安装施工图表明了供电方式，设备接线、电气管路、桥架敷设方式、位置等，配电箱、开关位置等。电气安装施工图与暖通图纸也存在密切关系，在冷冻机房、空调机房、水泵间等机房都要给设备供电。常存在管线交叉的问题，需相互配合解决。

2．暖通、空调施工识图

（1）水专业系统识图基本方法：识读时，先粗看。弄清该工程的图纸数量，弄清供热入口、供水总立管、供水干管、立管、回水干管、散热器的布置位置，弄清该采暖管道系统属何种布置形式。然后按热介质流向——供热入口→供水总立管→供水干管→各立管→回水干管→热入口的顺序深入地进行识读。识读时，先读平面图，后将系统图结合平面图对照识读，以弄清各部分的布置尺寸、构造尺寸及其相互关系。

（2）通风专业系统识图基本方法：对系统而言，可按空气流向进行。

1）送风系统为：进风口→进风管道→通风机主干风管→分支风管→送风口；

2）排风系统为：排气（尘）罩类→吸气管道→排风机→立风管→风帽；

3）全空气空调系统为：新风口→新风管道→空气处理设备→送风机→送风干管→送风支管→送风口空调房间→回风口→回风机→回风管道（同时读排风管道、排风口）→一、二次回风管→空气处理设备。

对图纸而言一般为平面图、剖面图、系统图、详图。

（3）识读剖面图与系统图时，应与平面图对照进行。识读平面图以了解设备、管道的平面布置位置及定位尺寸；识读剖面图以了解设备、管道在高度方向的布置情况、标高尺寸以及管道在高度方向的走向；识读系统图以了解整个系统在空间上的概貌和走向；识读详图以了解设备、部件的具体构造、制作安装尺寸与要求等。

3．通风空调图绘制方法

（1）平、剖面图，详图，各种大样图。

1）通风空调平面图中的建筑应与相应建筑平面图一致，且通风空调平面图应按本层顶棚以下俯视绘制。绘制建筑的通风空调平、剖面图，只绘与通风空调系统有关的建筑轮廓线（包括有关的门、窗、梁、柱、平台等建筑构配件的轮廓线），标出定位轴线编号、间距以及房间名称。

2）通风空调平面图应分层分系统绘制，必要时也可分段绘制。每层建筑平面较大，空调系统较大时，通风空调平面图可分段绘制，但分段部位仍应与相应建筑平面一致，并应绘制分段示意图。

3）比例、线型、图例：通风空调平、剖面图常用1:50、1:100的比例绘制。通风空调平、剖面图中的风管及其部件宜用双粗实线绘制；风管法兰、通风空调设备的轮廓线应用单中实线绘制；建筑轮廓线、尺寸线、尺寸界线、引出线等均用单细实线绘制；非金属风道（砖、混凝土风道）的内表面轮廓线应用粗虚线绘出。

4）标注：

①定位尺寸标注：平、剖面图中应注出设备、管道中心线与建筑定位轴线间的间距尺寸。

②风管规格标注：风管规格用管径或断面尺寸表示。风管管径或断面尺寸宜标注于风

管上或风管法兰处延长的细实线上方。圆形风管规格用其外径表示，如矩形风管规格用断面尺寸"—×—"表示，如"800×630"，前面数字为该视图投影面尺寸。

③标高标注：圆形风管，注管中心标高；矩形风管，注管底标高；有时注出风管距该层地面尺寸以确定高度。

④编号标注：平、剖面图中，各设备、部件等，均应标注编号、规格、技术性能及数量等，同样平、剖面图中也应标注预留孔洞编号，以便组织施工，据此编号在相应的预留孔洞尺寸表上查出预留孔洞的尺寸、位置、数量。

（2）系统图。

1）通风空调系统图的布置方向应与通风空调平面图一致。当系统图分段绘制时也应与平、剖面图分段一致。

2）通风空调系统图的风管、冷热媒管，宜按比例以单粗实线绘制。

3）当管线在系统图中投影重叠时，为清楚表示被遮挡部分的尺寸、走向、结构，可将前面或上面的管线断开绘制，但断开的接头处必须用细虚线连接或用文字注明。

4）系统图的标注方法同平、剖面图，其编号应与平、剖面图一致。

（3）标注尺寸。

标注建筑定位轴线间距、外墙长宽总尺寸、墙厚、地面标高、主要通风空调设备的轮廓尺寸、通风空调设备和管道的定位尺寸等。

4. 供暖工程图识图基本方法

识读供暖施工图应按热媒在管内所走的路程顺序进行，以便掌握全局；识读其系统图时，应将系统图与平面图结合对照进行，以便弄清整个供暖系统的空间布置关系。

（1）平面图的识读。

供暖平面图是供暖施工图的主体图纸，它主要表明供暖管道、散热设备及附件在建筑平面图上的位置及它们之间的相互关系。识读时，应掌握的主要内容及注意事项如下：

1）弄清热水入口在建筑平面上的位置、管道直径、热媒来源、流向、参数及其做法等。热水入口也称引入口，它可设于建筑物中间或两端。引入口数一般为一个，当建筑物很大时，可设两个及两个以上。大引入口宜设在建筑物底层的专用房间内，小引入口可设在入口地沟内或地下室内。当有入口地沟时，应查明地沟的断面尺寸和沟底的标高与坡度等。

热水入口装置一般由减压阀、混水器、疏水器、分水器、分汽缸、除污器及控制阀门等组成。如果平面图上注明有热水入口的标准图号，识读时则按给定的标准图号查阅标准图；如果热水入口有节点图，识读时则按平面图所注节点图的编号对照热水入口大样图进行识读。

2）弄清建筑物内散热设备（散热器、辐射板、暖风机）的平面布置、种类、数量（片数）以及散热器的安装方式（即明装、半暗装、暗装）。散热器一般布置在房间外窗内侧的窗台下（也有少数沿内墙布置的），其目的是使室内空气温度分布均匀。楼梯间的散热器应尽量布置在底层，或按一定比例分配在下部各层。

要弄清散热器的安装方式，一般均应结合识读图纸说明进行。一般情况下，散热器以明装较多。当房间装修和卫生要求较高或因热媒温度高容易烫伤人时（如宾馆、幼儿园、托儿所等），才采用暗装。换言之，若图纸未说明，则散热器为明装。

要弄清散热器种类，则应识读图例符号和图纸说明。一般情况下，圆翼型散热器常用于工业企业中大面积的少尘车间；长翼型散热器一般用于工业企业的辅助建筑；柱型散热器多用于低层住宅建筑和公共建筑；闭式和板式散热器多用于高层建筑的热水供暖；钢柱散热器多用于一般住宅和民用建筑；光管散热器适用于多尘工业车间或高温高压热媒的供暖系统；暖风机和辐射板适用于高大工业厂房和某些大空间的公共建筑。

3）弄清供水干管的布置方式、干管上阀件附件的布置位置及型号以及干管的直径。识读时须查明干管敷设在最高层、中间层、还是最底层。供水（汽）干管敷设在顶棚下（或内），则说明是上供式系统；供水（汽）干管敷设在中间层、底层，则分别说明是中供式、下供式系统；在一层平面图上绘有回水干管或凝结水干管（虚线），则说明是下回式系统。如果干管最高处设有集气箱，则说明为热水供暖系统；若散热器出口处和底层干管上出现有疏水器，则说明干管（虚线）为凝结水管，从而表明该系统为蒸汽供暖系统。

识读时应弄清补偿器与固定支架的平面位置及其种类、型号。凡热胀冷缩较大的管道，在平面图上均用图例符号注明了固定支架的位置，要求严格时还注明有固定支架的位置尺寸。供暖系统中的补偿器常用方形补偿器和自然补偿器。方形补偿器的型号和位置，平面图上均应表明，但自然补偿器在平面图中均不特别说明，它完全是利用固定支架的位置来确定的。

4）按立管编号弄清立管的平面位置及其数量。供暖立管一般是布置在外墙角，也可沿两窗之间的外墙内侧布置，楼梯间或其他有冻结危险的场所一般均是单独设置立管。双管系统的供水或供汽立管一般置于面向的右侧。

5）对蒸汽供暖系统，应在平面图上查出疏水装置的平面位置及其规格尺寸。一般情况下，散热器出口处、凝结水干管始端、水平干管抬头登高的最低点、管道转弯的最低点等要设疏水器。在平面图上，一般要标注疏水器的公称直径。但注意：疏水器的公称直径与其所连管道的公称直径不同，一般小 1～2 级。

6）对热水供暖系统，应在平面图上查明膨胀水箱、集气罐等设备的平面位置、规格尺寸。热水供暖系统的集气罐一般装在供水干管的末端或供水立管的顶端。注意图例符号，装于立管顶端的为立式集气罐，装于供水干管末端的则为卧式集气罐。卧式比立式应用多。立式与卧式集气罐的型号有 1、2、3、4 号，它们的直径分别为 100mm、150mm、200mm、250mm，高度（长度）分别为 300mm、300mm、320mm、430mm。若平面图中只给出其型号，则可知集气罐的尺寸。

（2）系统图的识读。

供暖系统图是表示从热媒入口到热媒出口的供暖管道、散热设备、主要阀件、附件的空间位置及相互关系的图形。识读时应掌握的主要内容及注意事项如下：

1）查明热入口装置的组成和热入口处热媒来源、流向、坡向、标高、管径以及热入口采用的标准图号或节点图编号。

2）弄清各管段的管径、坡度、坡向，水平管道和设备的标高，各立管的编号。

一般情况下，系统图中各管段两端均注有管径，即变径管两侧要注明管径。供水干管坡度一般为 0.003，坡向总立管，散热器供回水支管的坡度往往在系统图中未标出，一般是沿水流方向下降的坡度。坡度大小按下列规定执行：当支管长度不大于 500mm 时，坡度值为 5mm；长度大于 500mm 时，坡度值为 10mm。

立管的编号在系统图和平面图中是一致的。

3）弄清散热器型号、规格及数量。按图纸所示的散热器标注方式识图，可知散热器的规格及数量。根据散热器的类型，可查参数得散热器的传热面积。当立地安装的散热器为柱形时，可知每组散热器有足和无足的片数（柱型散热器所需带足片：14 片以下为 2 片，15～24 片为 3 片）。

4）弄清阀件、附件、设备在空间中的位置。凡系统图已注明规格尺寸的，均须与平面图、设备材料表等进行核对。

（3）详图的识读。

对供暖施工图，一般只绘平画图、系统图和通用标准图中所缺的局部节点图。平面图和系统图对局部位置只能示意性地给出。如供水干管与立管的连接，实际是通过乙字弯或弯头连接的。散热器与支管的连接也是通过乙字弯或两个 90°弯头来连接的。要知这些局部构造尺寸，必须查详图。散热器支管坡度均为 1%。供水支管坡向散热器，回水支管坡向回水立管。

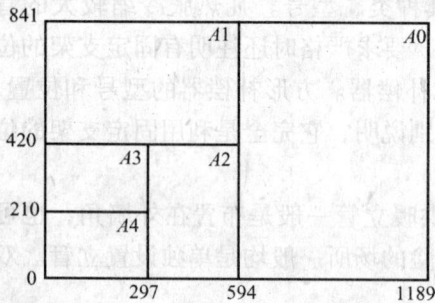

图 1-20　图纸幅面尺寸关系

六、图纸的标注

1. 图纸幅面和格式

（1）图纸幅面：图纸宽度与长度组成的图面称为图纸幅面。图纸幅面尺寸分为基本幅面（表 1-6）和加长幅面。绘图时优先采用基本幅面，必要时可以沿长边加长，具体加长量见《技术制图图纸幅面和格式》（GB/T 14689—93）中的规定。图纸幅面尺寸关系，见图 1-20。

图纸幅面尺寸（mm）　　　　　　　　　　　　　　　　　表 1-6

幅面代号	A0	A1	A2	A3	A4
$B \times L$	841 × 1189	594 × 841	420 × 594	297 × 420	210 × 297
a	25				
c	10			5	
e	20			10	

（2）图纸格式。

无论图样是否装订，均应用粗实线画出图框线，其图框格式如图 1-21 所示，周边尺寸按表 1-6 中规定。装订时，一般采用 A4 幅面竖装或 A3 幅面横装。不需要装订的图样，其格式如图 1-22 所示。

（3）标题栏的格式及尺寸。

每张图纸在其图框的右下角必须画出标题栏，其位置一般如图 1-23 所示，标题栏中的文字方向为看图方向。

标题栏外是粗实线，内格是细实线。文字除图名、校名用 10 号字，其余皆用 5 号字。

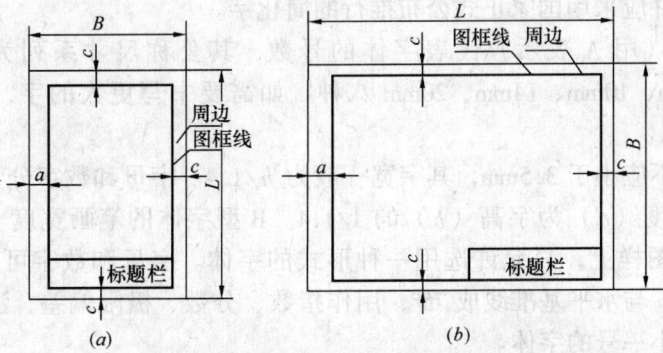

图 1-21 图纸格式（装订）

（a）A4 竖装；（b）A3 横装

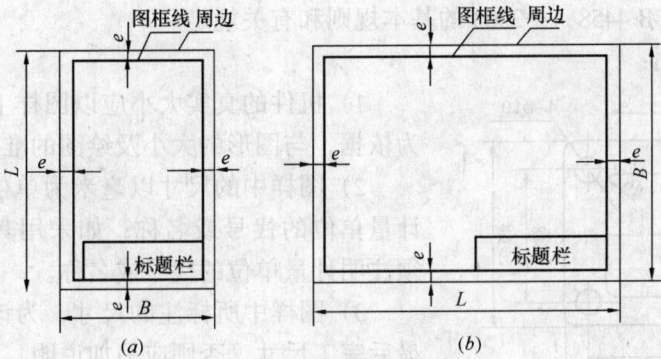

图 1-22 图纸格式（不装订）

（a）A4 竖装；（b）A3 横装

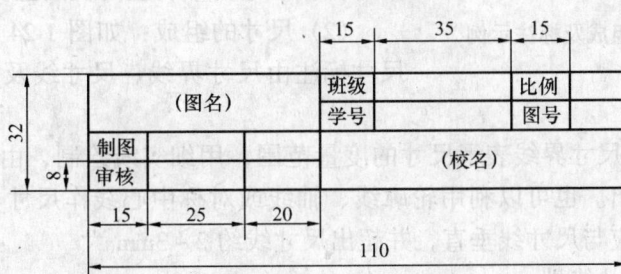

图 1-23 标题栏的格式及尺寸

（4）比例要参照《技术制图——比例》（GB/T 14690—93），常用比例见表 1-7。

比　　例 表 1-7

原值比例	1:1					
放大比例	5:1	2:1	$5 \times 10^3:1$	$2 \times 10^3:1$		
缩小比例	1:2	1:5	1:10	$1:2 \times 10^3$	$1:5 \times 10^3$	$1:1 \times 10^3$

（5）字体要参照《技术制图——字体》（GB/T 14691—93）。

图样中书写的字体必须做到：字体工整、笔画清楚、间隔均匀、排列整齐。汉字应写成长仿宋字体，并应采用国家正式公布推行的简化字。

字体的高度（用 A 表示）代表字体的号数，其公称尺寸系列为 1.8mm、2.5mm、3.5mm、5m、7mm、10mm、14mm、20mm 八种。如需要书写更大的字，其字体高度应按 1.4 的比率递增。

汉字的高度不应小于 3.5mm，其字宽一般为 $h/1.4$。字母和数字分为 A 型和 B 型。A 型字体的笔画宽度（d）为字高（h）的 $1/1.4$。B 型字体的笔画宽度（d）为字高（h）的 $1/10$，在同一图样上，只允许选用一种形式的字体。字母和数字可写成斜体和直体。斜体字向右倾斜，与水平基准线成 75°，用作指数、分数、极限偏差、注脚等的数字及字母，一般应采用小一号的字体。

2. 机械图形的尺寸标注

图样只能表达机件的形状，而机件的大小还必须通过标注尺寸才能确定。图样上的尺寸标注必须符合 GB 4458.4—2003 的基本规则和有关规定。

（1）基本规则：

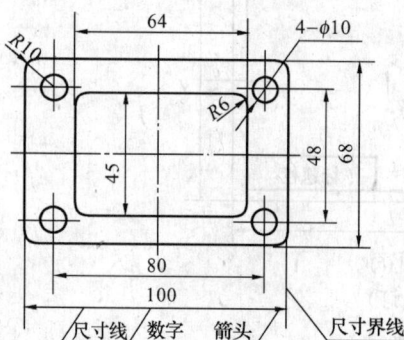

图 1-24 尺寸的组成及标注示例

1）机件的真实大小应以图样上所注的尺寸数值为依据，与图形的大小及绘图的准确程度无关。

2）图样中的尺寸以毫米为单位时，不需要标注计量单位的代号或名称；如采用其他单位时，则必须注明计量单位的代号或名称。

3）图样中所标注的尺寸，为该图样所示机件的最后完工尺寸，否则应另加说明。

4）机件的每一尺寸，一般只标注一次，并应标注在反映该结构最明显的视图上。

（2）尺寸的组成：如图 1-24 所示，一个完整的尺寸标注由尺寸界线、尺寸线及终端、尺寸数字三部分组成。

1）尺寸界线：尺寸界线表示尺寸的度量范围，用细实线绘制，由图形的轮廓线、轴线或对称中心线引出。也可以利用轮廓线、轴线或对称中心线作尺寸界线，如图 1-24 所示。尺寸界线一般应与尺寸线垂直，并超出尺寸线约 2～3mm。

2）尺寸线及尺寸终端

①尺寸线表示所注尺寸的度量方向和长度。不能用其他图线代替，也不得与其他图线重合或画在其延长线上。标注线性尺寸时，尺寸线必须与所标注的线段平行，当有数条尺寸线相互平行时，大尺寸要放在小尺寸外面，两尺寸线之间的距离一般为 6～8mm，如图 1-24 所示。

②同一张图样中，除圆、圆弧、角度外，应采用一种尺寸终端形式。

箭头：多用于大样图，也可用于其他各种类型的图样。箭头的尖端应指到尺寸界线。同一张图样中的所有箭头的大小应基本相同。

斜线：主要用于房屋建筑图和金属结构图等，但标注圆的直径、圆弧半径和角度的尺寸线时，其终端应该用箭头。

（3）尺寸数字：表示尺寸的大小。

22

尺寸的数字的填写方向应与尺寸线平行，一般应填写在尺寸线的上方，也允许注写在尺寸线的中断处，如图1-25（a）所示；但尺寸数字不允许被任何图线穿过。当无法避免时，必须将图线断开，如图1-25（b）所示；尺寸数字的书写方向应以标题栏内的文字书写方向为准，水平方向的尺寸数字，字头朝上，垂直方向的尺寸数字，字头朝左，如图1-25（c）所示；倾斜方向的尺寸数字，应使字头有朝上的趋势，如图1-25（d）所示的方向注写，并应尽量避免在图示30°范围内标注尺寸，当无法避免时，可按图1-25（e）标注。

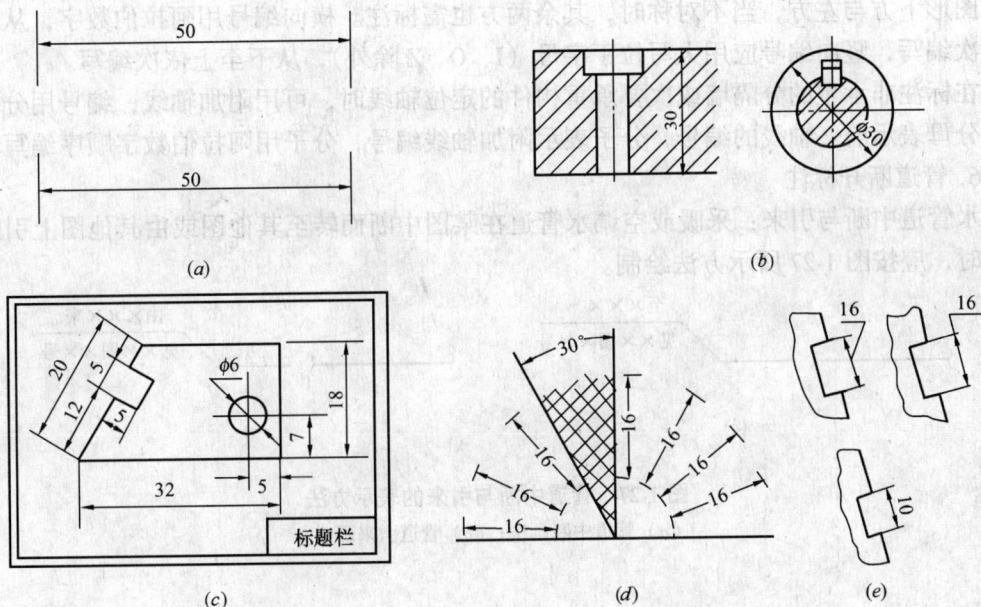

图 1-25　标注尺寸数字的方向及规定

3．采暖管道标注注意事项

平面图中的水平干管的管径应逐段标注。低压流体传送用焊接钢管，应用公称直径"DN"表示，如DN25；无缝钢管应标注外径×壁厚，如Φ108×4。

采暖入口，水平干管的起点或终点，管道抬头的前后，管道穿过基础、梁或预制砌块及壁板等处的管道相对标高，均须注明。

系统图中，应标出与平面图相对应的立管编号，注于立管的顶端。

管径标注位置如图1-26所示。水平管道的管径应注于管道上方；斜管道的管径应注于管道的左上方；竖管道的管径应注于管道的左侧；管道的变径处或当无法按上述位置标注管径时，可用引出线将管段管径引至适当位置标注；同一种管径的管道较多时，可不在图上标注，但应在附注中说明。

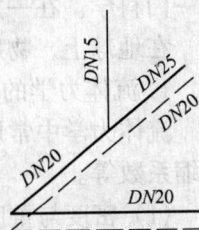

图 1-26　管径尺寸标注位置

4．通风管道标注注意事项

当通风空调系统分系统绘制时，通常用系统名称的汉语拼音字头或英语单词字头加阿拉伯数字将各系统分别进行编号。如S-1、S-2、P-1、PC-1、K-1、K-2分别表示送风系统

23

1、送风系统 2、排风系统 1、排尘系统 1、空调系统 1、空调系统 2。它与室内给水排水工程图和采暖工程图中的立管编号、系统编号意义相似（其余标注详见第一节工程图识读中五-3）。

5. 定位轴线及编号

在建筑平面图中应画出定位轴线，用来确定房屋的墙、柱等承重构件的位置。定位轴线应用细点画线绘制，并予编号，编号的圆圈用细实线绘制，直径为 8mm，圆心在定位轴线的延长线上或延长线的折线上。对于较简单或对称的房屋，平面图的轴线编号，一般标注在图形下方与左方，当不对称时，其余两方也需标注。横向编号用阿拉伯数字，从左至右依次编写，竖向编号应用大写拉丁字母（I、O、Z 除外），从下至上依次编写。

在标注非承重的分隔墙或次要承重构件的定位轴线时，可用附加轴线，编号用分数表示，分母表示前一轴线的编号，分子表示附加轴线编号，分子用阿拉伯数字顺序编写。

6. 管道断开标注

水管道中断与引来：采暖或空调水管道在某图中断而转至其他图或由其他图上引来至某图时，应按图 1-27 所示方法绘制。

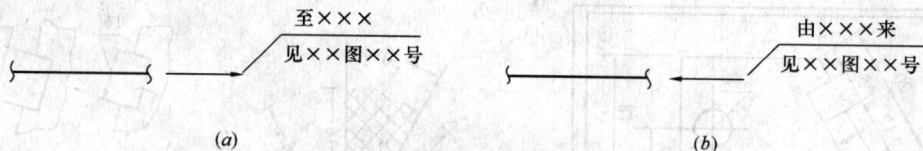

图 1-27　管道中断与引来的表示方法
（a）管道中断画法；（b）管道引来画法

第二节　给水排水基础知识

一、流体力学基础知识

流体力学是用实验和理论分析的方法来研究液体平衡和机械运动的规律及其实际应用的一门科学。在一定的条件下，其运动规律也适用于气体。

在地球上，物质主要以固体、液体和气体的形式存在。液体和气体统称为流体。

1. 流体力学的主要物理性质

流体力学中常用的液体的主要物理性质有重度和黏性，在某些时候还要涉及到液体的压缩系数等。

（1）密度与重度。

液体具有质量和重量，分别用密度 ρ 和重度 γ 表示。

均质液体的密度是单位体积液体的质量，即 $\rho = \dfrac{M}{V}$，国际单位是 kg/m^3，工程单位是 $kg \cdot s^2/m^4$。

均质液体的重度 γ 是单位体积液体重量，即 $\gamma = \dfrac{Mg}{V}$，国际单位是 N/m^3，工程单位是 kgf/m^3。

纯净的水在一个标准大气压条件下，其密度和重度随温度的变化见表 1-8，几种常用液体的重度见表 1-9。

水的密度和重度   表 1-8

t（℃）	0	4	10	20	30
密度 ρ （kg/m³）	999.87	1000.0	999.73	998.23	995.67
重度 γ （N/m³）	9798.73	9800.00	97937.35	9782.65	9757.57
t（℃）	40	50	60	80	100
密度 ρ （kg/m³）	992.24	988.07	983.24	971.83	958.38
重度 γ （N/m³）	9723.95	9683.09	9635.75	9523.94	9392.12

几种常见液体的重度   表 1-9

液体名称	空气	水银	汽油	酒精	四氯化碳	海水
重度 γ （N/m³）	11.82	133280	6664 ~ 7350	7778.3	15600	9996 ~ 10084
测定温度 t（℃）	20	0	15	15	20	15

（2）压缩性与膨胀性。

当压强增高时，分子间的距离减小，液体宏观体积减小，这种性质称为压缩性。温度升高，液体宏观体积增大，这种性质称为膨胀性。

液体的压缩性可用体积压缩系数或体积弹性系数来量度。在一般工程设计中水的体积弹性系数可近似取为 2×10^9 Pa，但当压强变化不大时，水的压缩性可以忽略，相应的，水的密度和重度可视为常数。

（3）黏滞性。

液体黏性是阻碍剪切变形速率能力的量度。液体的黏性随液体温度的升高而减小。当液体内部分子间做相对运动时，必然在内部产生剪力以抵抗其相对运动，液体的这一特性称为液体的黏性，通常用黏性系数或称动力黏性系数 μ 来度量液体的这一特性，黏性大的液体 μ 值高，黏性小的液体 μ 值小。μ 的国际单位为牛顿·秒/米² （N·s/m²）或帕斯卡·秒（Pa·s），物理制单位达因·秒/厘米²，或称之为"泊司"，其换算关系为

$$1P = 0.1N \cdot s/m^2$$

液体的黏性还可以用 $\upsilon = \dfrac{\mu}{\rho}$ 来表示，υ 称为运动黏性系数，其国际单位是米²/秒 （m²/s），习惯上把 1 厘米²/秒 （cm²/s）称为 1 "斯托克斯"，换算关系为 1 "斯托克斯" = 0.0001m²/s。

水的运动黏性系数 υ 可用下列经验公式计算：

$$\upsilon = \frac{0.01775}{1 + 0.0337t + 0.000221t^2} \tag{1-1}$$

其中 t 为水温，以℃计，υ 以 cm²/s 计。表 1-10 为水在不同温度时水的 υ 值。

不同水温时的 υ 值　　　　　　　　　　　　　　表 1-10

t（℃）	0	2	4	6	8	10	12
υ（cm²/s）	0.01775	0.01674	0.01568	0.01473	0.01387	0.01310	0.01239
t（℃）	14	16	18	20	22	24	26
υ（cm²/s）	0.01176	0.0118	0.01062	0.01010	0.00989	0.00919	0.00877
t（℃）	28	30	35	40	45	50	60
υ（cm²/s）	0.00839	0.00803	0.00725	0.00059	0.00603	0.00556	0.00478

2. 流体静力学

流体静力学是研究液体处于静止状态下的平衡规律及其在实际中的应用。所谓静止是一个相对的概念，它是指液体质点之间不存在相对运动，而处于相对静止或相对平衡的状态。

液体质点之间没有相对运动时，液体的黏滞性便不起作用，故静止液体不呈现切应力；又由于液体几乎不能承受拉应力，所以，静止液体质点之间的相互作用是以压应力（称静水压强）形式呈现出来，因此，水静力学的主要任务便是研究静水压强在空间的分布规律，并在此基础上解决一些工程实际问题。下面介绍几个流体静力学中常用的概念及其特性。

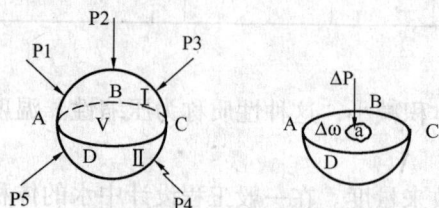

图 1-28　静压强概念示例

（1）静压强及特性：以下以一个简单的例子引出静压强的概念。

从均质的静止（或相对平衡）状态流体中任取一体积 V，如图 1-28 所示。设用任一平面 $ABCD$ 将此体积分为Ⅰ、Ⅱ两部分，假定将Ⅰ部分移走，并以与其等效的力代替它对Ⅱ部分的作用，余留部分不会失去原有的平衡。

从平面 $ABCD$ 面上取出一小块面积 $\Delta\omega$，a 点是该面的几何中心，令力 ΔP 为从移去液体方面作用在面积 $\Delta\omega$ 上的总作用力。在水力学上，力 ΔP 称为面积 $\Delta\omega$ 上的静水压力；$\frac{\Delta P}{\Delta\omega}$ 称为面积 $\Delta\omega$ 上的平均静水压强，即平均压强，通常以 $\overline{p}$ 表示。当 $\Delta\omega$ 无限缩小到 a 点时，平均压强 $\overline{p} = \frac{\Delta P}{\Delta\omega}$ 便趋近某一极限值，此极限值定义为该点的静水压强，通常用符号 p 表示：

$$p = \lim_{\Delta\omega \to 0} \frac{\Delta P}{\Delta\omega} = \frac{dP}{d\omega} \tag{1-2}$$

静压强的特性一：静水压强方向与作用面的内法线方向重合，即静水压强的方向指向受压面，并垂直于受压面。

静压强的特性二：静止液体中某一点静水压强的大小与作用面的方位无关，或者说作用于同一点各方向的静压强大小相等。

26

在静止液体内，由于没有切应力的存在，在相邻表面间的力只能是垂直于表面的压力，因此在静止液体同一点上的静水压强大小在各方向上是一样的。但在固体中，由于在相邻质点间有切应力存在，故点应力大小在不同方向上是不同的。静止液体不同点的静水压强，一般说来是各不相同的。

（2）压强的度量单位。

通常建筑物表面和液面都作用着大气压强，而大气压强一般随海拔高程及气温的变化而变化。压强通常用单位面积上的压力来度量，即牛每平方米（N/m^2），国际单位为帕斯卡（Pa）。在工程技术中常用大气压、水柱高度等表示压强，1 工程气压相当于 736mmHg 对柱底所产生的压强，即 1 工程大气压 $= 1kgf/cm^2 = 9.8 \times 10^4$ Pa $= 98kN/m^2 = 10mH_2O$。

在物理学上，一个标准大气压（atm）相当于 760mmHg 对柱底所产生的压强，即 1atm $= 1.033kgf/cm^2 = 1.013bar = 101325Pa$。

（3）等压面、连通器。液体中各点压强相等的面称为等压面，例如液体与气体的交界面（自由表面），以及处于平衡状态下的两种液体的交界面都是等压面。由此可知，等压面都是水平面。

等压面的特点是：等压面恒与其作用力垂直。

连通器是指互相连通的两个或两个以上的容器的组合体，研究连通器内的液体平衡时，可按液体的密度和液面的压强的不同分以下三种情况分述：

1）液体的密度相同且液面的压强相同：装有相同的液体且液面压强相同的连通器，其液面高度相等。工程上根据这一原理制作了广泛应用的液位计。

2）液体的密度相同，但液面压强不等：装有同种液体但液面压强不等的连通器，其液面上的压强差等于液体的密度与液面高度差的乘积。工程上根据这一原理制作了各种液柱式测压计。

3）液体密度不同，但液面压强相同：装有两种互不掺混的液体连通器，在液面压强相同的情况下，液体密度之比等于至分界面起到液面高度的反比。工程上常用这一原理测定液体的密度和进行液柱高度换算。

3. 流体动力学

流体动力学主要研究液体的基本规律及其在工程中的初步应用。液体的机械运动规律也适用于通常条件下远小于声速（约 340m/s）的低速运动的气体。

研究液体的运动规律，也就是要确定表征液体运动状态的物理量，如速度、加速度、压强、切应力等运动要素随空间与时间的变化规律及相互间的关系。

描述液体运动的方法有拉格朗日（J. L. Lagrange）法和欧拉（L. Euler）法两种。拉格朗日法是以个别的液体运动质点为对象，研究这些给定的质点在整个运动过程中的轨迹（称为迹线）以及运动要素随时间的变化规律，各个质点的运动总和构成了整个液体的运动。欧拉法是把液体当作连续介质，以充满运动液体质点的运动空间——流场为研究对象，研究各时刻流场中各空间点上不同质点的运动要素的分布与变化规律，而不直接追究给定质点在某时刻的位置及其运动状况。下面介绍几个流体动力学中经常接触的概念。

（1）无压流、压力流与射流。

当液体从容器的侧壁或底壁的孔口出流到大气中时，称为自由出流也即无压流，如图 1-29（a）；反之，当液体出流到充满液体的空间内时称为淹没出流，也即压力流，如图 1-29（b）。

27

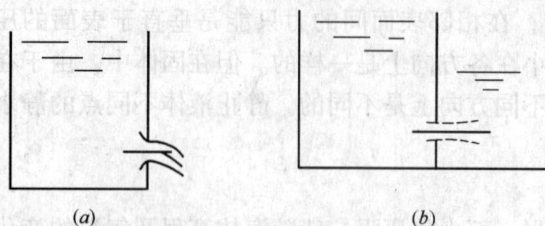

图 1-29 无压流与压力流
(a) 无压流；(b) 压力流

流体自孔口、管嘴或条缝向外喷射所形成的流动称为射流；气体从孔口、管嘴或条缝向外喷射所形成的流动称为气体淹没射流，简称为气体射流。当出流速度较大、流动呈紊流状态时，叫做紊流射流。在采暖空调工程中所运用的射流，多为紊流射流。

射流受出流空间的影响很大，当出流到无限大空间时，流动不受固体边壁的限制，为无限空间射流，又称为自由射流。反之，为有限空间射流，又称受限射流。

（2）恒定流与非恒定流。

在欧拉法中把液体运动分为恒定流和非恒定流。当流场中所有空间点上一切运动要素都不随时间改变时，这种流动称为恒定流，否则称为非恒定流。例如，在注满水的水箱底部有一个出水口，当水箱的液面随水流而降低时，此时出水口的水流为非恒定流，当设法使水箱的液面保持不变时出水口的水流为恒定流（图 1-30）。

（3）流线。

在欧拉法中为了描述流速向量场，引进了流线的概念。若在流速场中画出某时刻的这样一条空间曲线，它上面所有液体质点在该时刻的流速矢量都与这一曲线相切，这条曲线就称为该时刻的一条流线。流线表明的是某时刻流场中各点的流速方向。

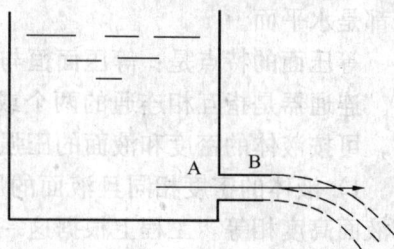

图 1-30 恒定流

在运动液体的整个空间可绘出一系列的流线，称为流线簇。

流线和迹线是两个完全不同的概念，非恒定流时，流线和迹线不相重合，但是恒定流时流线和迹线相重合。流体力学中的流线方程，见式 1-3。

$$\frac{dx}{u_x} = \frac{dy}{u_y} = \frac{dz}{u_z} \tag{1-3}$$

其中流速分量 u_x，u_y，u_z 是坐标 x，y，z 与时间 t 的函数。

以上内容中讲述的流速矢量是一个复合概念，既包括大小（流速）也包含方向。

（4）流量。

流量是指单位时间内通过水断面的液体体积，也即常说的体积流量。流量的单位是 m^3/s 或 L/s。

例如，有一市政管道，其管径为 $DN1000$，在某时间段内 1min 流过的水量是 $600m^3$，则在这 1min 内水通过该市政管道的流速为 $10m^3/s$。

4. 能量损失

（1）沿程阻力与损失。

当液体在管道中作均匀流动时，液体阻力中只有沿程不变的切应力，称为沿程阻力（或摩擦力）；由于沿程阻力作功而引起的水头损失称为沿程水头损失。换言之，液体在管道中流动时，液体与管壁存在摩擦力，由于摩擦，液体流动的能量减少，则这个摩擦力为沿程阻力，液体减少的能量为沿程损失。沿程损失的大小与流程的长短成正比。

沿程损失按式 1-4 计算：

$$h_l = il \tag{1-4}$$

式中　h_l——管段的沿程水头损失（kPa）；

　　　i——单位长度的沿程水头损失（kPa）；

　　　l——计算管段长度（m）。

钢管和铸铁管的单位长度水头损失，应按式 1-5，式 1-6 计算

当 $v < 1.2\text{m/s}$ 时

$$i = 0.00912 \frac{v^2}{d_j^{1.3}} \left(1 + \frac{0.0867}{v}\right)^{0.3} \tag{1-5}$$

当 $v > 1.2\text{m/s}$ 时

$$i = 0.0107 \frac{v^2}{d_j^{1.3}} \tag{1-6}$$

式中　i——单位长度的沿程水头损失（kPa/m）；

　　　v——管道中的平均水流速度（m/s）；

　　　d_j——管道计算内径（m）。

塑料管的单位长度水头损失，应按式 1-7 计算，

$$i = 0.000915 \frac{Q^{1.774}}{d_j^{4.774}} \tag{1-7}$$

式中　i——单位长度的沿程水头损失（kPa/m）；

　　　Q——计算流量（m³/h）；

　　　d_j——管道计算内径（m）。

计算时可直接使用由上述公式编制的水力计算表，由管段的设计流量 q_g，控制流速 v 在正常范围内，查得管径和单位长度的水头损失 i。"给水钢管水力计算表"、"给水铸铁管水力计算表"以及"给水塑料管水力计算表"分别见表 1-11、表 1-12、表 1-13。

给水钢管水力计算表　　　　　　　　　　　　　　　表 1-11

q_g (L/s)	DN15		DN20		DN25		DN32		DN40		DN50	
	v (m/s)	i (kPa/m)	v (m/s)	i (kPa/m)	v (m/s)	i (kPa/m)	v (m/s)	i (kPa/m)	v (m/s)	i (kPa/m)	v (m/s)	i (kPa/m)
0.05	0.29	0.284										
0.07	0.41	0.518	0.22	0.111								
0.10	0.58	0.985	0.31	0.208								
0.12	0.70	1.37	0.37	0.288	0.23	0.086						
0.14	0.82	1.82	0.43	0.38	0.26	0.113						
0.16	0.94	2.34	0.5	0.485	0.30	0.143						
0.18	1.05	2.91	0.56	0.601	0.34	0.176						
0.20	1.17	3.54	0.62	0.727	0.38	0.213	0.21	0.052				
0.25	1.46	5.51	0.78	1.09	0.47	0.318	0.26	0.077	0.20	0.039		

q_g (L/s)	DN15		DN20		DN25		DN32		DN40		DN50	
	v (m/s)	i (kPa/m)	v (m/s)	i (kPa/m)	v (m/s)	i (kPa/m)	v (m/s)	i (kPa/m)	v (m/s)	i (kPa/m)	v (m/s)	i (kPa/m)
0.30	1.76	7.93	0.93	1.53	0.56	0.442	0.32	0.107	0.24	0.054		
0.35			1.09	2.04	0.66	0.586	0.37	0.141	0.28	0.080		
0.40			1.24	2.63	0.75	0.748	0.42	0.179	0.32	0.089		
0.45			1.40	3.33	0.85	0.932	0.47	0.221	0.36	0.111	0.21	0.0312
0.50			1.55	4.11	0.94	1.13	0.53	0.267	0.400	0.134	0.23	0.0374
0.55			1.71	4.97	1.04	1.35	0.58	0.318	0.44	0.159	0.26	0.0444
0.60			1.86	5.91	1.13	1.59	0.63	0.373	0.48	0.184	0.28	0.0516
0.65			2.02	6.94	1.22	1.85	0.68	0.431	0.52	0.215	0.31	0.0597
0.70					1.32	2.14	0.74	0.495	0.56	0.246	0.33	0.0683
0.75					1.41	2.46	0.79	0.562	0.60	0.283	0.35	0.0770
0.80					1.51	2.79	0.84	0.632	0.64	0.314	0.38	0.0852
0.85					1.60	3.16	0.90	0.707	0.68	0.351	0.40	0.0963
0.90					1.69	3.54	0.95	0.787	0.72	0.390	0.42	0.107
0.95					1.79	3.94	1.00	0.869	0.76	0.431	0.45	0.118
1.00					1.88	4.37	1.05	0.957	0.80	0.473	0.47	0.129

注：表中未列出部分参见《给水排水设计手册》第一册。

给水铸铁管水力计算表　　　　　表 1-12

q_g (L/s)	DN50		DN75		DN100		DN150	
	v (m/s)	i (kPa/m)	v (m/s)	i (kPa/m)	v (m/s)	i (kPa/m)	v (m/s)	i (kPa/m)
1.0	0.53	0.173	0.23	0.0231				
1.2	0.64	0.241	0.28	0.0320				
1.4	0.74	0.320	0.33	0.0422				
1.6	0.85	0.409	0.37	0.0534				
1.8	0.95	0.508	0.42	0.0659				
2.0	1.06	0.619	0.46	0.0798				
2.5	1.33	0.949	0.58	0.119	0.32	0.0288		
3.0	1.59	1.37	0.70	0.167	0.39	0.0398		
3.5	1.86	1.86	0.81	0.222	0.45	0.0526		
4.0	2.12	2.43	0.93	0.284	0.52	0.0669		
4.5			1.05	0.353	0.58	0.0829		
5.0			1.16	0.430	0.65	0.100		
5.5			1.28	0.517	0.72	0.120		
6.0			1.39	0.615	0.78	0.140		

q_g (L/s)	DN50		DN75		DN100		DN150	
	v (m/s)	i (kPa/m)	v (m/s)	i (kPa/m)	v (m/s)	i (kPa/m)	v (m/s)	i (kPa/m)
7.0			1.63	0.837	0.91	0.186	0.40	0.0246
8.0			1.86	1.09	1.04	0.239	0.46	0.0314
9.0			2.09	1.38	1.17	0.299	0.52	0.0391
10.0					1.30	0.365	0.57	0.0469
11					1.43	0.442	0.63	0.0559
12					1.56	0.526	0.69	0.0655
13					1.69	0.617	0.75	0.0760
14					1.82	0.716	0.80	0.0871
15					1.95	0.822	0.86	0.0988
16					2.08	0.935	0.92	0.111
17							0.97	0.125
18							1.03	0.139
19							1.09	0.153
20							1.15	0.169
22							1.26	0.202
24							1.38	0.241
26							1.49	0.283
28							1.61	0.328
30							1.72	0.377

注：表中未列出部分参见《给水排水设计手册》第一册。

给水塑料管水力计算表　　　　　表 1-13

q_g (L/s)	DN15		DN20		DN25		DN32		DN40		DN50	
	v (m/s)	i (kPa/m)	v (m/s)	i (kPa/m)	v (m/s)	i (kPa/m)	v (m/s)	i (kPa/m)	v (m/s)	i (kPa/m)	v (m/s)	i (kPa/m)
0.10	0.50	0.275	0.26	0.060								
0.15	0.75	0.564	0.39	0.123	0.23	0.033						
0.20	0.99	0.940	0.53	0.206	0.30	0.055	0.20	0.02				
0.30	1.49	0.193	0.79	0.422	0.45	0.113	0.29	0.040				
0.40	1.99	0.321	1.05	0.703	0.61	0.188	0.39	0.067	0.24	0.021		
0.50	2.49	4.77	1.32	1.04	0.76	0.279	0.49	0.099	0.30	0.031		
0.60	2.98	6.60	1.58	1.44	0.91	0.386	0.59	0.137	0.36	0.043	0.23	0.014
0.70			1.84	1.90	1.06	0.507	0.69	0.181	0.42	0.056	0.27	0.019
0.80			2.10	2.40	1.21	0.643	0.79	0.229	0.48	0.071	0.30	0.023
0.90			2.37	2.96	1.36	0.792	0.88	0.282	0.54	0.088	0.34	0.029
1.00					1.51	0.955	0.98	0.340	0.60	0.106	0.38	0.035
1.50					0.27	1.96	1.47	0.698	0.90	0.217	0.57	0.072
2.00							1.96	1.160	1.20	0.361	0.76	0.119
2.50							2.46	1.730	1.50	0.536	0.95	0.517
3.00									0.81	0.741	1.14	0.245
3.50									2.11	0.974	1.33	0.322
4.00									2.41	0.123	1.51	0.408

（2）局部阻力与损失。

当液体在管道中流动时，由于管道的边界发生突然变化而引起液体速度分布变化，从而产生的阻力称为局部阻力，由局部阻力而引起的水头损失称为局部水头损失。它一般发生在水流过水断面突变、水流轴线急骤弯曲、转折或水流前进方向上有明显的局部障碍处，如图 1-31 中水流经过"弯头"、"缩小"、"放大"及"闸门"等处。

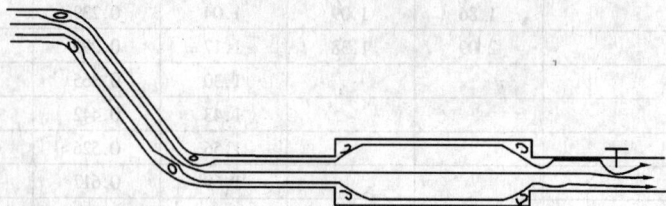

图 1-31

管段的局部水头损失按下式计算：

$$h_j = \Sigma \xi \frac{v^2}{2g} \tag{1-8}$$

式中 h_j——管道局部水头损失之和（kPa）；

$\Sigma \xi$——管道局部阻力损失之和（kPa）；

v——沿水流方向局部零件下游的流速（m/s）；

g——重力加速度（m/s²）。

由于给水管网中局部零件如弯头、三通等甚多，随着构造不同其 ξ 值也不尽相同，详细计算较为繁琐，在实际工程中给水管网的局部水头损失，一般不作详细计算，可按下列管网沿程水头损失的百分数采用：

①生活给水管网为 25% ~ 30%；

②生产给水管网、生活、消防共用给水管网、生活、生产、消防公用给水管网为 20%；

③消火栓系统给水管网为 10%；

④自动喷水灭火系统给水管网为 20%；

⑤生产、消防公用给水管网为 15%。

水表水头损失的计算是在确定水表的型号后进行的。可按下式计算：

$$K_b = \frac{Q_{\max}^2}{100} \tag{1-9}$$

$$K_b = \frac{Q_{\max}^2}{10} \tag{1-10}$$

$$h_d = \frac{Q^2}{K_b} \tag{1-11}$$

式中 h_d——水表的水头损失（kPa）；

Q——计算管段的给水流量（m³/h）；

K_b——水表的特性系数，也可由水表的制造厂家提供，旋翼式水表：$K_b = \frac{Q_{\max}^2}{100}$，螺翼式水表：$K_b = \dfrac{Q_{max}^2}{10}$，$Q_{max}$ 为各类水表的最大流量，m^3/h。

水表的水头损失值，均应满足表 1-14 的规定，否则应放大水表的口径。

表　型	正常用水量时	消防时
旋翼型	<24.5	<49.0
螺翼型	<12.8	<29.4

（3）以下介绍几种减小管道沿程阻力和局部阻力的措施。

1）减小管壁的粗糙度和用柔性边壁代替刚性边壁；

2）防止或推迟流体与壁面的分离，避免漩涡区的产生或减小漩涡区的大小和强度；

3）对于管道的管件采取减小阻力的措施：

①一般直径 d 较小的弯管，合理地采用曲率半径 R，可以减小阻力，如锅炉炉管 R/d 大于 4；

②对于管子截面变化的变径管，应采用一定长度的渐缩管或渐扩管，对于三通、四通可设置导流板；

③在流体内部添加极少量的添加剂，使其影响流体运动的内部结构来实现减阻。

（4）管路特性方程式。

由以上可知流体在管道中流过时，流体要克服管壁对流体的沿程阻力和阀门及管道变径改变方向时的局部阻力，因此，管道中流体总的能量损失 h_l 为：

$$h_l = h_f + h_m \tag{1-12}$$

式中　h_f——沿程损失；

　　　h_m——局部损失。如图 1-32 所示：

在管路 abc 中，其总损失为：

$$h_l = h_{f_{ab}} + h_{f_{bc}} + h_{m_a} + h_{m_b} \tag{1-13}$$

（5）串、并联管路。

由直径不同的几段管段顺次连接的管路称为串联管路。通过串联管路的流量可能相同，但经常是不同的，这是因为沿管路向几处供水，经过一段距离便有流量分出，随着沿程流量的减少，所采用的管径也相应变小，如图 1-33。

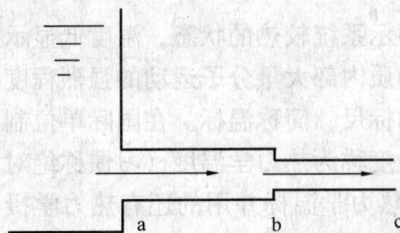

图 1-32

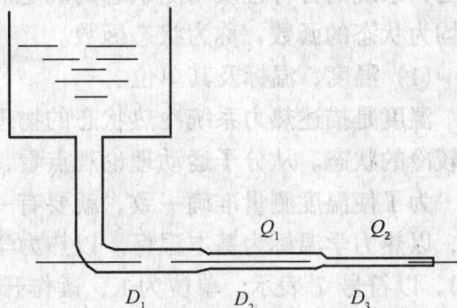

图 1-33

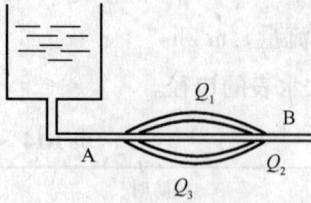

图 1-34

因此串联管路的特点是各管段的管径不同、流量不同、流速不同。

为了提高供水的可靠性，往往在两供水点之间并设两条及以上管路称为并联管路，如图 1-34 中 AB 段是由三条管段组成的并联管路，并联管路中每一条管路的水流损失均相等。

由于并联管路中，各管段的直径及各管路的粗糙程度可能不同，故各管段的流量及流速可能不同。

二、热工理论基础

在介绍热工理论基础知识前先介绍几个热工中常用的概念。

系统，在研究某个对象时人们常常把要研究的对象从其余部分划分出来，被划分出来的这部分物体就称为系统，也称为物系。而把系统以外的和系统有关的物体称为环境，系统和环境之间常常进行着物质和能量（传热、作功）的交换。

1. 热能、工质、状态与状态函数

热能指系统内部存储的能，是物体内部原子或分子的激烈运动产生的，又称内能。

工质，能量是物质运动的量度，能量与物质是不可分割的。在热力工程中，完成热能与机械能之间相互转换必须借助于某种工作介质——工质来实现。工质并不直接参与能量的转换，只是在能量转换中起着媒介的作用，即在热力过程和热力循环中，伴随着工质热力状态的不断变化，使得热力系统与外界之间通过界面而发生能量的转换与传递。所以说工质是实现能量转换的内部条件，合理的选用工质能提高能量转换的效率。在热机循环中，为获得较高的热工转换效率，常选用可压缩、易膨胀的气体——水蒸气、空气或燃气等作工质。在制冷循环和热泵循环中，同样为提高从低温热源吸热向高温热源放热的工作效率，常选用被称为制冷剂的易汽化、易液化的水、氨、氟里昂等物质作为工质。

状态和状态函数，这里所说的状态指的是静止的系统内部的状态，即其热力学状态。对于纯物质单相系统的状态和状态函数，纯物质单相系统有各种宏观性质，如温度 T，压力 p，体积 V，密度 ρ 等，热力学用系统的所有性质来描述它所处的状态。也就是说，系统的状态是它所有性质的总体表现。状态确定后，系统的所有性质均有各自的确定值。换言之，系统的各种性质均随状态的确定而确定，与达到此状态的经历无关。因此，各种性质均为状态的函数，称为状态函数。

（1）温度、温标及其单位。

温度是描述热力系统冷热状态的物理量。温度高显示系统较热的状态，温度低显示系统较冷的状态。从分子运动理论观点看，温度标志着物质内部大量分子运动的强烈程度。

为了使温度测量准确一致，就要有一个衡量温度的标尺，简称温标。在国际单位制 SI 中，以热力学温标为基本温标。以热力学温标确定的温度称为热力学温度（习惯称绝对温度），以符号 T 表示，单位为 K，读作开或开尔文。与热力学温标并用的还有热力学摄氏温标，简称摄氏温标。摄氏温标所确定的温度称为摄氏温度，以符号 t 表示，单位是℃，读作摄氏度。

（2）压力与压强及其单位。

热力学中的压力是指垂直作用于单位作用面上的压力，即物理学中的压强，以符号 p 表示。压力 p 的大小等于作用于界面的垂直作用力 F 与作用面积 A 之比，即

$$p = \frac{F}{A} \tag{1-14}$$

压力的实质是热力系统中大量气体分子不断地作无规则热运动而碰撞壁面的结果。

在国际单位制中，压力的单位为 Pa，读作帕或帕斯卡，并且 $1Pa = 1N/m$，由于 Pa 单位太小，工程上还采用 kPa 与 MPa，有 $1kPa = 10^3Pa$，$1MPa = 10^6Pa$。

工程中过去还曾采用其他压力单位，如巴（bar）、标准大气压（atm）、工程大气压（at）、毫米汞柱（mmHg）等。并有 $1bar = 10^5Pa = 0.1MPa$。

（3）密度与比体积的关系。

工质所占有的系统空间称为容积（体积），包括了物质微粒本身占有的体积和微粒运动的空间。系统的比体积就是单位质量物质所占有的容积，以 γ 表示。系统的密度就是单位体积的物质的质量，以 ρ 表示。有关系式：

$$\gamma = \frac{V}{m} \tag{1-15}$$

$$\rho = \frac{m}{V} \tag{1-16}$$

式中　γ——单位为 m^3/kg；

　　　ρ——单位为 kg/m^3；

　　　m——物质的质量（kg）；

　　　V——物质的体积（m^3）。

显然，比体积与密度互为倒数，即

$$\gamma\rho = 1 \tag{1-17}$$

因此，比体积与密度不是两个相互独立的状态参数，只有一个（ρ 或 γ）是独立状态参数。

2. 热量、功、内能、焓

系统的能量共有三部分组成，即系统整体的动能、系统整体的势能和系统内部储存的能——内能，所以系统的内能是指静止系统内部所有能量的总和，例如分子、原子、原子核等运动的动能，以及这些质子之间相互作用的势能，正因为如此，到目前为止还无法测定物体内能的绝对值。

系统与环境之间存在着温度差而在系统与环境间传递的能量称为热量，热量是系统之间转换的能量。

系统与环境之间交换的能量有两种形式，即功和热。

当系统在广义力的作用下，产生了广义的位移时，就作了广义功。一般说来，作功的结果是系统的状态发生了改变。也可以说功是指除热以外的各种形式的能量传递。功是与过程相联系的量，如物体的体积的变化，形状的变化等都称为物体做功。

功的符号为 W，单位为 J。在热力学中，功分为体积功和非体积功，体积功（又称为膨胀功）是在一定的环境压力下，系统的体积发生变化而与环境交换的能量。除了体积功以外的一切其他形式的功，如电功、表面功等统称为非体积功（又称非膨胀功）。

焓是系统内能的变化量，即系统在压强一定的情况下内能的增加或减少量，焓是系统的状态性质。

3. 热力学两大定律

（1）热力学第一定律。

热力学第一定律是能量守恒和转化定律在热现象中的应用，是从大量科学实验和生产实践中总结出来的物质运动的基本规律。热力学第一定律指出：自然界中一切物质都具有能量，能量有各种不同的形式，热能、机械能、电能等，能量不能凭空产生，也不能凭空消失，只能从一种形式转变成另一种形式，或从一个物体传递给另一个物体，而在能量的转化和传递过程中，能量的总量保持不变。

（2）热力学第二定律。

热力学第一定律反映的是过程的能量守恒，但不违背热力学第一定律的过程并非都能自动进行。若从状态 1 到状态 2 能自动进行，则在同样的条件下，从状态 2 到状态 1 却不能自动进行，这就是从某一状态到另一状态存在自动进行的方向性，热力学第二定律讲的就是过程的方向和限度。热力学第二定律是人类长期生产实践和科学实验的总结。此定律有多种说法，各种说法均相同，下面介绍两种。

1）开尔文（Kelvin L，即 Thomson W.）说法："不可能从单一热源吸取热量使之完全转变为功而不产生其他影响。"可以从单一热源吸热做功，如气体恒温膨胀，其后果是气体的体积增大。如果是气体恢复到原来状态，必然要压缩，这时环境要对系统做功并得到系统放出的热。因此无法将单一热源的热转变为功，又不产生其他影响。

2）克劳修斯（Clausius.R）说法："不可能把热从低温物体传到高温物体而不产生其他影响。"也就是说，要想使热从低温物体传到高温物体，环境要付出代价。如用冷冻机实现这一过程时，环境要对系统作功，而相当于这部分功的能量必然以热的形式传到环境。总的结果是环境做出了功而同时得到了热。

4. 汽化

在一定的条件下，物质的状态可以在固态、液态和气态之间相互转化，物质由液态转变成气态，称为物质的汽化。液体的汽化有蒸发和沸腾两种。

蒸发是在任何温度条件下发生在液体表面的汽化过程，而沸腾是在相应沸点下发生在液体内部的汽化过程。不管是蒸发还是沸腾汽化，其实质都是部分液体分子吸收足够的热能而获得逸出功脱离液体表面，跃入气相空间的过程。汽化速度与液体的表面积、温度、气相蒸汽压力等因素有关。另外，在汽化的同时，气相中的蒸汽分子也会不断运动而冲撞液面，被液体分子重新捕获而返回液相，也即汽化的过程中同时伴随着液化的发生。

5. 传热

传热是由于温差引起的能量传递。凡是有温差的地方，就会有热量自发的从高温物体传向低温物体，或从物体的高温部分传向低温部分。

热量的传递有三种基本形式：导热、对流和热辐射。工程中的许多传热过程都是以上三种基本传热方式的综合结果，下面简单介绍三种传热方式的含义。

（1）导热又称为热传导，是指物体各部分之间不发生相对位移或不同物体相互接触时，依靠分子、原子及自由电子等微观粒子的热运动而产生的热量传递现象。导热可在固体、液体和气体之间发生，但是单纯的导热只能发生在密实的固体中。因为在液体和气体中只要存在温差，就会出现对流现象，很难维持单纯的导热。

（2）对流换热又称放热，是指流体与固体壁直接接触而又有相对运动时所发生的热量传递过程。在对流换热过程中，当流体流过固体表面时，在固体表面形成一层很薄的层流边界层，通过这一边界层时的能量交换，仍然依靠流体分子间的导热作用，但边界层以外的热量交换，依靠流体质点的位移和混合所产生的对流作用。对流换热过程是导热与对流共同作用的综合传热过程。

由于对流换热是对流与导热共同作用的传热过程，因此支配这两种作用的因素和规律都将影响对流换热的效果，如：流动的起因、流动状态、流体物性、壁面的几何参数等。

（3）辐射换热。辐射是物体通过电磁波传递能量的现象。本专业运用较多的是热辐射，热辐射的电磁波是物体内部微观粒子热运动状态改变时激发出来的。只要温度高于绝对零度，物体总是不断地把热能转变成辐射能，向外发出辐射换热就是指物体之间相互辐射进行热量交换的现象。

辐射的本质决定热辐射过程有如下几个特点：

1）辐射换热与导热、对流不同，它不依靠物质的接触进行热量的交换，如阳光能够穿越辽阔的太空向地面辐射，而导热和对流换热都必须由冷、热物体直接接触或通过中间介质相接触才能进行。

2）辐射换热伴随着两次能量转化，即发射时由物体的热能转化为辐射能，吸收时又由辐射能转化为物体的热能。

3）一切物体只要其温度 T 大于 0K，都会不断地发射热射线。当物体之间有温差时，高温物体辐射给低温物体的能量大于低温物体辐射给高温物体的能量，因此总的结果是高温物体把能量传递给低温物体。即使各物体的温度相同，辐射换热仍在不断进行，只是每一物体辐射出去的能量，等于吸收的能量，处于动态平衡状态。

三、管道工程常用简单计算

1. 简单管路计算（水泵扬程计算）

在管路中求水泵的扬程可转化为求管路中所需的压力，有以下步骤：

1）求出计算管路中的水头损失，包括沿程水头损失和局部水头损失；

2）求出水表水头损失。

求出以上结果再利用下式求出的管路中所需压力即水泵扬程

$$H = H_1 + H_2 + H_3 + H_4 \tag{1-18}$$

式中　H——管路中给水系统所需的水压即水泵扬程（kPa 或 m 水柱）；

H_1——引入管起点至配水最不利点位置高度所要求的静水压（kPa）；

H_2——引入管起点至配水最不利点的给水管路即计算管路的沿程与局部水头损失之和（kPa）；

H_3——水流通过水表时的水头损失（kPa）；

H_4——配水最不利点所需的流出水头（kPa），见表 1-15。

序 号	给水配件名称	配水点前所需流出水头 (MPa)
1	污水盆（池）水龙头	0.020
2	住宅厨房洗涤盆（池）水龙头	0.015
3	食堂厨房洗涤盆（池）水龙头	0.020
	普通水龙头	0.040
4	住宅集中给水龙头	0.020
5	洗手盆水龙头	0.020
6	洗脸盆水龙头、盥洗槽水龙头	0.015
7	浴盆水龙头	0.020
8	淋浴器	0.025 ~ 0.040
9	大便器	
	冲洗水箱浮球阀	0.020
	自闭式冲洗阀	按产品要求
10	大便槽冲洗水箱进水阀	0.020
11	小便器	
	手动冲洗阀	0.015
	自闭式冲洗阀	按产品要求
	自动冲洗水箱进水阀	0.020
12	小便槽多孔冲洗管（每米长）	0.015
13	实验室化验龙头（鹅颈）	
	单联	0.020
	双联	0.020
	三联	0.020
14	净身器冲洗水龙头	0.030
15	饮水器喷嘴	0.020
16	洒水拴	按使用要求
17	室内洒水龙头	按使用要求
18	家用洗衣机给水龙头	0.020

注：1. 淋浴器所需流出水头按控制出流的启闭阀件前计算；

2. 上表内列出流出水头值为截止阀式水龙头数据，当采用瓷片式、抽筒式或球阀式水龙头时，其数值应按产品要求确定。

下面以一实例来介绍求简单管路中水泵扬程的步骤：

【例】 某 5 层 10 户住宅，每户卫生间内有低水箱坐便器 1 套，洗脸盆各 1 个，厨房内有洗涤盆 1 个，该建筑有局部热水供应，图 1-35 为该住宅给水系统图，管材为热镀锌钢管，引入管直接与加压水泵连接，确定水泵的扬程。

【解】

一、确定各计算管段的流量

由题设条件，根据各种卫生洁具的额定用水量，经过计算可以确定各管段的流量如下（计算略）。

$$Q_{01} = 0.10 \text{ L/s}$$
$$Q_{12} = 0.28 \text{ L/s}$$
$$Q_{23} = 0.35 \text{ L/s}$$
$$Q_{34} = 0.50 \text{ L/s}$$
$$Q_{45} = 0.61 \text{ L/s}$$
$$Q_{56} = 0.71 \text{ L/s}$$
$$Q_{67} = 0.80 \text{ L/s}$$
$$Q_{78} = 0.93 \text{ L/s}$$

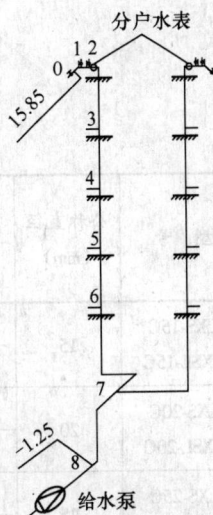

图 1-35

二、确定计算管段的水头损失

1. 计算管段的沿程损失

由各管段的设计秒流量 Q，控制流速在允许范围内，查表 1-11 给水钢管水力计算表可得管径 D 和单位长度沿程水头损失 i，由公式 $h_l = il$ 计算管段的沿程水头损失 $\sum h_l$，计算结果如下表 1-16，计算过程略。

管段的沿程水头损失　　　　　　　　　　　表 1-16

计算管段 编号	设计秒流量 Q (L/s)	管径 DN (mm)	流速 v (m/s)	每米管长沿 程水头损失 i (kPa)	管长 L (m)	管道沿程水头 损失 $h_l = il$ (kPa)	管道沿程水头 损失累计 $\sum\xi$ (kPa)
0-1	0.1	15	0.58	0.99	0.9	0.89	0.89
1-2	0.28	20	0.87	1.35	0.9	1.22	2.11
2-3	0.35	20	1.09	2.04	4.0	8.16	10.27
3-4	0.5	25	0.94	1.13	3.0	3.39	13.66
4-5	0.61	25	1.14	1.64	3.0	4.92	18.56
5-6	0.71	32	0.75	0.51	3.0	1.53	20.11
6-7	0.80	32	0.84	0.63	1.7	1.07	20.18
7-8	0.93	40	0.74	0.41	6	2.46	23.64

由表 1-16 可知计算管段的沿程损失为 $h_l = il = 23.64 \text{kPa}$。

2. 计算管段的局部水头损失

由系统图可知，局部水头损失包括：管道变径、阀门等各种管件处以及分户水表处的水头损失，除分户水表处水头损失需另计算外，其他如管件、阀门等处的局部水头损失可按沿程水头损失的百分数计算，由于本例是生活给水系统管段，故根据规定，取沿程损失的 30% 为管件及阀门等处的局部水头损失，计算如下：

$$h_{j1} = 30\% \times 23.64 = 7.09 \text{kPa}$$

由于住宅建筑用水量较小，分户水表选用 LXS 湿式水表，分户水表安装在 2-3 管段上，$Q_{23} = 0.35 \text{L/s} = 1.26 \text{m}^3/\text{h}$，查表 1-17 LXS 旋翼湿式水表技术参数，选 15mm 口径的分户水表，其公称流量为 $1.5 \text{m}^3/\text{h} > Q_{23}$，最大流量为 $3 \text{m}^3/\text{h}$，所以分户水表的水头损失为：

$$h_{\mathrm{d}} = \frac{Q_{\mathrm{g}}^2}{K_{\mathrm{b}}} = \frac{Q_{\mathrm{g}}^2}{\dfrac{q_{\max}^2}{100}} = \frac{1.26^2}{\dfrac{3^2}{100}} = 17.64\mathrm{kPa}$$

LXS湿式水表的技术参数　　　　　　　　　　　　表 1-17

型　号	公称直径 (mm)	计量等级	最大流量	公称流量	分界流量	最小流量	始动流量	最小流量	最大流量
			m³/h			L/h		m³	
LXS-15C	15	A	3	1.5	0.15	45	14	0.0001	9999
LXSL-15C		B			0.12	30	10		
LXS-20C	20	A	5	2.5	0.25	75	19	0.0001	9999
LXSL-20C		B			0.20	50	14		
LXS-25C	25	A	7	3.5	0.35	105	23	0.0001	9999
LXSL-25C		B			0.28	70	17		
LXS-32C	32	A	12	6	0.60	180	32	0.0001	9999
LXSL-32C		B			0.48	120	27		
LXS-40C	40	A	20	10	1.00	300	56	0.0001	9999
LXSL-40C		B			0.80	200	46		
LXS-50C	50	A	32	15	1.50	450	75	0.0001	9999
LXSL-50C		B							

注：1. 表中的水表适用于水温不超过50℃，水压不大于1MPa的洁净冷水。
　　2. 最大流量：只允许短时间使用的流量，为水表使用的上限值，旋翼式水表通过最大流量时，水头损失为 100kPa，螺翼式水表通过最大流量时，水头损失为10kPa。
　　3. 公称流量：水表允许长期使用的流量。
　　4. 分界流量：水表误差限改变时的流量。
　　5. 始动流量：水表开始连续指示时的流量。

三、根据公式 $H = H_1 + H_2 + H_3 + H_4$ 确定管路所需压力即水泵的扬程

$H_1 = 15.85 - (-1.25) = 17.1\mathrm{m} = 17.1 \times 10\mathrm{kPa}$

$H_2 = 7.09 + 24.73 = 31.82\mathrm{kPa}$

$H_3 = h_{\mathrm{d}} = 17.64\mathrm{kPa}$

$H_4 = 0.020\mathrm{MPa} = 20\mathrm{kPa}$（由管路最末段的卫生器具查表得）

则　　　$H = H_1 + H_2 + H_3 + H_4 = 171 + 31.82 + 17.64 + 20 = 240.46\mathrm{kPa}$

水泵的扬程为240.46kPa约为25m。

2. 管道基本计算

（1）管道直径计算（流量、流速）。

在已知管段的流量后，可根据流量公式求管段的管径：

$$Q = \frac{\pi \cdot d^2}{4} v \qquad\qquad (1\text{-}19)$$

$$d = \sqrt{\frac{4Q}{\pi \cdot v}} \qquad (1-20)$$

式中　Q——为管道的流量（m^3/s）；

　　　v——为介质在该管段的流速（m/s）；

　　　d——为管道的有效直径（mm）。

当管段的流量确定后，流速的大小将直接影响到管道系统技术、经济的合理性，流速过大易产生水锤，引起噪声，损坏管道或附件，并将增加管道的水头损失，提高建筑内给水管道所需的压力。流速过小，又将造成管材的浪费。考虑以上因素，设计时给水管道流速应控制在正常的范围内：生活或生产给水管道，不宜大于 2.0m/s，当有防噪声要求，且管径不大于 25mm 时，生活给水管道内的水流速度，可采用 0.8～1.0m/s，消火栓系统，消防给水管道，不宜大于 2.5m/s；自动喷水灭火系统给水管道，不宜大于 5.0m/s，但其配水支管在个别情况下，可控制在 10m/s 以内。

（2）管道重量计算。

管道重量计算的基本公式是

$$W = F \times L \times g \times 1/1000 \qquad (1-21)$$

式中　W——管段重量（kg）；

　　　F——计算管段的截面积（mm^2）；

　　　L——长度（m）；

　　　g——密度（g/cm^3），钢材密度一般按 $7.85g/cm^3$ 计。

面积计算公式

$$F = 3.1416\delta(D - \delta) \qquad (1-22)$$

式中　D——管道的外径（mm）；

　　　δ——管道壁厚（mm）。

下面以一实例介绍管道重量的计算：

【例】　求公称直径 $DN100$ 的焊接钢管及镀锌钢管的每米重量，焊接钢管及镀锌钢管的外径均为 $D = 114mm$，壁厚 $\delta = 4mm$。

【解】

根据面积计算公式得

$$F = 3.1416\delta(D - \delta) = 3.1416 \times 4 \times (114 - 4) = 1382.304mm^2$$

由式（2-21）得焊接钢管每米重量

$$W = 1382.304 \times 1 \times 7.85 \times 1/1000 = 10.85kg$$

由镀锌钢管理论重量＝焊接钢管理论重量×1.06 得

镀锌钢管每米重量为 $W = 10.85 \times 1.06 = 11.50kg$

（3）管道水压试验计算。

《室内给水排水及采暖工程施工质量验收规范》（GB 50242—2002）中规定：室内给水管道的水压试验必须符合设计要求，当设计未注明时，各种材质的给水管道系统试验压力均为工作压力的 1.5 倍，但不得低于 0.6MPa。

例如：某建筑消防系统的使用压力为 1.2MPa，则试验压力为 $1.2 \times 1.5 = 1.8MPa$；生活给水系统的使用压力为 0.3MPa，由于 $0.3 \times 1.5 = 0.45MPa < 0.6MPa$，根据试压计算要

求，应取 0.6MPa。

检验方法：金属及复合管给水管道系统在试验压力下观察 10min，压力降不应大于 0.02MPa，然后降到工作压力进行检查，应不渗不漏；塑料管给水系统应在试验压力下稳压 2h，压力降不得超过 0.05MPa，然后在工作压力的 1.15 倍状态下稳压 2h，压力降不得超过 0.03MPa，同时检查各连接处不得渗漏。

第三节　空气调节基础知识

一、空气的物理性质

大气是由干空气和水蒸气混合而成的。干空气是由氮气、氧气、二氧化碳及其他稀有气体按一定比例组成的混合物。空气环境内的空气成分和人们平时所说的"空气"，是由数量基本稳定的干空气和数量经常变化的水蒸气组成的，称为湿空气。湿空气既是空气环境的主体又是空气调节的处理对象，因此熟悉湿空气的物理性质，是掌握空气调节的必要基础。

1. 空气的状态参数

空气的状态参数是指空气的温度、湿度、密度、压力、含热量等的数值和单位。

（1）温度：是描述空气冷热程度的物理量，主要有三种标定方法为摄氏温标、华氏温标和绝对温标。

摄氏温标用符号 t 表示，单位为℃；华氏温标用符号 t_F 表示，单位为°F；绝对温标用符号 T 表示，单位为 K。三种温标间换算关系为：

$$T = t + 273 \tag{1-23}$$
$$t_F = 9/5 \times t + 32 \tag{1-24}$$

（2）湿度：表示水蒸气在空气中含量多少，可用绝对湿度、相对湿度和含湿量表示。

绝对湿度是指在每立方米湿空气中，在标准状态下（0℃、760mmHg）所含水蒸气的重量，用符号 γz 表示，单位为 kg/m³。若在某一温度下，空气中水蒸气的含量达到了最大值，此时的绝对湿度称为饱和空气的绝对湿度，用符号 γB 表示。

相对湿度是空气的干湿程度，一般用百分比表示，是指在某一温度下，空气绝对湿度与饱和空气绝对湿度的比值，用符号 ϕ 表示。

$$\phi = \gamma z / \gamma B \times 100\% \tag{1-25}$$

ϕ 值越小，表明空气越干燥，吸收水分的能力越强；ϕ 值越大，表明空气越潮湿，吸收水分的能力越弱。因此，根据 ϕ 值的大小，就可判断是否需要对空气进行加湿或去湿处理。

含湿量是指 1kg 干空气所容纳的水蒸气的重量，用符号 d 表示，单位为 g/kg。在空气调节中，含湿量用来反映对空气进行加湿或去湿处理过程中水蒸气量的增减情况。

（3）空气密度：在标准状态下每立方米的空气质量为空气密度，用符号 ρ 表示，单位为 kg/m³。在标准大气压、温度为 0℃时，1m³ 干空气密度为 1.293kg/m³。

（4）空气压力：就是当地的大气压，用符号 p 表示。常用单位有国际单位 Pa、工程单位 kgf/cm²，液体高单位 mmHg 和 mmH₂O。几种单位的换算关系为：

$$1kgf/cm^2 = 98066.5Pa \approx 0.1MPa$$
$$1mmHg = 13.5951mmH_2O = 133.3224Pa$$

在空调系统中，空气的压力是用仪表测量出来的，但仪表显示的压力不是空气的绝对压力，而是"表压"，即空气的绝对压力与当地大气压的差值。

(5) 空气的比焓：是指空气中含有的总热量，称为比焓，工程上简称焓，用符号 i 表示，单位是 kJ/kg。在空气调节中采用焓这个参数是为了计算空气热量的变化，并人为选定 0℃时干空气的焓和 0℃时水的焓均为零。

2. 相关术语

(1) 露点温度：大气中含的水蒸气，随着空气温度的下降开始冷却，当达到某一温度时，蒸汽开始凝结，该温度成为露点温度，此时的空气达到饱和状态。空气的含湿量越大，空气的露点温度越高。如把已达到露点的空气进一步降温，空气中的水蒸气即开始凝结成水滴，产生日常所称的结露现象。

(2) 干、湿球温度：干、湿球温度计是由两个相同的温度计组成的。使用时放在通风处，其中一个放在空气中直接测量出来的温度称为干球温度；另一个温度计的感温部分用纱布包裹起来，纱布的下端放在盛满水的水槽里，测量出来的温度称为湿球温度。根据干、湿球温度计的差值和湿球温度值从湿度表上可以查出空气的相对湿度 ϕ 的大小。

(3) 焓湿图：为简化空气的状态参数计算，根据空气各种参数关系式，按照一定的大气压力作成表示湿空气状态参数及其相互关系的图表，叫湿空气性质图。由于该图是以焓 (i) 和含湿量 (d) 作为坐标轴，因此也叫焓湿图，简称为 $i-d$ 图。$i-d$ 图上的任何一点，都可表示出湿空气的所有参数，只要已知任意两个参数，即可查图确定其他参数，因此利用这种图计算和分析空气状态变化过程十分简便。

焓湿图是建立在斜角坐标上的，纵坐标为空气的焓 (i)，横坐标为空气的含湿量 (d)，坐标轴之间的夹角为 135° (图 1-36)。该图上主要有以下四组等值线：

1) 与纵坐标轴平行的垂直线是等含湿量线 (d = 常数)；

2) 与等含湿量线相交成 135°角的平行斜直线为等焓线 (i = 常数)；

3) 等温线 (t = 常数) 近似于平行斜线；

4) 等相对湿度线 (ϕ = 常数) 为曲线，ϕ 值自左向右逐渐增大。

3. 空气的处理

对空气的处理主要指对室内（或室外）的空气进行过滤净化、加热、冷却、加湿、去湿等工艺过程。

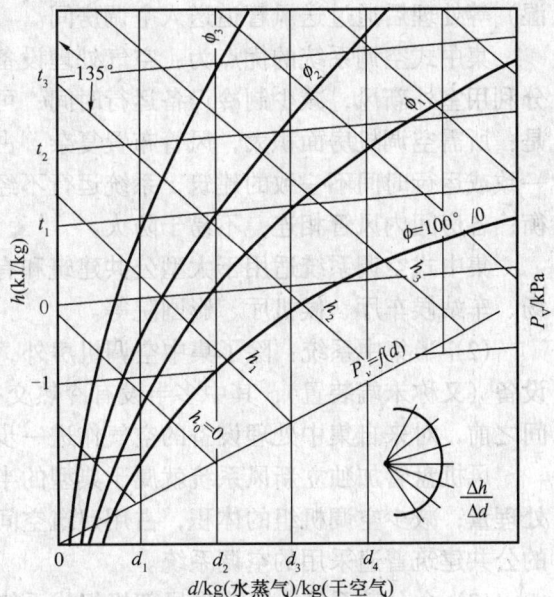

图 1-36 焓湿图的组成

(1) 等湿加热处理：利用电加热器或表面式热水换热器（或蒸汽换热器），使空气的温度升高，而含湿量保持不变的过程。

(2) 冷却处理：用表面冷却器或蒸发器处理时，如果表面冷却器或蒸发器的温度低于空气的温度，但又未达到空气的露点温度，就可以使空气冷却降温但不结露，空气的含湿量保持不变，此种处理称为等湿冷却处理。

用表面冷却器或蒸发器处理时，如果表面冷却器或蒸发器的温度低于空气的露点温度，则空气的温度下降并有多余的水蒸气析出，空气的含湿量不断减少，这种冷却处理称为去湿冷却处理。

（3）加湿处理：当室外空气的含湿量比室内空气的含湿量低时，为保证室内相对湿度的要求，需要向空气中加湿。

冬季集中式中央空调系统使用循环水在喷水室对空气进行喷淋加湿，在喷湿过程中，空气的温度降低，相对湿度增加，但焓值保持不变。此加湿过程称为等焓加湿处理。

另外一种加湿处理方法是等温加湿处理。利用锅炉产生的低压蒸汽或由电加热加湿器产生的水蒸气，喷到空气中，空气的含湿量增加，温度保持不变。

（4）去湿处理：利用固体或液体吸湿剂吸附空气中的水分，空气的含湿量降低，焓值基本保持不变。

二、空气调节的分类

空气调节系统一般均由空气处理设备和空气输送管道以及空气分配装置所组成，根据需要，它能组成许多不同形式的系统。

1. 按照空气处理设备的设置情况分类

（1）集中式系统：集中式系统的所有空气处理设备和送、回风机都集中设置在空调机房内，空气（包括室外新鲜空气和室内回风）经集中进行过滤、加热（冷却）、加湿（除湿）等处理后通过送风管道送入空调房间。

集中式空调系统的优点为：空气处理设备布置集中，便于管理和调节；过渡季节可充分利用室外新风，减少制冷设备运行时间；可以达到高度自动化控制；使用寿命长。缺点是：所需空调机房面积大，风管布置复杂，占用建筑空间较多；对于房间热湿负荷变化不一致或运行时间不一致的建筑，系统运行不经济；风管系统各支路和风口的风量不容易平衡；各房间内风管相连，不易于防火。

集中式空调系统适用于大型公共建筑和有较大建筑面积和空间的公共场所，如大型商场、车站候车厅、候机厅、影剧院等。

（2）半集中系统：除了集中空调机房外，半集中系统还设有分散在被调房间内的二次设备（又称末端装置），其中多半设有冷热交换装置，它的功能主要是在空气进入被调房间之前，对来自集中处理设备的空气作进一步的补充处理。

风机盘管加独立新风系统就属于典型的半集中式系统。它的优点是可减少新鲜空气的处理量；减少空调机组的体积，占用建筑空间较小；布置灵活，造价低等，是目前大中型的公共建筑普遍采用的空调系统。

（3）全分散系统：又称作局部机组式系统，它是把冷、热源和空气处理、输送设备等均集中设置在一个箱体内，形成一个紧凑的空调系统。它不需要集中的空调机房，可以按照需要，灵活而分散地设在需要安装空调的房间内。

2. 按照负担室内负荷所用的介质种类分类

（1）全空气系统：指空调房间的室内负荷全部由经过处理的空气来负担的空调系统，如图1-37（a）。在室内热湿负荷为正值的场合，用低于室内空气焓值的空气送入房间，吸收余热后排出房间。集中式空调系统即属于这一类型。由于空气的比热较小，需要用较多的空气量才能达到消除余热余湿的目的，因此风道断面较大或风速较高。

（2）全水系统：空调房间的热湿负荷全靠经过处理的水作为冷热介质来负担，如图1-37（b）。由于水的比热比空气大，因此在相同条件下只需要较小的水量，所以管道所占的空间减小，但它不能够解决房间内的换气问题。

（3）空气—水系统：是指由经过处理的水和空气共同承担室内的热湿负荷的空调系统，如图1-37（c）。风机盘管加新风系统即是最典型的空气—水系统，它不但可解决全水系统无法换气的困难，又能减小风管截面，减少对建筑物空间的占用。

（4）制冷剂式系统：这种系统的热湿负荷及室外新风负荷是由制冷机或热泵的制冷剂承担的，制冷系统的蒸发器直接放在室内来吸收余热余湿，如图1-37（d）。这种方式通常用于分散安装的局部空调机组，但由于制冷剂不便于用管道长距离输送，因此这种系统不作为集中式空调系统使用。

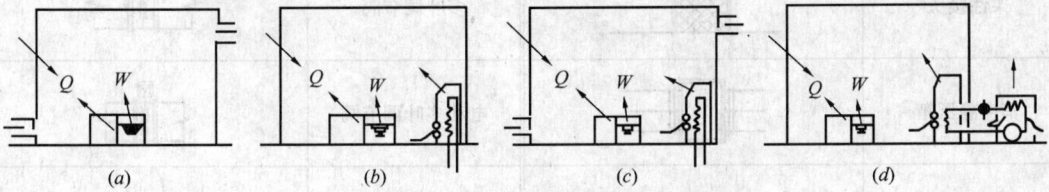

图1-37　空调系统按照负担室内负荷所用的介质种类分类
（a）全空气系统；（b）全水系统；（c）空气—水系统；（d）制冷剂式系统

3. 按照处理的空气来源分类

（1）封闭式系统：它所处理的空气全部来自空调房间本身，没有室外空气补充，全部为再循环空气，因此房间和空气处理设备之间形成了一个封闭环路，如图1-38（a）。封闭式系统用于密闭空间且无法或不需要采用室外空气的场合。这种系统冷、热消耗量最省，但卫生效果差。当室内有人长期停留时，必须考虑空气的再生。这种系统应用于战备工程或很少有人进出的仓库。

（2）直流式系统：它所处理的空气全部来自室外，室外空气经过处理后送入室内，然后全部排出室外，如图1-38（b）。这种系统适用于不允许采用回风的场所，如放射性实验室或散发大量有害物的车间。为回收排出空气的热量或冷量，用来加热或冷却新风，可在系统中设置热回收设备。

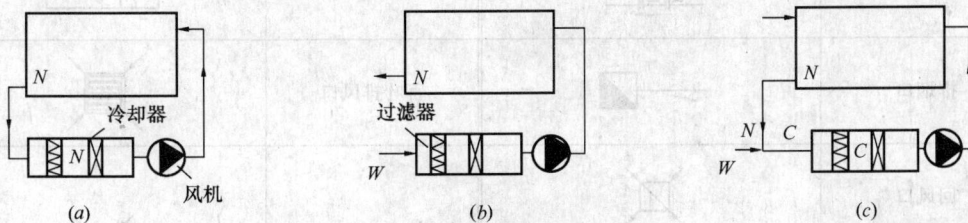

图1-38　空调系统按照处理空气的来源分类
（a）封闭式系统；（b）直流式系统；（c）混合式系统
N—室内空气；W—室外空气；C—混合空气

（3）混合式系统：用于绝大多数场合，综合以上两种系统的利弊，所处理的空气为一部分室外空气混合一部分室内回风的系统，如图 1-38（c）。

三、通风空调工程常用图例及表示方法（表 1-18）

通风空调工程常用图例及表示方法　　　　　　　　　表 1-18

名　称	图　例	名　称	图　例
风管	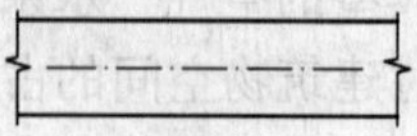	70℃防火阀	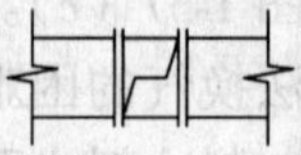
带导流片弯头	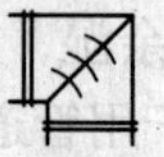	70℃电动防火阀	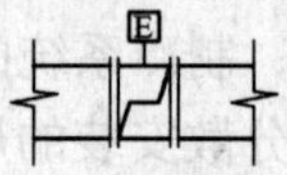
柔性接头		多叶调节阀	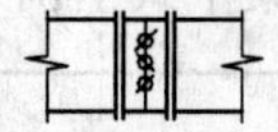
消声静压箱	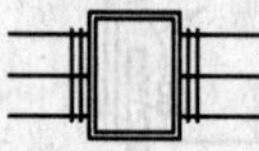	电动多叶调节阀	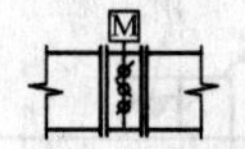
消声器	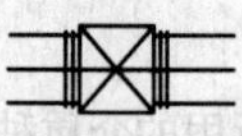	280℃防火阀	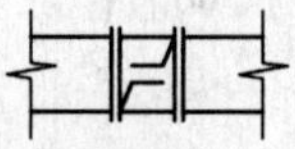
消声弯头		防火排烟阀	
排烟阀	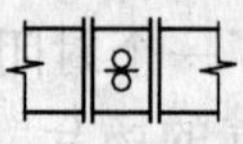	轴流风机	
电动排烟阀	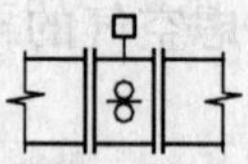	离心风机	
止回阀	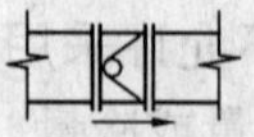	卧式暗装风机盘管	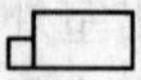
余压阀	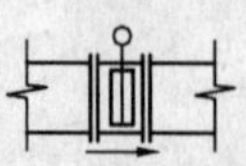	变风量末端调节器	
排烟口		百叶排风口	
回风口	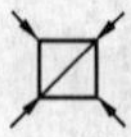	方形散流器	
条缝风口	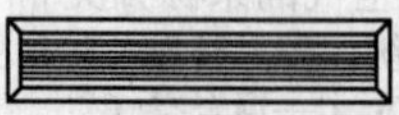		

第二章　给水排水工程

第一节　工程概述

给水排水工程包括给水、排水两大系统；又分室内与室外工程。给水系统又分为冷水、热水、采暖等分支系统；排水又分为雨水、污水、废水等分支系统。

一、概述

1. 管道分类

管道工程的类别很多，按照管道的材料、输送的介质以及介质的参数（压力、温度）可以划分为以下几类。

按材料性质分类：分为金属管道和非金属管道。

按介质压力分类：分为真空管道、低压管道、中压管道、高压管道和超高压管道，见表2-1。

按介质温度分类：分为低温管道、常温管道、中温和高温管道，见表2-2。

按输送介质的性质分类：分为汽水介质管道、惰性气体管道、不可燃液体介质管道、腐蚀性介质管道、化学及危险品介质管道。

按介质压力分类　　　　　　　　　　　　　　　表2-1

级别名称	设计压力 P（MPa）	级别名称	设计压力 P（MPa）
真空管道	$P < 0$	高压管道	$10 < P \leqslant 100$
低压管道	$0 \leqslant P \leqslant 1.6$	超高压管道	$P > 100$
中压管道	$1.6 < P \leqslant 10$		

按介质温度分类　　　　　　　　　　　　　　　表2-2

类别名称	介质工作温度 t（℃）	类别名称	介质工作温度 t（℃）
低温管道	$t < -40$	中温管道	$121 < t \leqslant 450$
常温管道	$-40 < t \leqslant 120$	高温管道	$t > 450$

2. 常用符号、管道工程图例（表2-3）

常用符号、管道工程图例　　　　　　　　　　　表2-3

名　称	符　号	名　称	符　号
管道	——	三通连接	
交叉管		四通连接	

名　称	符　号	名　称	符　号
流向	→	排水明沟	→
坡向	→	排水暗沟	→
套管伸缩器		弯折管	─○ 表示管道向后弯90℃
波纹伸缩器	◇	弯折管	⊙─ 表示管道向前弯90℃
弧形伸缩器	⌒	存水弯	
方形伸缩器	⊓	检查口	
防水套管		清扫口	▣　⊤
软管	∿	透气帽	↑　⊗
管道固定支架	×　×	雨水斗	○YD　⊤
管道滑动支架		排水漏斗	○　▽
防护套管		圆形地漏	⊘　▽
管道立管	|	方形地漏	▥　▽

3. 管道与附件的公称标准（表2-4）

管道与附件的公称标准　　　　　　　　　　　　　　表2-4

公称通径 DN（mm）	相当的管螺纹	公称通径 DN（mm）	相当的管螺纹	公称通径 DN（mm）	相当的管螺纹
1		10	3/8″	100	4″
1.5		15	1/2″	125	5″
2		20	3/4″	150	6″
2.5		25	1″	175	7″
3		32	$1\frac{1}{4}″$	200	8″
4		40	$1\frac{1}{2}″$	225	9″
5		50	2″	250	10″
6		70	$2\frac{1}{2}″$	300	12″
8	1/4″	80	3″		

4. 管道与附件的公称压力及试验压力（表2-5）

管道与附件的公称压力及试验压力　　　　　　　　表2-5

公称压力 PN（MPa）	试验压力（用低于100℃的水）P_s（MPa）	介质工作温度（100℃）级别						
		二	三	四	五	六	七	八
		至200℃	250℃	300℃	350℃	400℃	425℃	450℃
		最大工作压力 P_f（MPa）						
0.1	0.2	0.1	0.09	0.08	0.07	0.06	0.06	0.05
0.25	0.4	0.25	0.23	0.2	0.18	0.16	0.14	0.11
0.4	0.6	0.4	0.37	0.33	0.29	0.26	0.23	0.18
0.6	0.9	0.6	0.55	0.5	0.44	0.38	0.35	0.27
1.0	1.5	1.0	0.92	0.82	0.73	0.64	0.58	0.45
1.6	2.4	1.6	1.5	1.3	1.2	1.0	0.9	0.7
2.5	3.8	2.5	2.3	2.0	1.8	1.6	1.4	1.1
4.0	6.0	4.0	3.7	3.3	3.0	2.8	2.3	1.8
6.4	9.6	6.4	5.9	5.2	4.3	4.1	3.7	2.9
10.0	15.0	10.0	9.2	8.2	7.3	6.4	5.8	4.5

5. 给水管与各种管线最小净距（表2-6）

给水管与其他管线之间的最小净距　　　　　　　　表2-6

给水管道名称	地沟壁和其他管道（mm）	排水管		备　　注
		水平净距（mm）	垂直净距（mm）	
引入管	—	1000	150	在排水管上方
横干管	100	500	150	在排水管上方

二、热水及采暖工程简述

1. 热水供应系统分类（表2-7）

热水供应系统分类　　　　　　　　表2-7

按热水供应系统范围分类	局部热水供应系统
	集中热水供应系统
	区域热水供应系统
按热水供应系统是否敞开分类	开式热水供应系统
	闭式热水供应系统
按热水管网循环方式分类	不循环热水供应系统
	半循环热水供应系统
	全循环热水供应系统
	倒循环热水供应系统

按热水管网循环动力分类	自然循环热水供应系统 强制循环热水供应系统
按热水管网循环水泵运行方式分类	全日循环热水供应系统 定时循环热水供应系统
按热水管网布置图式分类	上行下给式热水供应系统 下行上给式热水供应系统 上行下给返程式热水供应系统 下行上给返程式热水供应系统
按热水供应系统分区方式分类	加热器集中设置的分区热水供应系统 加热器分散设置的分区热水供应系统

2. 各类热水供应系统的评价

在实际工程中，根据具体情况将各种热水供应系统进行优化组合，设计成综合的方案，见表 2-8。

热水供应系统优化组合方案　　　　　　　　　　　　表 2-8

名　称	优　缺　点	适　用　条　件
局部热水 供应系统	1. 各户按需加热，避免盲目储备热水； 2. 系统简单，造价低，维护简单； 3. 热水管道短，热损失小； 4. 不需建造锅炉房，不需专业司炉人员； 5. 热媒系统设施投资大； 6. 小型加热器效率低，热水成本大	1. 热水用水量小且分散的建筑，如饮食店、理发店、门诊所、办公楼等； 2. 住宅建筑； 3. 旧住宅增设热水供应
集中热水 供应系统	1. 加热设备集中，管理方便； 2. 考虑热水用水设备的同时使用率，加热设备的热负荷可减小； 3. 大型锅炉热效率高，可使用廉价燃料； 4. 使用热水方便、舒适； 5. 设备系统复杂，建设投资高； 6. 管道热损失大； 7. 改建、扩建困难，大修复杂	热水用水量较大、用水点较多且较集中的建筑，如旅馆、医院、住宅、公共浴室等
区域热水 供应系统	1. 便于集中统一管理和热能综合利用； 2. 大型锅炉房的热效率高，管理操作自动化程度高； 3. 消除分散的小型锅炉房，减少环境污染； 4. 设备、系统复杂，需要敷设室外管道，基建投资甚高； 5. 需要专门的管理人员	要求热水供应的建筑甚多且较集中的城镇住宅区和大型工业企业

50

名 称	优 缺 点	适 用 条 件
开式热水供应系统	1. 不必设置安全阀或闭式膨胀水箱，运行较安全； 2. 必须设置高位冷水箱和膨胀管或高位开式加热水箱； 3. 水质易受外界污染	设置高位冷水箱的系统
闭式热水供应系统	1. 冷水直接进入加热器，不设屋顶水箱； 2. 管路简单； 3. 水质不易受外界污染； 4. 需设安全阀或闭式膨胀水箱； 5. 安全阀易失灵，须加强维护，安全可靠性差	不设屋顶冷水箱的系统
不循环热水供应系统	1. 管路简单，工程投资省； 2. 不需热水循环泵； 3. 使用时需先放去管中冷水，浪费水量，使用不便	1. 管路短小的小型热水系统； 2. 连续用水或定时集中用水的系统
半循环热水供应系统	1. 使用前管系中冷水放水量减少，放水等待时间缩短； 2. 简化循环管路，工程投资省； 3. 形成单路循环，消除循环短路现象； 4. 需设循环水泵； 5. 使用时，须先放去一部分冷水，浪费一些水量，使用不便	1. 层数不超过五层（含五层）的建筑； 2. 对水温要求不太严格的对象
全循环热水供应系统	1. 可随时迅速获得热水，使用方便； 2. 工程投资大； 3. 环路多，易发生短路循环，须调节各管路阻力损失； 4. 一般需设循环泵	对热水供应要求高的建筑，如宾馆、高层建筑、医院等
倒循环热水供应系统	1. 水加热器承受的水压力小； 2. 水加热器冷水进水管道短，水头损失小； 3. 膨胀排气管短； 4. 必须设置循环水泵； 5. 减震消声处理要求高	一般用于高层建筑
自然循环热水供应系统	1. 不设循环水泵； 2. 由于热水管道结垢后，循环流量逐渐减小，难保证达到设计要求； 3. 易产生短流循环，比较难调节平衡； 4. 回水管径较大； 5. 系统降温较大	1. 在热水系统中很少采用； 2. 用于热水锅炉与热水罐之间的循环管路

名　称	优　缺　点	适　用　条　件
强制循环热水供应系统	1. 循环流量大，保证设计要求，可靠性好； 2. 回水管径小； 3. 系统降温小； 4. 需设循环水泵	1. 对热水供应要求高的建筑，如宾馆、高层建筑、医院等； 2. 不会产生自然循环的热水系统
全日循环热水供应系统	1. 在热水供应时间内，管网中时刻都保持设计水温的水流，用水方便； 2. 循环水泵需要整日工作	需全日供应热水的建筑，如宾馆、医院等
定时循环热水供应系统	1. 循环水泵定时工作； 2. 需按时启闭循环水泵	适用于每天定时供应热水的建筑
上行下给式热水供应系统	1. 回水管路短，管材用量少，节省投资； 2. 热水立管形成单管，布置安装容易； 3. 配水干管和回水干管上下分散布置，增加建筑对管道装饰要求； 4. 系统中需要设置排气管或排气阀	1. 配水干管有条件敷设在顶层的建筑； 2. 热水立管较多的建筑
下行上给式热水供应系统	1. 热水配水干管和回水干管集中设置； 2. 利用最高配水龙头排气，可不设排气阀； 3. 回水管路长，管材用量多； 4. 热水立管形成双立管，布置安装复杂	配水、回水管有条件布置的底层或地下室内的建筑
同程式热水供应系统	1. 各环路阻力损失接近，可防止循环短路现象； 2. 回水管道长度增加，投资增高； 3. 循环水泵养成增大	热水立管很多的大型全循环热水供应系统
水加热器集中设置的分区热水供应系统	1. 热媒和水加热器集中，管理维护方便； 2. 可使用地下室或底层辅助建筑； 3. 噪声影响小； 4. 高区的水加热器承受水压高； 5. 高区的配水主立管和回水主立管较长； 6. 高区的膨胀管伸出冷水箱的水面较高	适用于高度不大于 100m 的高层建筑
水加热器分散设置的分区热水供应系统	1. 不需要耐高压的水加热器和热水管道； 2. 热水、回水主立管的长度较短； 3. 水加热器分散设置，管理维护不便； 4. 水加热器、循环水泵设在楼层，防噪声要求高； 5. 热媒管道长	适用于高度 100m 以上的超高层建筑

3. 供暖系统热媒的选择

按热媒热水、蒸汽等简述不同类型建筑供暖系统热媒的选择，见表2-9。

供暖系统热媒的选择　　　　　　　　　　　　　　　　　表2-9

建 筑 种 类		适 宜 采 用	允 许 采 用
民用及公用建筑	居住建筑、医院、幼儿园等	不超过95℃的热水	1. 低压蒸汽； 2. 不超过110℃的热水
	办公楼、学校、展览馆等	1. 不超过95℃的热水； 2. 低压蒸汽	不超过110℃的热水
	车站、食堂、商业建筑等	1. 低压蒸汽； 2. 不超过110℃的热水	高压蒸汽
	一般俱乐部、影剧院等	1. 低压蒸汽； 2. 不超过110℃的热水	不超过130℃的热水
工业建筑	不散发粉尘或散发非燃烧性有机无毒升华粉尘的生产车间	1. 低压蒸汽或高压蒸汽； 2. 不超过110℃的热水； 3. 热风	不超过130℃的热水
	散发非燃烧性和非爆炸性的易升华有毒粉尘、气体及蒸汽的生产车间	1. 低压蒸汽； 2. 不超过110℃的热水； 3. 热风	不超过130℃的热水
	散发非燃烧性和非爆炸性的易升华有毒粉尘、气体及蒸汽的生产车间	与卫生部门协商确定	—
	散发燃烧性或爆炸性有毒气体、蒸汽及粉尘的生产车间	根据各部及主管部门的专门指示确定	—
	任何体积的辅助建筑	1. 低压蒸汽； 2. 不超过110℃的热水	高压蒸汽
	设在单独建筑内的门诊所、药房、托儿所及保健站等	不超过95℃的热水	1. 低压蒸汽； 2. 不超过110℃的热水

4. 供回水方式及其特点、适用范围

采暖供回水方式有上供下回双管、下供下回双管、垂直单管、水平单管、高层分区等，见表2-10。

供暖供回水方式　　　　　　　　　　　　　　　　　表2-10

序号	供暖系统形式	形式名称	适用范围	特　点
1	重力循环热水供暖系统	单管上供下回式	作用半径不超过50m的多层建筑	升温慢、作用压力小、管径大、系统简单、不消耗电能； 水力稳定性好； 可缩小锅炉中心与散热器中心距离

序号	供暖系统形式	形式名称	适用范围	特 点
2	重力循环热水供暖系统	双管上供下回式	作用半径不超过50m的三层以下建筑	升温慢、作用压力小、管径大、系统简单、不消耗电能； 易产生垂直失调； 室温可调节
3		单户式	单户单层建筑	一般锅炉与散热器在同一平面，故散热器至少提高到300~400mm高度； 尽量缩小配管长度减小阻力
4	机械循环热水供暖系统	双管上供下回式	室温有调节要求的四层以下建筑	是常用的双管系统做法； 排气方便； 室温可调节； 易产生垂直失调
5		双管下供下回式	室温有调节要求且顶层不能敷设干管时的四层以下建筑	缓和了上供下回式系统的垂直失调现象； 安装供回水干管需要设置地沟； 室内无供水干管，顶层房间美观； 排气不便
6		双管中供式	顶层供水干管无法敷设或边施工边使用的建筑	可解决一般供水干管挡窗户问题； 解决垂直失调，比上供下回有利； 对楼层、扩建有利； 排气不利
7		双管下供上回式	热媒为高温水、室温有调节要求的四层以下建筑	对解决垂直失调有利； 排气方便； 能适应高温水热媒，可降低散热器表面温度； 降低散热器传热系数，浪费散热器
8		垂直单管顺流式	一般多层建筑	常用的一般单管系统做法； 水力稳定性好； 排气方便； 安装构造简单
9		垂直单管双线式	顶层无法敷设供水干管的多层建筑	当热媒为高温水时可以降低散热器表面温度； 排气阀门的安装必须正确
10		垂直单管下供上回式	热媒为高温水的多层建筑	可降低散热器表面温度； 降低散热器传热量，浪费散热器
11		垂直单管上供中回式	不易设置地沟的多层建筑	节约地沟造价； 系统泄水不方便； 影响室内底层房屋美观； 排气不方便； 检修方便

序号	供暖系统形式	形式名称	适用范围	特 点
12	机械循环热水供暖系统	垂直单管三通阀跨越式	多层建筑和高层建筑	可解决建筑层数过多，垂直失调问题
13		单双管式	八层以上建筑	避免垂直失调现象产生； 可解决散热器立管管径过大问题； 克服单管系统不能调节的问题
14		混合式	热媒为高温水的多层建筑	是解决高温水热媒直接系统的最佳方法之一
15		水平单管串联式	单层建筑或不能敷设立管的多层建筑	常用的水平串联系统，经济、美观、安装简便； 散热器接口易漏水，排气不便
16		水平单管跨越式	单层建筑串联散热器组数过多时	每个环路散热器数量不受限制； 每组散热器可调节； 排气不便
17		分层式	高温水热源	入口设换热装置造价高
18		双水箱分层式	低温水热源	管理较复杂； 采用开式水箱，空气进入系统，易腐蚀管道
19	低压蒸汽供暖系统	双管上供下回式	室温需要调节的多层建筑	常用的双管做法； 易产生上热下冷
20		双管下供下回式	室温需要调节的多层建筑	可缓和上热下冷现象； 供气立管需要加大； 需要设置地沟； 室内顶层无供气干管，美观
21		双管中供式	顶层无法敷设供汽干管的多层建筑	接层方便； 与上供下回式比较，解决上热下冷有利
22		单管下供下回式	三层以下建筑	室内顶层无供气干管，美观； 供气立管要加大； 安装简便、造价低； 需要设地沟
23		单管上供下回式	多层建筑	常用的单管做法； 安装简便、造价低
24	高压蒸汽供暖系统	上供下回式	单层公用建筑或工业厂房	常用的做法，可节约地沟
25		上供上回式	工业厂房暖风机供暖系统	除节省地沟外还检修方便； 系统泄水不便
26		水平串联式	单层公用建筑	构造最简单、造价低； 散热器接口处易漏水漏气

三、室内给水工程简述

室内给水系统的任务是在保证需要的压力之下，输送足够的水量到室内的配水龙头、生产设备和消防栓上。水源通常由室外给水管道引入。

1. 给水系统的分类与组成

（1）生活给水系统：供生活饮用及洗涤用水；

（2）生产给水系统：供生产设备用水；

（3）消防给水系统：供扑灭火灾用水。

当室外管网供水压力不足时，给水系统还要设置水箱、水泵、气压罐等加压设备。

2. 室内给水系统的形式

（1）直接给水系统；

（2）有高位水箱的给水系统；

（3）设有水泵的给水系统。

1）设有水泵、水池和水箱的给水系统；

2）分区分压给水系统。

3. 给水管道的布置方式

建筑物的给水引入管一般只设置一条，布置的原则是：应尽量靠近从用水量最大或不允许间断供水的地方引入，这样可使大口径管道最短，供水经济、可靠；当用水点分布均匀时，可从建筑物的中部引入，这样可使水压平衡；当需要在引入管上设置水表时，应选择水表不受污染，不易损坏，便于观察，在寒冷地区便于水表及管道防冻的地方。管网布置方式有以下几种，其优劣见（表2-11）。

1）下分式（下行上给式）；

2）上分式（上行下给式）；

3）中分式；

4）环状式。

管网布置方式的评价　　　　　　　　　　表 2-11

名　称	特征及适用范围	优　缺　点
下分式	水平配水干管敷设在底层或地下室顶棚下；居住建筑、公共建筑和工业建筑，在利用外网水压直接供水时多采用这种方式	图示简单，明装时便与维修；与上分式相比最高层配水点流出水头较低，埋地管道检修不便
上分式	水平配水干管敷设在顶层顶棚下或吊顶之内，对于非冰冻地区，也有敷设在顶层上的，对于高层建筑也可以敷设在技术夹层内；设有高位水箱的居住、公共建筑、机械设备或地下管线较多的工业厂房多采用此方式	与下分式比较最高位配水点流出水头稍高；安装在顶棚内的配水干管可能因为漏水或结露损坏顶棚和墙面，要求外网水压稍高一些，管材消耗比较多
中分式	水平干管敷设在中间技术夹层或中间层顶棚内，向上下两个方向供水；屋顶用作露天茶座或设有中间技术夹层的建筑多采用这种方式	管道安装在技术夹层内便于维修，有利于管道排气，不影响屋顶多功能使用；需要设置技术夹层或增加中间层的高度

名　称	特征及适用范围	优　缺　点
环状式	水平配水干管或立管互相连接成环，组成水平干管环状或立管环状，在有两个引入管时，也可将两个引入管通过配水立管和水平配水干管相联通，组成贯穿环状； 　高层建筑、大型公共建筑和工艺要求不间断供水的工业建筑常采用这种方式，消防管网均采用环状式	任何管段发生事故时，可用阀门关断事故管段而不间断供水，水流通畅，水头损失小，水质不易因为滞流而变质； 　管网造价较高

四、室内排水工程简述

室内排水系统的任务是将建筑物内卫生洁具或生产设备排除出的污（废）水以及降落在屋顶上的雨、雪水，用最经济合理的管径迅速地排到室外排水管道中。

1. 室内排水系统的分类

根据排水性质不同，室内排水系统可分为三类。

第一类：生活污水系统：排除人们在生活中所产生的污水，如粪便污水、洗涤污水以及医院排出的污水；

第二类：工业废水系统：排除工矿企业在生产过程中所产生的生产污水和生产废水。生产污水是指水的化学性质起了变化，污水中含有对人体有害的物质。生产废水是指被化学杂物或机械制剂污染但不含有毒害的物质的污水及可重复使用的较清洁的污水；

第三类：雨水管道系统：排除屋顶的雨水和融化的雪水。

2. 室内排水系统的组成

(1) 污水废水收集器：各种卫生洁具、排放生产废水的设备、雨水斗和地漏；

(2) 排水管道：包括器具排水管、水平管、立管及排除管；

(3) 通气管：普通通气管和辅助通气管；

(4) 清通设备：包括检查口、清扫口及室内检查井。

3. 排水方式

(1) 分流制：分别设置生活污水、工业废水及雨水管道；

(2) 合流制：组合以上任意两种或三种的污（废）水系统。

4. 决定排水方式的主要因素

(1) 污（废）水的性质；

(2) 污（废）水的污染程度；

(3) 室外排水方式；

(4) 污（废）水的处理及综合利用等。

5. 室内排水管道的布置要求

(1) 排水托吊管：在布置排水托吊管时，注意不要穿越生产设备基础、沉降缝、烟道、风道。若必须通过伸缩缝时，应与有关专业协商处理。

(2) 立管：立管的位置在民用建筑物中宜靠近大便器，其穿楼板时应预留洞，尺寸符合规范。在排水管上，一般每隔一层设置一个检查口，最底层和有卫生器具的最高层也必须设置检查口，检查口中心距离地面 1m 高度。安装托吊管应每层立管有立管扫除口。

（3）排出管：排出管是立管与室外检查井之间的连接管道，它接受一根或几根立管流来的污水排至室外管道中去。排出管的长度随室外检查井的位置而定，一般检查井的中心至建筑物外墙的距离不小于 3m，不大于 10m。排出管一般埋设在土层内，必要时可敷设在地沟内。为了防止室外管道受到机械损坏，在一般的生产厂房内，排出管道的最小埋深应按照表 2-12 确定。

排出管道的最小埋深 表 2-12

管　　材	地面至管顶的距离（m）	
	素土夯实、碎石、大卵石、缸砖、木砖地面	水泥、混凝土、沥青混凝土、菱苦石地面
排水铸铁管	0.7	0.7
混凝土管	0.7	0.5
带釉陶土管	1.0	0.6

（4）通气管：通气管是立管向上延伸出屋面的一部分。通气管不得与建筑物的风道、烟道连接，不宜设在建筑物的屋檐檐口、阳台、雨篷下。其伸出屋面高度不得小于 0.3m，但必须大于最大积雪厚度。透气帽要用铸铁式，防止立管落入脏物。

6. 屋面雨水的排除

为了排泄降落在屋面上的雨水和融化的雪水，需要设置屋面雨水系统。屋面雨水的排除可分为外排水和内排水两种系统。

第一种：外排水系统。

（1）普通外排水：住宅、一般公共建筑及小型单跨厂房常采用普通外排水。屋面的雨水通过檐沟经水落管引至地面，水落管的间距在民用建筑为 12~16m；在工业厂房为 18~24m；

（2）长天沟外排水：长度为 100m 左右的多跨厂房，应与建筑结构密切配合，尽量采用长天沟外排水。天沟以伸缩缝为分水线坡向两端，其坡度不小于 0.005，天沟伸出山墙 0.4m。

第二种：内排水系统。对于大面积建筑屋面及多跨的工业厂房，当采用外排水有困难时，可采用内排水系统。内排水系统的雨水管道由雨水斗、悬吊管、立管、地下雨水管及精除设备组成。内排水管道的布置和安装：

（1）悬吊管：在工业厂房中，悬吊管固定在厂房的桁架上，并有不少于 0.003 的坡度坡向立管。当管径不大于 DN150，长度超过 15m 时，应设检查口；管径为 DN200，长度超过 20m 时，也应设检查口。悬吊管应避免从不允许有滴水的生产设备的上方通过。

（2）立管：通常沿柱布置，每隔 2m 用卡箍固定在柱子上，立管应设检查口，检查口中心至地面的高度一般为 1m。

（3）地下雨水管道：厂房内的地下雨水管道大多采用混凝土管或钢筋混凝土管，最小埋深按照室内排水管的最小埋深确定，最小坡度见表 2-13。

室内排水管的最小坡度 表 2-13

管径（mm）	50	75	100	125	150	200~400
最小坡度	0.020	0.015	0.008	0.006	0.005	0.004

第二节 金属管道安装及其安装工艺基本要求

在建筑给水排水系统中，给水金属管道通常采用镀锌钢衬塑管道、铜管、不锈钢管道；雨水、生活污水排水金属管道通常采用铸铁管、镀锌钢管、焊接钢管等管材连接。管道的连接方式通常有焊接、钎焊、卡箍连接、橡胶圈承插连接、丝扣连接等。各种管材的安装工艺分别如下。

一、给水铸铁管道安装

1. 给水铸铁管管道常用接口方式

给水铸铁管直线安装时，要选用管径公差组合最小的管节组对连接，接口的环向间隙应均匀，承插口间的纵向间隙不应小于 3mm。

安装前要清扫管腔并除掉承口内侧、插口外侧端头的防腐材料及污物，承口朝来水方向顺序排列，连接的对口间隙应不小于 3mm，找平找直后，固定管道。管道拐弯和始端处应固定，防止捻口时轴向移动，所有管口随时封堵好。

(1) 水泥接口时，捻麻时将油麻绳拧成麻花状，用麻钎捻入承口内，承口周围间隙应保持均匀，一般捻口两圈半，约为承口深度的 1/3。将油麻捻实后进行捻灰（水泥强度等级 32.5、水灰比应 1:9），用捻凿将灰填入承口，随填随捣，直至将承口打满，承口捻完后应用湿土覆盖或用麻绳等物缠住接口进行养护，并定时浇水，一般养护 48h。

(2) 青铅接口时，应将接口处水痕擦拭干净，在承口油麻打实后，用定型卡箍或包有胶泥的麻绳紧贴承口，缝隙用胶泥抹严，用化铅锅加热铅锭至 500℃ 左右（液面呈紫红色），铅口位于上方，应单独设置排气孔，将熔铅缓慢灌入承口内，排出空气。对于大管径管道，灌铅速度可适当加快，以防熔铅中途凝固。每个铅口应做一次灌满，凝固后立即拆除卡箍或泥模，用捻凿将铅口打实。

2. 管道安装允许偏差

管道安装允许偏差，见表 2-14

管道安装允许偏差 表 2-14

项 目	允许偏差（mm）	
	无压力管道	压力管道
轴线位置	15	30
高程	±10	±20

二、镀锌管安装

(1) 丝扣连接：

管道缠好生料带或抹上铅油缠好麻，用管钳按编号依次上紧，丝扣外露 2～3 扣，安装完后找直找正，复核甩口的位置、方向及变径无误，清除麻头，做好防腐，所有管口要做好临时封堵。

(2) 管道法兰连接：

管径不大于 DN100 宜用丝扣法兰，若管径大于 DN100 应采用焊接法兰，二次镀锌。

安装时法兰盘的连接螺栓直径、长度应符合规范要求，紧固法兰螺栓时要对称拧紧，紧固好的螺栓外露丝扣应为 2~3 扣。法兰盘连接衬垫，一般给水管（冷水）采用橡胶垫，生活热水管道采用耐热橡胶垫，垫片要与管径同心，不得多垫。

（3）沟槽连接：

胶圈安装前除去管口端密封处的泥沙和污物，胶圈套在一根管的一端，然后将另一根钢管的一端与该管口对齐、同轴，两端距离要求留有一定的间隙，再移动胶圈，使胶圈与两侧钢管的沟槽距离相等。胶圈外表面涂上专用润滑剂或肥皂水，将两瓣卡箍卧进沟槽内，再穿入螺栓，并均匀地拧紧螺母。

（4）丝扣外露及管道镀锌表面损伤部分做好防腐。

三、铜管安装

1. 铜管安装注意问题

（1）安装前先对管道进行调直，冷调法适用于外径不大于 108mm 的管道，热调法适用于外径大于 108mm 的管道。调直后不应有凹陷、破损等现象。

（2）当用铜管直接弯制弯头时，可按管道的实际走向预先弯制成所需弯曲半径的弯头，多根管道平行敷设时，要排列整齐，管间距要一致，整齐美观。

2. 铜管连接的几种方式

薄壁铜管可采用承插式钎焊接口、卡套式接口和压接式接口；厚壁铜管可采用螺纹接口、沟槽式接口、法兰式接口。

（1）钎焊连接：钎焊强度小，一般焊口采用插接形式。插接长度为管壁厚的 6~8 倍，管道外径不大于 28mm 时，插接长度为 $1.2D~1.5D$。铜管与铜合金管件或铜合金管件与铜合金管件间焊接时，应在铜合金管件焊接处使用助焊剂，并在焊接完成后清除管外壁的残余熔剂。覆塑铜管焊接时应剥出不小于 200mm 的裸铜管，焊接完成后复原覆塑层。钎焊后的管件必须及时进行清洗，除去残留的熔剂和熔渣。

（2）卡套式连接：管口断面应垂直平整，且应使用专用工具将其整圆或扩口，安装时应使用专用扳手，严禁使用管钳旋紧螺母。

（3）压接式：应用专用压接工具，管材插入管件的过程中，密封圈不得扭曲变形，压接时卡钳端面应与管件轴线垂直，达到规定压力时延时 1~2s。

（4）螺纹连接、沟槽连接和法兰连接方法同镀锌钢管。黄铜配件与附件螺纹连接时，宜采用四氟乙烯带，法兰连接时垫片可采用耐热橡胶板或铜垫片。

四、排水铸铁管安装

1. W 型卡箍连接

连接时先将卡箍内橡胶圈取下，把卡箍套入下部管道，把橡胶圈的一半套在下部管道的上端，再将上部管道的末端套入橡胶圈，将卡箍套在橡胶圈的外面，使用专用工具拧紧卡箍即可。

2. A 型柔性接口连接

安装前必须将承口插口及法兰压盖上的附着物清理干净，在插口上画好安装线，一般承插口之间保留 5~10mm 的空隙，在插口上套入法兰压盖及橡胶圈，橡胶圈与安装线对齐，将插口插入承口内，保证橡胶圈插入承口的深度相同，然后压上法兰压盖，拧紧螺栓，使橡胶圈均匀受力。

第三节　非金属管道及其安装工艺基本要求

一、铝塑复合管

1. 安装前准备工作

(1) 管道调直：管径不大于 20mm 的铝塑复合管可直接用手调直；管径不小于 25mm 的铝塑复合管调直一般在较为平整的地面上进行，固定管端，滚动管盘向前延伸，压住管道调直。

(2) 管道弯曲：管径不大于 25mm 的管道可采用在管内放置专用弹簧用手加力直接弯曲；管径大于 32mm 的管道宜采用专用弯管器弯曲。

(3) 管道切断：管材切断应使用专用管剪、断管器或管道切割机，不宜使用钢锯断管，若使用时应用刮刀清除管材锯口的毛边和毛刺，切断管材必须使管断面垂直于管轴线。

2. 管道敷设安装

在室内敷设时，可采用暗敷。暗敷方式包括直埋和非直埋两种。直埋敷设指嵌墙敷设和在楼（地）面内敷设，不得将管道直接埋设在结构内；非直埋敷设指将管道在管道井内、顶棚内、装饰板后敷设，以及在地坪的架空层内敷设。在条件许可时，可将管材、管件预制组对连接后再安装。

3. 管道在室内明装时应符合要求

(1) 管道敷设部位应远离热源，与炉灶距离不小于 400mm；不得在炉灶或火源的正上方敷设水平管。

(2) 管道不允许敷设在排水沟、烟道及风道内；不允许穿越大小便槽、橱窗、壁柜、木装修；应避免穿越建筑物的沉降缝，如必须穿越时要做好相应措施。

(3) 室内明装管道，宜在土建粉刷或贴面装饰后进行，安装前应与土建密切配合正确预留孔洞或预埋套管。

(4) 管道在有腐蚀性气体的空间明设时，应尽量避免在该空间配置连接件。若非配置不可时，应对连接件作防腐处理。

4. 管道在室内暗设时应符合要求

(1) 直埋敷设的管道外径不宜大于 25mm。嵌墙敷设的横管距地面的高度不宜大于 0.45m，且应遵循热水管在上，冷水管在下的规定。

(2) 管道嵌墙暗装时，管材应设在凹槽内，并且用管码固定，用砂浆抹平，安装前配合土建预留凹槽，其尺寸设计无规定时，嵌墙暗管槽尺寸的深度为 $d_e + 20$mm，宽度为 $d_e + (40 \sim 60)$mm。凹槽表面必须平整，不得有尖角等凸出物。阀门应明装以便操作。

(3) 管道安装敷设在地面砂浆找平层中时，根据管道布置，划出安装位置，土建专业留槽。管道安装过程中槽底应平整无凸出尖锐物，管道安装完毕试压合格后再做砂浆找平层，并绘制准确位置做好标识，防止下道工序破坏。

(4) 在用水器具集中的卫生间，可采用分水器配水，并使各支管以最短距离到达各配水点。管道埋地敷设部分严禁有接头。

（5）卫生间地面暗敷管道安装比较特殊。卫生间由土建专业先做防水，土建防水合格后，再安装管道，管道安装过程中不得破坏防水。

（6）铝塑管不能直接与金属箱（池）体焊接，只能用管接头与焊在箱体上的带螺纹的短管相连接，且不宜在防水套管内穿越，可在两端用管接头与套管内的带管螺纹的金属穿越管相连接。

（7）管道安装时，与其他金属管道平行敷设时应有一定的保护距离，净距离不宜小于100mm，且在金属管道的内侧。

（8）d_e 不大于 32mm 的管道，在直埋或非直埋敷设时，均可不考虑管道轴向伸缩补偿。

（9）管道连接分以下几种方式：

1）卡压式（冷压式）：不锈钢接头，专用卡钳压紧，适用于各种管径的连接。

2）卡套式（螺纹压紧式）：铸铜接头，采用螺纹压紧，可拆卸，适用于管径不大于32mm 的管道连接。

3）螺纹挤压式：铸铜接头，接头与管道之间加塑料密封层，采用锥形螺母挤压形式密封，不得拆卸，适用于管径不大于 32mm 的管道连接。

4）过渡连接：铝塑复合管与其他管材、卫生器具金属配件、阀门连接时，采用带铜内丝或铜外丝的过渡接头，与管螺纹连接。

（10）管道连接前，应对材料的外观和接头的配合进行检查，并清除管道和管件内的污垢和杂物，使管材与管件的连接端面清洁、干燥、无油。

（11）卡套式连接应按下列程序进行：

1）按设计要求的管径和现场复核后的管道长度截断管道。检查管口，如发现管口有毛刺、不平整或端面不垂直管轴线时，应修正。

2）用专用刮刀将管口处的聚乙烯内层削坡口，坡角为 20°～30°，深度为 1.0～1.5mm，且应用清洁的纸或布将坡口残屑擦干净。

3）将锁紧螺母、C 型紧箍环套在管上，用整圆器将管口整圆；用力将管芯插入管内，从管口达管芯根部。

4）将 C 型紧箍环移至距管口 0.5～1.5mm 处，再将锁紧螺母与管件本体拧紧。

二、PP-R 管

1. 安装前准备工作

安装前要将管材切割。首先正确丈量和计算好所需长度，用铅笔在管表面画出切割线和热熔连接深度线，连接深度应符合表 2-15 的规定。切割管材必须使端面垂直于管轴线。管材切割应使用管子剪、断管器或管道切割机，不宜使用钢锯锯断管材的方法。若使用时，应用刮刀清除管材锯口的毛边和毛刺。

热熔连接深度及时间表　　　　　　　　　　　　　　表 2-15

公称外径（mm）	热熔深度（mm）	加热时间（s）	加工时间（s）	冷却时间（min）
20	14	5	4	3
25	16	7	4	3

公称外径（mm）	热熔深度（mm）	加热时间（s）	加工时间（s）	冷却时间（min）
32	20	8	4	4
40	21	12	6	4
50	22.5	18	6	5
63	24	24	6	6
75	26	30	10	8
90	32	40	10	8
110	38.5	50	15	10

注：1. 本表加热时间应按热熔机具产品说明书及施工环境温度调整。若环境温度低于5℃，加热时间应延长50%。

2. 管材与管件的连接端面和熔接面必须清洁、干燥、无油污。

3. 熔接弯头或三通等管件时，应注意管道的走向。先进行预装，校正好方向，用铅笔画出轴向定位线。

2. 管道敷设

（1）管道嵌墙、直埋敷设时，宜在砌墙时预留凹槽。凹槽尺寸为：深度等于 d_e + 20mm；宽度为 d_e + （40 ~ 60）mm。凹槽表面必须平整，不得有尖角等凸出物，管道安装、固定、试压合格后，凹槽用 M7.5 水泥砂浆填补密实。

（2）管道在楼（地）坪面层内直埋时，预留的管槽深度不小于 d_e + 20mm，管槽宽度宜为 d_e + 40mm。管道安装、固定、试压合格后，管槽用与地坪层相同强度等级的水泥砂浆填补密实。

（3）管道安装时，不得有轴向扭曲。穿墙或穿楼板时，不宜强制校正。给水 PP – R 管道与其他金属管道平行敷设时，应有一定的保护距离，净距离不宜小于 100mm，且 PP-R 管宜在金属管道的内侧。

（4）室内明装管道，宜在土建初装完毕后进行，安装前应配合土建正确预留孔洞和预埋套管。

（5）管道穿越楼板时，应设置硬质套管（内径 = d_e + 30 ~ 40mm），套管高出地面 20 ~ 50mm。管道穿越屋面时，应采取严格的防水措施。

（6）管道穿墙时，应配合土建设置硬质套管，套管两端应与墙的装饰面持平。

（7）直埋式敷设在楼（地）坪面层及墙体管槽内的管道，应在封闭前做好试压和隐蔽工程验收工作。

（8）埋地管道的铺设要求：

1）室内地坪 ± 0.000 以下管道铺设宜分两步进行。先进行室内段的铺设，至基础墙外壁 500mm；具备管道施工条件后，再进行户外管道的铺设。

2）室内地坪以下管道的铺设，应在土建回填土夯实后，再开挖管沟，将管道铺设在管沟内。严禁在回填土之前或在未经夯实的土层中敷设管道。

3）管沟底应平整，不得有凸出的尖硬物体，必要时可铺 100mm 厚的砂垫层。

4）管沟回填时，管道周围 100mm 以内的回填土不得夹杂尖硬物体。应先用砂土或过筛的颗粒不大于 12mm 的泥土，回填至管顶以上 300mm 处，经洒水夯实后再用原土回填至管沟顶面。室内埋地管道的埋深不宜小于 300mm。

5）管道出地坪处，应设置保护套管，其高度应高出地坪 100mm。

6）管道在穿越基础墙处，应设置金属套管。套管顶与基础墙预留孔的孔顶之间的净空高度，应按建筑物的沉降量确定，但不应小于 100mm。

7）管道在穿越车行道时，覆土厚度不应小于 700mm，达不到此厚度时，应采取相应的保护措施。

3. 管道连接

（1）同种材质的 PP-R 管材和管件之间，应采用热熔连接或电熔连接。熔接时应使用专用的热熔或电熔焊接机具。直埋在墙体内或地面内的管道，必须采用热（电）熔连接，不得采用丝扣或法兰连接。丝扣或法兰连接的接口必须明露。

（2）PP-R 管材与金属管件相连接时，应采用带金属嵌件的 PP－R 管件作为过渡，该管件与 PP－R 管材采用热（电）熔连接，与金属管件或卫生洁具的五金配件采用丝扣连接。

（3）便携式热熔焊机适用于公称外径（d_e）不大于 63mm 的管道焊接，台式热熔焊机适用于公称外径（d_e）不小于 75mm 的管道焊接。

（4）热熔连接步骤：

1）热熔工具接通电源，待达到工作温度（指示灯亮）后，方能开始热熔。

2）加热时，管材应无旋转地将管端插入加热套内，插入到所标识的连接深度；同时，无旋转地把管件推到加热头上，并达到规定深度标识处。加热时间必须符合热熔焊机的使用说明。

3）达到规定的加热时间后，必须立即将管材与管件从加热套和加热头上同时取下，迅速无旋转地沿管材与管件的轴向直线均匀地插入到所标识的深度，使接缝处形成均匀的凸缘。

4）在规定的加工时间内，刚熔接的接头允许立即校正，但严禁旋转。

5）在规定的冷却时间内，应扶好管材、管件，使它不受扭、弯和拉伸。

（5）电熔连接步骤：

1）按设计图将管材插入管件，达到规定的热熔深度，校正好方位。

2）将电熔焊机的输出接头与管件上的电阻丝接头夹好，开机通电，达到规定的加热时间后断电（见电熔焊机的使用说明）。

（6）法兰连接步骤：

1）将法兰盘套在管道上，有止水线的面应相对。

2）PP-R 管过渡接头与管道热熔连接步骤符合要求。

3）校直两个对应的连接件，使连接的两片法兰垂直于管道中心线，表面相互平行。

4）法兰的衬垫，应采用耐热无毒橡胶垫。

5）应使用相同规格的螺栓，安装方向一致，螺栓应对称紧固，紧固好的螺栓应露出螺母之外，宜齐平，螺栓、螺母宜采用镀锌件。

6）连接管道的长度精确，紧固螺栓时，不应使管道产生轴向拉力。

7）法兰连接部位应设置支架、吊架。

三、UPVC 管

1. 管道安装

64

非金属 UPVC 排水管一般采用承插粘接连接方式。承插粘接方法是先将组配好的管材与配件按表 2-15 规定试插，使承口插入的深度符合要求，不得过紧或过松，同时还要测定管端插入承口的深度，并在其表面划出标记，管端插入承口的深度符合表 2-16 规定：

生活污水塑料管承口深度表 表 2-16

公称外径（mm）	承口深度（mm）	插入深度（mm）	公称外径（mm）	承口深度（mm）	插入深度（mm）
50	25	19	110	50	38
75	40	30	160	60	45

试插后，用干布将承、插口需粘接部位的污物擦拭干净，如有油污需用丙酮除掉。用毛刷涂抹胶粘剂，先涂抹承口后涂抹插口，随即用力垂直插入，插入粘接时将插口转动 90°，以利胶粘剂分布均匀，约 30 ~ 60s 即可粘接牢固。粘牢后立即将挤出的胶粘剂擦拭干净。

2．管道的坡度

管道的坡度应符合设计要求或施工规范规定，见表 2-17。

生活污水塑料管的坡度 表 2-17

管径（mm）	标准坡度（‰）	最小坡度（‰）	管径（mm）	标准坡度（‰）	最小坡度（‰）
50	25	12	125	10	5
75	15	8	160	7	4
110	12	6			

3．管道连接

（1）用于室内排水的水平管道与水平管道、水平管道与立管的连接，应采用 45°三通或 45°四通和 90°斜三通或 90°斜四通。立管与排出管端部的连接，应采用两个 45°弯头或曲率半径不小于 4 倍管径的 90°弯头。

（2）通向室外的排水管，穿过墙壁或基础应采用 45°三通和 45°弯头连接，并应在垂直管段的顶部设置清扫口。

（3）埋地管穿越地下室外墙时，要设置刚性防水套管。

（4）立管安装时先将立管上端伸入上一层洞口内，垂直用力插入至标记为止。合适后用 U 型抱卡紧固，找正找直，三通口中心符合要求。有防水要求的须安装止水环，止水环要在板洞中位置。临时封堵各个管口。

（5）排水立管管中距墙表面净距为 100 ~ 120mm，立管距灶边净距不得小于 400mm，与供暖管道的净距不得小于 200mm，且不得因热辐射使管外壁温度高于 40℃。

（6）管道穿越楼板处，应加装金属或塑料套管（固定支承点除外），套管内径可比穿越管外径大两号管径，套管高出厕厨间地面不得小于 50mm，居室不得小于 20mm。

（7）排水塑料管与铸铁管连接时，宜采用专用配件。当采用水泥捻口连接时，应先将塑料管插入承口部分的外侧，用砂纸打毛或涂刷胶粘剂滚粘干燥的粗黄砂；插入后应用油麻丝填嵌均匀，用水泥捻口。

（8）地下埋设管道及出屋顶透气立管如不采用 UPVC 排水管件而采用下水铸铁管件时，可采用水泥捻口。为防止渗漏，塑料管插接处用粗砂纸将塑料管横向打磨粗糙。

第四节　室外管道及其安装工艺基本要求

一、室外给水管道沟槽开挖与回填

1. 管道线路测量、定位

（1）测量之前先找好固定水准点，其精确度不应低于Ⅲ级，在居住区外的压力管道则不低于Ⅳ级。

（2）在测量过程中，沿管道线路应设置临时水准点，并与固定水准点相连。

（3）测定在管道线路的中心线和转弯处的角度，使其与当地固定物（房屋、树木、构筑物等）相连。

（4）若管道线路与地下原有构筑物交叉，必须在地面上用特别标志标明其位置。

（5）定线测量过程应做好记录，并记明全部水准点和连接线。

（6）给水管道安装的允许偏差要符合规定。从测量定位起，就应控制偏差值。

（7）给水管道与污水管道在不同标高平行铺设，其垂直距离500mm以内，给水管道管径不大于200mm，不得小于30mm。

2. 沟槽开挖

（1）按当地冻结层深度，通过计算决定沟槽开挖尺寸。

$d < 300$mm 时为：$d +$ 管皮 $+$ 冻结深 $+ 0.2$m

$d = 300$mm 时为：$d +$ 管皮 $+$ 冻结深

$d > 300$mm 时为：$d +$ 管皮 $+$ 冻结深 $- 0.3$m

管径（mm）	沟底宽（m）
50～75	0.5
100～300	管径 + 0.4
350～600	管径 + 0.5
700～1000	管径 + 0.6

（2）按设计图纸要求及测量定位的中心线。

（3）按人数和最佳操作面划分段，沿灰线直边切出沟槽边轮廓线，按照从深到浅的顺序进行开挖。

（4）一、二类土可按30cm分层逐层开挖，倒退踏步型挖掘；三、四类土先用镐翻松，再按30cm左右分层正面开挖。

（5）每挖一层清底一次，挖深1m切坡成型一次，并同时抄平，在边坡上打好水平控制小木桩。

（6）挖掘管沟和检查井底槽时，沟底留出15～20cm暂不挖。待下道工序进行前，按事前抄好平的沟槽木桩挖平，如果个别地方因不慎破坏了天然土层，须先清除松动土层，用砂或砾石填至标高。

（7）岩石类的管基填以厚度不小于100mm的砂层或砾石层。

（8）在遇有地下水时，排水或人工抽水应保证在下道工序进行前将水排除。

（9）挖深超过2m时，要留边坡。在遇有不同的土层断面变化处可做成折线形边坡或加支撑处理。

(10) 铺设管道前，应按规定进行排尺，并将沟槽底清理到设计标高。

3. 沟槽回填

(1) 回填土之前应检查土料含水量是否符合设计要求。回填土料中不得含有破坏管道的碎石。

(2) 回填土应分层摊铺和夯实。回填时工作面不宜过大，应逐段逐片分期进行。从运土、回填到逐层压实，各道工序连续完成。

(3) 沟槽内有积水时严禁回填，雨天严禁回填。必须设置抽水泵，将沟内积水排尽，方可进行回填。

二、室外给水管道敷设

室外给水管道的口径一般都比较大，管子的检查、搬运、排列、下管、对口等工序中的劳动强度相当大，一般尽量利用起重设备和其他机械设备进行作业，减轻繁重的体力劳动，提高施工效率，加快工程进度。

1. 安装准备工作

(1) 检查闸阀、排气阀的开关是否严密、吻合、灵活。直径 200mm 以上闸阀必须更换填料。

(2) 钢管已按本标准中焊接规定进行了坡口等技术处理。

(3) 铸铁管承口内和插口外的沥青防腐层用气焊烤掉，并用刷子清理干净，飞刺等杂质已凿掉，管腔内脏物被清除。

(4) 准备好下管的机具及绳索，并进行安全检查，管径为 125mm 可用人力下管，采用传递法，管径在 150mm 以上可用撬压绳法下管，直径大的管可酌情用起重设备（详见本工艺标准室外排水有关方法规定）。

(5) 使管中心对准定位中心，做好各种辅助工作。

(6) 下管前，必须对管材进行认真检查，发现裂纹的管子，应进行处理，若裂纹发生在插口端，将产生裂纹管段截去方可使用。

(7) 首先应控制管道的某些特征点，如弯头、三通、阀门、水表、消火栓等。根据阀件及管材尺寸，从特征点开始排尺，再按承口朝向水流方向，逐个确定工作坑的位置。如管线较长，铸铁管长度规格不一，工作坑一次定位往往不准确，可以逐段定位。

2. 预制及安装

(1) 复测三通、阀门、消火栓位置及排尺定位的工作坑位置、尺寸是否适合，否则须进行修理（下管的方法和形式参见相关工艺标准中室外排水管道安装中的有关图示）。

(2) 承插管子下沟前将承口内侧、插口外侧的飞刺、铸砂铲掉，沥青漆用喷灯或气焊烤掉，再用钢丝刷、破布除去污物。

(3) 下第一根管。管中心必须对准定位中心线，找准管底标高（在水平板上挂水平线），管末端用方木垫顶在墙上或用钉好的木桩挡住、顶牢，严防打口时走管子。

(4) 管子下沟后，要检查管内是否有泥土、污物，须清净管腔后组对。

(5) 连续下管铺设时，必须保证管与管之间接口的环形空隙均匀一致。承插口与管中心线不垂直的管，管端外形不正的管子和按照设计曲线铺设的管道，其管道四周任何一点的间隙均应符合质量标准。

(6) 铸铁管承插接口的对口间隙不得小于 3mm，最大间隙不得大于质量标准中规定值。间隙大小应用铁丝检查，应符合检查标准，管径不大于 50mm 的管道，每个接口允许的 2 个转角，管径大于 500mm 时，只允许管道有 1 个转角。

(7) 阀门两端的甲乙短管，下沟前可在上面先接口，待牢固后再下沟。

(8) 若须断管，须在管的下部垫好方木，管径在 75～350mm 的铸铁管，可直接用剁子（或钢锯）切断，管径在 400mm 以上时，先走大牙一周，再用剁子截断。剁管时，在切断部位先划好线，沿线边剁边转动管子，剁子始终在管的上方。预应力钢筋混凝土管和钢筋混凝土管不允许切断后再用。

(9) 管径大于 500mm 的铸铁管切断时，可采用爆破断管法，先将片状黄色炸药研细过筛，装入不同直径的塑料管中，略加捣实。使用时，将药管一端封好，缠绕在管子须切断部位上，未封口的一端留出 10mm 长度，接上雷管或起爆药。爆破断管时，必须严格按规程操作起爆，控制用药量。若有爆破索，则更方便。以 DN500 管为例，在断管部位外缠 7 道爆破索（缠 4 层，下 3 层各并列 2 道，最上层 1 道），在最外圈末端上装雷管引爆。对于其他口径的管子，可根据管子的大小适当增减爆破索的缠绕圈数。

(10) 涂塑钢管安装：采用螺纹或法兰连接，施工中对所有螺纹、管断口和涂敷层破坏处均应进行涂层修补，管道支架与管子之间应加弹性垫片，以避免支架破坏外涂层。由于涂层的伸缩性很小，故涂塑钢管不能煨弯，必须使用成品丝扣或法兰弯头。

3. 试压与冲洗

给水管道试压一般用水进行试验，管道线路长可分段进行试压，试验的管段长度一般不超过 1000m，并应在管件支墩强度达到要求后方可进行，否则应作临时支撑。试压步骤如下：

(1) 制作安装堵板和管道支撑。连接试压用的水管、试压泵及阀门、压力表等。

(2) 管道安装完成并检查合格后方可充水，充水时要排气，待空气排尽后，将阀门关闭，进行加压。先升至试验压力并稳压，观测 10min，压力降不超过 0.5MPa。管道、附件和接口等未发生漏裂，然后将压力降至工作压力，再进行外观全面检查，接口不漏为合格。

(3) 试压过程中，逐个检查接口，若发现渗漏，做好标记，然后将压力降至零，修改合格后再重新试验，直至合格。填表做好试压记录。办理隐蔽验收手续后回填。

(4) 管道冲洗标准：当设计无规定时，则以出口的水色和透明度与入口处的进水目测一致为合格。新建室外给水管道在碰头以前，必须经过管内冲洗，冲洗干净后方可与供水干管或支管连接碰头。

三、室外给水附属设备安装

工艺流程：检查消火栓和水表→砌筑支墩→安装消火栓和水表→处理管道穿过井壁间隙。

1. 室外消火栓安装

(1) 检查栓口开关是否灵活、严密、吻合，配带的附属设备配件是否齐全。

(2) 室外地下消火栓应砌筑消火栓井，室外地上消火栓应砌筑消火栓闸门井。在高级路面和一般路面上，井盖表面同路面相平，允许偏差 ±5mm；无正规路时，井盖高出室外设计标高 50mm，并应在井口周边以 0.02 的坡度向外做护坡。

（3）室外地下消火栓与主管连接的三通或弯头，下部带座和无座的，均应先稳固在混凝土支墩上，管下皮距井底不应小于 0.2m，消火栓顶部距井盖底面不应大于 0.4m，如果超过 0.4m，应增加短管。

（4）按有关工艺要求，进行法兰闸阀、双法兰短管及水龙带接口安装，接出的直管高于 1m 时，应加固定卡子一道，井盖上铸有明显"消火栓"字样。

（5）室外消火栓地上安装时，一般距地面高度 450mm，首先应将消火栓下部的弯头带底座安装在混凝土支墩上，安装应稳固。

（6）安装消火栓开闭阀门，两者距离不应超过 2.5m。

（7）地下消火栓安装时，如设置阀门井，必须将消火栓自身的放水口堵死，在井内另设放水门。

（8）按有关工艺要求，进行消火栓阀门短管、消火栓法兰短管、带法兰阀门的安装。

（9）使用阀门井，井盖上应有"消火栓"字样。

（10）管道穿墙处应严密不漏水。

2．室外水表安装

（1）严格检查准备安装的水表，阀门是否灵活、严密、吻合，所配带的附属配件是否齐全，是否符合设计的型号、规格、耐压强度。

（2）阀门安装以前应更换盘根。

（3）先把室外水表或阀门安装在砌好的混凝土支墩或砖砌支墩上。

（4）按有关工艺要求进行配件和连接管的螺纹连接和法兰连接。

（5）安装时，要求位置和进出口方向正确，连接牢固、紧密。

四、室外给水管道顶管施工

当管道穿越各种障碍物而不允许开挖沟槽或开挖沟槽不经济时，则采用不开沟槽的无沟敷设管段即顶管施工。

顶管法按照管径大小、出土的方式不同、适用条件及地段不同，可以分为：人工挖土顶管法、水力出土顶管法、水平钻孔法、穿刺法等。

1．人工挖土顶管法

用人力将管内土挖出并运走。管子口径不应小于 800mm。

工艺流程：挖工作坑→架设后墙支撑→平基与铺轨→计算顶力→顶管→管道接口

（1）挖工作坑：工作坑的平面尺寸及工作间高度，要根据管径大小、管节长度、操作工具、出土方式、后墙长度和撑板、撑木的规格、后座尺寸而决定。

1）工作坑的平面尺寸计算，见式(2-1)、式(2-2)。

$$B = D_1 + 2b + 2c \tag{2-1}$$

$$L = L_1 + L_2 + L_3 + L_4 + L_5 \tag{2-2}$$

式中　B——工作坑宽度（m）；

D_1——管子外径（mm）；

b——两侧操作空间，一般为 $1.2 \sim 1.6$ m；

c——撑板厚度，一般为 0.2 m；

L——工作坑长度（m）；

L_1——管节长度（m）；

L_2——顶镐机长度（m）；

L_3——后背墙厚度（立板、方木、顶铁共 1m 左右）；

L_4——稳管时，前一节已顶进预留在导轨上的最小长度，一般为 0.3～0.5m；

L_5——管尾出土所留工作长度，根据出土工具而定，用小铁车 0.6m，用手推车为 1.2m。

2）工作间高度一般采用 3m 或 2 倍管径。

（2）架设后墙：后墙承受着顶进中全部阻力，要求有足够的稳定性，其安全数为最大阻力的 1.5 倍。

1）原土后墙许可顶力值由土压力公式计算，其后墙一般不小于 7m 长，并于原土表面加设木板、方木、顶铁。

2）人工后墙采用块石、混凝土管、方木联合等加固法。

（3）平基与辅轨：其结构取决于下管方法、管子重量、基底土质及地下水位情况。

1）无地下水，管垂直下沟时，用土方木筏平基，尽可能利用原土层，在原土层上铺好木板的方木上直铺铁轨。

2）遇地下水不旺，槽底土为细粉砂或砂质粉土，用乱石木筏平基。

3）遇地下水较旺，土质不好，地下水距槽底较高，用混凝土方木平基，在平基下作卵石盲沟通往集水井，尚可在集水井里设置潜水泵向外抽水。混凝土用 C15 或 C20。导轨间距计算如式(2-3)所示。

$$A = 2[(D + 2t)(h - c) - (h - c)^2]^{1/2} \quad (2\text{-}3)$$

式中 A——导轨上部净距；

D——管内径；

h——导轨高度；

t——管壁厚度；

c——预留空缝高度。

当采用铁轨时，导轨间距的计算如式(2-4)所示。

$$A_0 = A + a_0 \quad (2\text{-}4)$$

a_0 为铁轨上顶宽度（mm）。

当采用 18kg 轻便铁轨（轨高为 90mm）和预留空缝高度采用 10mm 时，导轨上部净距计算如式(2-5)所示：

$$A = 8[5(D + 2t) - 400]^{1/2} \quad (2\text{-}5)$$

当采用木轨时，导轨间距 A_0 的计算如式(2-6)所示。

$$A_0 = A + B \quad (\text{mm}) \quad (2\text{-}6)$$

式中 B——为木轨的宽度（mm）。

(4) 顶力计算：施工中必须有足够的顶力，才能克服管子在顶进过程中土壤对管子产生的摩阻力，当采用人工挖土顶管时，一般多采用下面两种公式计算其顶力：

1) 近似的顶力计算方法如式(2-7)所示。

$$P = 2\pi DLf \qquad (2-7)$$

式中　P——最大顶力（kN）；

　　　D——管外径（m）；

　　　L——顶管长度（m）；

　　　f——管子与土的单位摩擦系数（近似采用 $5kN/m^2$）。

2) 常用的顶力计算方法：

管自重及管表面与土的摩擦力 W_1（kN），见式(2-8)、式(2-9)、式(2-10)。

$$W_1 = f[2(P_{垂直} + P_{水平})DL + P_0] \qquad (2-8)$$

$$P_{垂直} = \gamma h \qquad (2-9)$$

$$P_{水平} = P_{垂直} tg\ (45° - \phi/2) \qquad (2-10)$$

式中　$P_{垂直}$——土的垂直均布荷载，一般采用自地面到管顶的土重力 kN/m^2；

　　　$P_{水平}$——管侧土壤水平荷载；

　　　ϕ——土的内摩擦角；

　　　D——管子外径；

　　　L——顶管的总长度；

　　　P_0——管道自重；

　　　γ——土的表观密度；

　　　h——自地面到管顶的距离。

管子前端切土的阻力 W_2（kN）

$$W_2 = \pi D_{平均} t\tau \qquad (2-11)$$

式中　$D_{平均}$——管子断面的平均直径；

　　　t——管壁厚度；

　　　τ——土抗剪强度，取 $500kN/m^2$。

总顶力：

$$W = W_1 + W_2 \qquad (2-12)$$

(5) 顶管操作程序及挖土

1) 顶管施工中有一条重要的经验和原则，第一节管子要掌握住，周密地测量，边顶边测。第一节管子顶好了，整个管路不容易出大偏差。

2) 千斤顶顶头伸出，使管子进土，当顶头伸到极限后进行退回，插入顶铁，再使千斤顶顶头伸出，反复进行。直到管端与千斤顶间放下另一节管子，再继续从头开始顶。

3) 再无水的土中挖土，可先挖下面，管前 15cm 以外的土要边挖边找准周边，管前 25cm 的土可先挖成锥体。

4) 土中有水要从上往下挖土。

5) 管径大于 800mm 时，直接用双轮手推车运土至工作坑，再将手推车垂直提升到活动平台，然后才至堆土地点。

6）管径小于 800mm 时，出土可用轮土斗小铁车，用绳从管内把车拉来。

（6）测量与校正：

1）一般情况下，管子每顶进 1m 需测量高程，对中心线一次，当管子顶进中发现偏差，每顶 30cm 左右即测一次。

2）用水平仪测高程，只测量前一节管子管底标高，中心线可用经纬仪测，也可用"小线垂球延长线法"。

3）发现偏差后要及时校正。当实际顶管坡度线偏低时，可用小顶镐顶起来至坡度合格为止，再将管向前顶进 100mm，使第一节管头落于硬土上或在管前以木料斜撑顶进使管头抬起来；当实际顶管坡度线偏高时，可在管下挖土，管上填土；当连续几节管子发生偏高偏低，但高程误差没有反坡且不超过全长高差，则变更坡度逐渐纠正，并按剩下的管节长度和全长剩下的高程，在剩下各节管中平均分配调节。

（7）管道接口：根据顶进管的管材不同，按设计选定接口方式，进行接口。

2．水力出土顶管法

利用高压射水设备，将管内的土冲成泥浆，泥浆随着水流从管内流入工作坑内，然后利用排泥设备将泥浆排走。

3．水平钻孔法

用不同规格旋转式挖土设备进行机械出土。

4．穿刺法

在管子前端套上封闭的金属锥形头，然后顶进。只适合于小口径管道。

五、室外排水、雨水管道及其安装工艺基本要求

1．管道沟槽开挖

（1）管道沟槽开挖测量放线要点：根据当地准确的永久性水准点，将临时水准点设在稳固和僻静之处，尽量选择永久性建筑物，距沟边大于 10m，对居住区以外的管道水准点不低于Ⅳ级，一般不低于Ⅲ级。水准点闭合差不大于 4mm/km。

沿着管线的方向定出管道中心和转角处检查井的中心点，并与当地固定建筑物相连。

新建排水管及构筑物与地下原有管道或构筑物交叉处，要设置特别标记示众。

核对新排水管道末端和连接旧有管道的沟底标高，核对设计坡度。

确定堆土、堆料、运料、下管的区间或位置。

1）管槽底部工作面宽度及管槽的边坡最陡坡度见表 2-18、表 2-19。

管沟底部每侧工作面宽度 表 2-18

管道结构宽度（mm）	每侧工作面宽度（mm）	
	非金属管道	金属管道或砖沟
200～500	400	300
600～1000	500	400
1100～1500	600	600
1600～2500	800	800

梯形槽适用于地质条件较好、槽深在 5m 以内的情况。其沟边的最陡坡度见表 2-19。

梯形槽沟边最陡坡度 表 2-19

土 种 类	边坡坡度（高∶宽）		
	坡顶无荷载	坡顶有静载	坡顶有动载
中密的砂土	1∶1.00	1∶1.25	1∶1.50
中密的碎石类土（填充物为砂土）	1∶0.75	1∶1.00	1∶1.25
硬粗的轻粉质黏土	1∶0.67	1∶0.75	1∶1.00
中密的碎石类土（填充物为黏性土）	1∶0.50	1∶0.67	1∶0.75
硬塑的粉质黏土、黏土	1∶0.33	1∶0.50	1∶0.67
老黄土	1∶0.10	1∶0.25	1∶0.33
软土（经井点降水后）	1∶1.00	—	—

注：静载指堆土或材料等，动载指机械挖土或汽车运输作业等。静载或动载距挖方边缘的距离应符合规定要求。

2）根据导线桩测量管道中心线。在管线的起点、终点和转角处，钉一较长的大木桩作中心控制桩。用两个固定点控制此桩，将窨井位置相继用短木桩钉出。

3）根据设计坡度计算挖槽深度，放出上开口挖槽线。

4）测定雨水井等附属构筑物的位置。

5）在中心桩上做标记，用钢尺量出间距，在窨井中心牢固埋设水平板，不高出地面，将平板测为水平。板上钉出管道中心标志做挂线用，在每块水平板上注明井号、沟宽、坡度和立板至各控制点的常数。

6）用水准仪测出水平板顶标高，以便确定坡度。在中心钉 T 形板，使下缘水平，且和沟底标高为一常数，另一窨井的水平板同样设置，其常数不变。

（2）沟槽开挖：由于土方工作量大，对于较长的管道，为了防止地下水以及气象条件的影响，扰动沟槽地基的土层，应分段开挖，且应紧凑安排后面工序。沟槽开挖应尽量避开雨期及深冬土层冻结期间。

1）测量沟槽中心线完成，填写好测量记录，交质检部门、监理复查，确认测量精度符合要求，结果正确。根据土质、地下水位情况确定沟槽断面尺寸，计算出沟槽上口宽度，撒白灰线即可开挖。

2）沟槽开挖应连续进行，后续工序应及时跟上，尽快完成，防止时间过长，地面水、雨水、地下水进入沟槽。雨期挖沟，若后续工序不能及时进行，应在基底处留 150～300mm 厚暂时不挖，在下道工序开始前进行。

3）机械挖土应在基底处预留 150～200mm 厚由人工开挖。

4）开挖过程中，测量人员必须及时进行高程控制，防止超深挖掘。若已超挖，则应分层夯填。

5）管沟若穿越重要道路，在开挖前需向市政或公路部门提出破道申请，并提出技术措施，尽快恢复交通，施工期间应设路障，夜间设警示红灯。

6）若遇到岩石，需进行爆破时，应专门另行编制技术措施，并征得所在地县、市公安局同意后，方可进行爆破作业。没有设计基础层的管道沟槽，应超挖 100～150mm 并回填砂土至设计标高。

7）当地下水位较高，地质条件不好，或地面上有建筑物，因而不允许采用放坡开槽，或放坡开槽不经济时，应采用加支撑的直槽。支撑形式随着沟槽土质的好坏疏撑、密撑。当土层不均匀时，可采用下密上疏的混合支撑梯形槽。

（3）沟槽排水：在地下水位以下开挖沟槽，排水工作如不当，就会导致天然地基破坏。因此，在地下水位以下的沟槽，必须在采取排水措施之后才能开挖，并要连续排水，尽量避免扰动地基。排水沟一般比沟底深 300～500mm，集水井底比沟深 1m 以上，集水井的距离根据土质及水量大小确定，一般在 50～150m 之间。

（4）井点降水：当沟槽底标高在地下水位以下，土层类别为砂土或黏性差的砂质粉土，其渗透系数小，在这种条件下开挖管沟槽，土层就会出现液体状态即流砂现象。此时若仍采取上述沟槽排水，在挖取砂土，沟槽两侧和底面的土不断流入沟槽中，若沟槽近处有建筑物会危及其安全。防止流砂的措施有：

1）打板桩法：在管沟两侧打入板桩，使水的渗流途径增加。同时应选择地下水位最低的季节开挖，以减少地下水的水力坡度，从而避免或减轻流砂现象。

2）井点法：避免流砂现象的最可靠办法是降低地下水位至沟底 0.5～1.5m。土井、大口井也可以降低地下水位，但对狭长的管沟，最有效的降水措施是井点法。井点降水的原理是：由真空泵将井管集水管内空气抽出，形成真空。地下水在大气压力作用下通过滤管、井管、集管进入集水罐，由水泵将集水罐内的水排出，从而降低地下水位，使水位降曲线在沟槽底 0.5～1.5m 处，避免了流砂现象。

一层井点可降低地下水位 3～5m，如需要得到更深的地下水位线，可布置双层或多层井点。井管可在沟底一侧也可在两侧布置。还有井管深度、间距等，必须通过地质勘探，获取地质及水文资料，并进行土层试验、扬水试验，取得必要的数据。据此，进行井点详细施工组织设计。

2. 管道沟槽回填

（1）管沟土方挖完，管道敷设完毕，办理完隐蔽手续后，应及时回填。

（2）回填前必须排除槽内积水，清除有机杂物。

（3）沟槽回填顺序：应按沟底排水方向由高至低分层进行。

（4）如设计允许回填土自沉时，可不夯实。若要求夯填，应人工在管两边同时回填，边填边人力夯实，填至管顶 0.5m 以上，才可进行机械回填，机械夯实。

（5）沟底至管顶上 0.5m 的范围内不得有冻土块。

（6）大口径管道管沟回填土多余量是否外运及运距应由施工组织设计或施工技术措施设定。

3. 室外排水、雨水管道安装

（1）铸铁管、钢筋混凝土管敷设的准备工作。

1）管材检查：对即将敷设，已摆放在沟边的管材应再次进行外观检查，防止在吊运过程中损坏的管材用于工程中。其规格及质量必须符合设计要求。

2）详细检查沟底或基础表面标高和中心线坐标尺寸，对于各类型排水管道而言，标高和坡度是最重要的数据。

3）基础混凝土强度须达到设计强度等级的 50% 和不小于 5MPa 时方准下管。

4）管径大于 700mm 或采用列车下管法，须先挖马道，宽度为管长加 300mm 以上，坡度采用 1:15。

5）用其他方法下管时，要检查所用的大绳、木架、倒链、滑车等机具，无损坏现象方可使用。临时设施要绑扎牢固，下管后座位应稳固牢靠。

6）校正测量及复核坡度板，是否被挪动过。

7）铺设在地基上的混凝土管，根据管子规格量准尺寸，下管前挖好枕基坑，枕基低于管底皮 10mm，捣制的枕基应在下管前支好模板。

（2）下管。

1）根据管径大小，现场的施工条件，分别采用压绳法、三角架、木架漏大绳、大绳二绳挂钩法、倒链滑车、列车下管法等。

2）下管时要从两个检查井的一端开始，若为承插管铺设时，以承口在前。

3）稳管前将管口内外全刷洗干净，需要凿毛处理的应凿毛。管径在 600mm 以上的平口或承插管道接口，应留有 10mm 缝隙，管径在 600mm 以下者，留出不小于 3mm 的对口缝隙。

4）下管后找正拨直，在撬杠下垫木板，不可直插在混凝土基础上。待两井间全部管子下完，检查坡度无误后即可接口。

小口径管子可用撬杠，大口径管子可用三角架或沟顶横担挂捯链，进行吊管对口组对。组对好的管子应检查管标高及管中心，合格后应用砂浆或垫块固定。承插接口的排水安装时，管道和管件的承口应与水流方向相反。

5）使用套环接口时，稳好一根管子再安装一个套环。铺设小口径承插管时，稳好第一节管后，在承口下垫满灰浆，再将第二节管插入，挤入管内灰浆应从里口抹平，扫净多余部分。继续用灰浆填满接口，打紧抹平。

（3）管道接口。

1）承插铸铁管、混凝土管及陶土（缸瓦）管接口：

①水泥砂浆抹口或沥青封口，在承口的 1/2 深度内，宜用油麻填严塞实，再抹上 1:3 水泥砂浆或灌沥青玛琋脂。一般应用在套环接口的混凝土管上。

②承插铸铁管或陶土管，一般采用 1:9 水灰比的水泥打口。先在承口内打好三分之一的油麻，将搅拌好的水泥，自下向上分层打实再抹光，覆盖湿土养护。

2）腰带式接口（抹水泥砂浆）；排水管基础做法有枕基基础、90°混凝土基础、135°混凝土基础、180°混凝土基础：

①90°~180°混凝土基础：可先做碎石垫层，混凝土基础分两次施工，即管外皮以下混凝土先施工，找好混凝土顶面标高及坡度，再下管、对口、抹带，将混凝土的间歇面凿毛刷净，然后浇筑护边混凝土。

②枕基基础：一般先按管道标高、坡度在两井位之间拉小白线安装好预制枕基，再安装管道，最后抹 1:2.5 水泥砂浆带。或者在八字包接头混凝土浇筑完以后进行抹带工序。

抹带前洗刷净接口，并保持湿润。在接口部位先抹上一层薄的水泥砂浆，分两层抹压，第一层为全厚的 1/3。将其表面划成线槽，使表面粗糙，待初凝后再抹第二层。然后用弧形抹子赶光压实，覆盖湿草袋，定期浇水养护。

管子直径在 600mm 以上接口时，对口缝留 10mm。管端如不平，以最大缝隙为准。接口时不可用碎石、砖块塞缝。处理方法同上所述。

设计无特殊要求时带宽如下：管径 ≤ 500mm，带宽为 100mm、高 60mm；管径大于 500mm，带宽为 150mm、高 80mm。

3）钢丝网水泥砂浆抹带接口：首先施工碎石垫层，管下皮的管基混凝土。按管子规格裁好钢丝网片，将管端 100mm 处凿毛刷净。下管对口，找好标准坡度，在对口间隙处抹水泥砂浆，在凿毛宽度范围内刷素水泥砂浆一遍，再抹一层厚为 10～15mm，使水泥砂浆层厚度为 25mm 左右。砂浆采用 1:2.5 水泥砂浆，钢丝网采用 20 号 10×10 镀锌钢丝网。最后将管基混凝土间歇层凿毛，浇筑护边混凝土。

4）套箍接口：一般用于平口式钢筋混凝土管，套箍与管子同材质。

①油麻石棉水泥接口：先铺碎石垫层，再浇筑管下皮以下混凝土，但接口处不能浇筑。管口外壁凿毛，下管同上述内容，管子对口时应套上套箍，箍内垫以木楔使箍内环缝均匀，将油麻拧成辫，辫径以环缝厚 1.3～1.5 倍为原则。打油麻塞石棉水泥均应两边同时进行。油麻打实后，油麻所占接口长度为套箍长度的 1/3，两边打实的石棉水泥各占 1/3。石棉水泥材料比例为：水:石棉:水泥 = 1:3:7，石棉绒长应为 20mm。口打完后再浇筑工作坑及护边混凝土。

②沥青砂浆接口：接口形式同石棉水泥砂浆接口，但将石棉水泥换成沥青砂浆，施工方法的不同点是打口前先将接口处管外壁、套箍内壁刷冷底子油。玛琋脂配比为：石油沥青:汽油 = 3:7（重量比），石棉粉中应有 30% 的纤维，砂土要能通过 0.25 的筛孔。

（4）五合一施工法。五合一施工法是指基础混凝土、稳管、八字混凝土、包接头混凝土、抹带等五道工序连续施工。管径小于 600mm 的管道，设计采用五合一施工法时，程序如下：

1）先按测定的基础高度和坡度支好模板，并高出管底标高 2～3mm，为基础混凝土的压缩高度。随后即浇筑。

2）洗刷干净管口并保持湿润。落管时徐徐放下，轻落在基础底上，立即找直拨正，滚压至规定标高。

3）管子稳好后，随后打八字和包接头混凝土，并抹带。但必须使基础、八字和包接头混凝土以及抹带合成一体。

4）打八字前，用水将接触的基础混凝土面及管皮洗刷干净；八字及包接头混凝土，可分开浇筑，但两者必须合成一体；包接头模板的规格质量，应符合要求，支模应牢固，在浇筑混凝土前应将模板用水湿润。

5）混凝土浇筑完毕后，应切实做好保养工作，严防管道受振而使混凝土开裂脱落。

（5）四合一施工法：管径大于 600mm 的管子不得用五合一施工法，可采用四合一施工法。

1）待基础混凝土达到设计强度 50% 和不小于 5MPa 后，将稳管、八字混凝土、包接头和抹带等四道工序连续施工。

2）不可分隔间断作业。

4. 排水井室

（1）井室的尺寸，应符合设计要求，允许偏差为 ±20mm。

（2）安装混凝土预制井圈，应将井圈端部洗刷干净用水泥砂浆接缝抹圆。

（3）砖砌井室：地下水位较低，内壁可用水泥砂浆勾缝；水位较高，井室的外壁应用防水砂浆抹面，其高度应高出最高水位 200~300mm；排含酸性污水的检查井，内壁应用耐酸水泥砂浆抹面。

（4）排水检查井内需做流槽，可用混凝土浇筑，也可用砖、石砌筑并用水泥砂浆抹光。流槽高度等于引入管中的最大管径，允许偏差 ±10mm，流槽下部断面为半圆形，其直径同引入管管径相等，流槽上部应垂直于墙，其顶面应有 0.05 的坡度。当排出管同引入管直径不相等时，流槽应按两个不同的直径做成渐扩形，弯曲流槽同管口连接处应为 0.5 倍直径部分。弯曲部分为圆弧形，管端应同壁内表面齐平，管径大于 50mm，弯曲流槽同管口的连接形式应由设计确定。

（5）排除含有可燃性液体的污水系统，为了在火灾发生时隔绝火源，应在室内外或生产装置内外之间设置水封井，其位置应由设计确定，若设计未规定井内水封高度，则应确保最小水封高度为 250mm，水封管下部标高距井底最少不小于 400mm，此空间作为沉淀层之用。

5. 室外埋地管道接口

管道接口工作是管道工程质量好坏的关键工序，在长度以公里计的管线施工中，可能因为一个接口漏水而使整个管路要进行复杂的检查和返修工作，因此在施工中应对接口质量严格控制。

接口的方式很多，根据水流有压无压情况、管材种类、地质条件及施工方法，一般可分为刚性和柔性接口。无论什么接口，共同的特点是：操作有一定难度，程序严格，劳动强度大，尤其是承插铸铁管和钢筋混凝土管的接口。

当 $DN \leq 500$ 时，管道接口允许有 2° 转角；$DN > 500$ 的管道每个接口允许有 1° 转角。管子对口间隙不得小于 3mm；最大间隙不得超过表 2-20 要求。管子对口环形间隙尺寸及允许偏差见表 2-21。

管道对口最大间隙表　　表 2-20

管径（mm）	沿直线铺设（mm）	沿曲线铺设（mm）
50~75	4	5
100~200	5	7
300~500	6	10
600~700	7	12
800~900	8	15
1000~1200	9	17

管子对口环形间隙允许偏差　　表 2-21

管径（mm）	标准环形间隙（mm）	允许偏差（mm）
75~200	10	+3 −2
250~450	11	+4 −2
500~900	12	
1000~1500	13	

（1）石棉水泥接口：

一般用线麻在 5% 的 65 号或 75 号熬热沥青和 95% 的汽油的混合液里浸透，晾干制成油麻。

将 4 级以上石棉在平板上把纤维打松，挑净混在其中的杂质，将有疙瘩的 32.5 级硅酸盐水泥与石棉混合，给水管道按照石棉:水泥 = 3:7 混合，排水管道按照石棉：水泥 = 1:9 混合，搅好后，用时加上其混合重量的 10%~15% 的水调合。一般采用喷水的方法，即把水喷洒在混合物表面，然后用手用力揉搓，当抓起被湿润的石棉水泥成团后，一触即有松散时，说明加水适量。由于石棉水泥的初凝期短，要求加水搅拌均匀后，立即使用，如超过 4h 则不能使用。

衬里铸铁管的安装同没有衬里的铸铁管的安装没有区别，但前者断管最好用钢锯或砂轮锯切割，以免损坏衬里。

操作时，先清理管口，用钢丝刷刷净，管口缝隙用楔铁临时支撑找匀。将油麻搓成环形间隙的 1.5 倍直径的麻辫，其长度搓拧后为管外径周长加 100mm。从接口的下方开始向上塞进缝隙里，沿着接口向上收紧，边收边用麻凿打入承口，凿应相压打两圈，再从下向上依次打实打紧。当捶击发出金属声，捻凿被弹回为打好，被打实的油麻深度为总深度 1/3 为最好（2~3 圈，注意两圈麻接头错开）。

管道铺设过程中不宜打麻口，但管线太长或必要时，其间距不小于 4 根管的距离。麻口打完后，如挪动了管子，麻口重打。

麻口全打完达到标准后，合灰打口。将调好的石棉水泥均匀地铺在地盘内，将拌好的灰从上至下地塞入已经打紧的油麻承口内，塞满后，用不同规格的捻凿及手锤将填料捣实。分层打紧打实，每层要打至锤击时发出金属的清脆声，灰面呈黑色，手感有回弹力，方可填料打下一层，每层厚约 10mm，一直打击到凹入承口 2mm，深浅一致，表面用捻凿连打几下再不凹下就行了，大管径承插口铸铁管接口时，由两个人左右同时进行操作。

接口捻完后，用湿泥抹在接口外面，春秋季每天浇两次水，夏季用湿草袋盖在接口上，每天浇四次水，初冬季在接口上抹湿泥要覆土保湿，敞口的管线两端用草袋塞严。

（2）膨胀水泥接口：

膨胀水泥又称自应力水泥，是由硅酸盐水泥和石膏及矾土水泥组成的膨胀剂混合而成。膨胀剂遇少量的水便产生低硫的硫铝酸钙，在水泥中形成板状结晶，当和大量的水作用后，会产生高硫的硫铝酸钙，它把板状结晶分解成联系松散的细小结晶而引起体积膨胀。

1）拌合填料。以 0.2~0.5mm 清洗晒干的砂和硅酸盐水泥为料，按砂:水泥:水 = 1:1:0.28~0.32（重量比）的配合比拌合而成，拌好后的砂浆和石棉水泥的湿度相似，拌好的灰浆在 1h 内用完。冬期施工时，须用 80℃ 左右热水拌合。当使用在排水铸铁管上时，配合比改为：水泥:水 = 1:2。

2）操作。按照石棉水泥接口标准要求填塞油麻。再将调好的砂浆一次塞满在已填好油麻的承插间隙内，一面塞入填料，一面用灰凿分层捣实，可不用手锤。表面捣出有稀浆为止，如不能和承口相平，则再填充后找平。一天内不得受到大的碰撞。

3）养护。接口完毕后，2h 内不准在接口上浇水，直接用湿泥封口，上留检查口浇水，烈日直射时，用草袋覆盖住。冬季可覆土保湿，定期浇水。夏天不少于 2d，冬天不少于 3d，也可用管内充水进行养护，充水压力不超过 200kPa。

（3）氯化钙、石膏水泥接口：

允许采用硅酸盐水泥、石膏粉（细度能通过 200 铜筛网），也是膨胀水泥接口材料的一种。因膨胀水泥在工地存放三个月以上容易变质，这种水泥现用现配较方便。氯化钙是种快凝剂，石膏是膨胀剂，水泥是强度剂，具有膨胀性好、凝结速度快等特点。限用于工作压力不大于 0.5MPa 的管道上。

填料配比为水泥:石膏:氯化钙 = 0.85:1:0.05（重量比）。

3种材料只要其中一种变化，材料来源、批次，都要做一次试验，合格后才能使用。试验的办法是：按比例将3种材料拌合作成馒头大的一个团，静置（不能暴晒）12h后，用手锤砸开，看其强度大小，观看内部有无因膨胀而形成的蜂窝，若强度大，蜂窝多，说明该材料可用。

1）先将水泥和石膏均匀拌合，另将氯化钙溶液倒入，搅至发面状，立刻用手将拌合物塞入打好麻的承插间隙内，填满后，用手按填料，两边挤出水泥就表示填实。拌合填料要求6~10min内操作完毕，否则填料会因为初凝而失效，一次拌合量以一为宜。

2）操作完成后，其接口要用土覆盖后浇水养护8h。

（4）青铅接口：

铅接口强度无增长期限，可用于给水排水管道抢修接口，打口后可立即通水。铅能耐腐蚀，可用于海水及其他腐蚀液体浸入的地方。

1）按石棉水泥接口的操作顺序，打紧油麻。

2）将承插口的外部用密封卡或包有黏性泥浆的麻绳密封，上部留出浇铅口。

3）将铅锭截成几块，然后投入铅锅内加热至熔化，铅熔至紫红色时，用加热的铅勺（降低铅在灌口时的冷却速度）除去液面的杂质，盛起铅液浇入承插口内，灌铅时要慢慢倒入，使管内气体逸出，至高出灌口为止，一次浇完，以保证接口的严密性。

4）铅浇入后，立即将泥浆或密封卡拆除。

5）管径在350mm以下的用手钎子（捻凿）一人打，管径在400mm以上的，用带把纤子两人同时从两边打。从管的下方打起，至上方结束。上面的铅头不可剁掉，只能用铅塞刀边打紧边挤掉，第一遍走剁子，然后用小号塞刀开始打。逐渐增大塞刀号，打实打紧打平，打光为止。

6）化铅与浇铅口时如遇水会发生爆炸（又称放炮），可在接口内灌入少量机油，或将小块白蜡放入灌铅窝口，可以防止放炮。

（5）钢管焊接接口：

1）如设计无特殊规定，钢管壁厚在5mm以上的需打坡口，坡口的倾斜角为30°，靠里皮的边缘上应留有1.5~3.0mm的平口，在钢管下沟前，用气焊或砂轮机切制而成，切完后用扁铲和手锤清除边上的渣屑和不平处，也可锉刀或錾切。

2）将铁渣及毛刺清净，把管子两端50mm范围内的泥土、油脂、污锈清理干净。

3）对口时，两根待焊的钢管中心线和对口应在一条直线上，焊口处不能有弯，不要错口，并留有对口间隙。当管壁厚为5mm以下时，其间隙1mm；管壁厚6~10mm，间隙1.5~2mm；管壁厚10mm以上，间隙2~3mm。管道对口时，相连的两根管壁厚差不应超过壁厚的20%。

4）对口后即应定位，在对好的管口上下左右四个方位上进行点焊定位，直径较大的管子尽可能不在坡口根部定位，可用钢筋焊在外壁上，临时固定对口，以防止焊接产生缺陷。

5）焊接前，将定位焊的熔渣、飞溅物等清除，将焊缝位置上的定位焊内修成两头带缓坡状，将焊口分成两个半圈，先后焊完（详见有关规定）。

（6）承插铸铁给水管胶圈接口：

1）胶圈应形体完整，表面光滑，用手握曲、拉、折，表面和断面不得有裂纹、凹凸及海绵状等缺陷，尺寸偏差应小于1mm，将承口工作面清理干净。

2）安放胶圈：胶圈擦拭干净，然后放入承口内的圈槽里，使胶圈均匀严整地紧贴承口内壁，如有隆起或扭曲现象，必须调平。

3）画安装线：对于装入的合格管，清除内部及插口工作面的粘附物，根据要插入的深度（一般比承口深度少10~20mm），沿管子插口表面画出安装线，安装面应与管轴相垂直。

4）涂润滑剂：向管子插口工作面和胶圈内表面刷上肥皂。

5）将被安装的管子插口端锥面插入胶圈内，提起微顶紧后，将管子找正垫稳，装安管器。

6）插入：管子经调整对正后，缓慢启动安管器，使管子沿圆周均匀地进入并随时检查胶圈不得被卷入，直至承口端与插口端的安装线齐平为止。

7）检查接口：插入深度、胶圈位置（不得离位或扭曲），如有问题时，必须拔出。

(7) 预应力钢筋混凝土管的胶圈接口：

1）管道安装前，必须对管子的承、插口以及橡胶圈进行清理，不得有泥沙等污物。

2）在待装管的插口套上橡胶圈后，要整理顺直，不得有扭曲、翻转现象。胶圈离开插口端面10mm左右，并使其距止胶台等距离。

3）采用两点吊安装时，宜设3只捯链以调节管子高低和左右位移。

4）管道安装时，待装管应平稳地移动，移动至距已装管100~200mm时，用木条挡在管的承口处，以防管子撞损。

5）初对口时，应使插口与承口的周围间隙大致相等，以便安装就位准确。

6）安装管道适用的拉具宜采用自身固定的办法，即将拉具的末端嵌固在已安装管道的对口之间。

7）待装管的插口应徐徐地、圆周同步地进入管的承口，同时取走固定胶圈的小木楔。

8）每根管子的安装必须仔细对准中心线并控制标高，设置必要的标桩，对就位后的管子应用测量工具进行检查。管子安装就位后应立即检查胶圈是否进入工作面，承插口间隙是否均匀合格，若无问题，应固定好管子，缓慢的松开捯链等拉具。同时应注意胶圈的回弹率，当其值过大或过小时，应分析原因予以处理，并再一次检查胶圈是否全部进入工作面。

(8) 塑料管粘接接口：

聚乙（丙）烯给水管的连接，目前常采用的为承插连接，只适用压力较低的情况。

1）在甘油中将管材一端加热变软后，迅速将另一端插入，冷却后即可达到比较牢固的结合。插入管长应不小于管子外径。在承插口，应该涂上胶粘剂，或在外部再行热风焊。

2）钢管插入连接：将塑料接头部位加热软化后，趁热将钢管接头零件插入，冷却后用铁丝绑扎，此法多用于农村给水的情况。

3）硬聚氯乙烯排水管的连接，目前常用的为承插接口聚氯乙烯热熔密封胶粘结。

①先用干布揩拭管端和承插口内面，略加热在管端外表及承插口内部涂一薄层胶粘剂，将管子插入承插口并转动半圈，以使涂胶层均匀布面。

②用干布抹去插口外多余胶粘剂，待自然干燥即成。

③由于温度变化引起热膨胀，在每层均应设置伸缩节或按设计安装。

④排水塑料管支托架间距见表2-22。

支 托 架 间 距　　　表 2-22

排水塑料管直径（mm）	管箍支托架间距（m）
50	≤1.5
75~100	≤2.5
150	≤4.0

6. 室外排水管道灌水试验

管道应于充满水后进行严密性检查，水位应高于检查管段上游端部的管顶。如地下水位高出管顶时，则应高出地下水位。一般采用外观检查，检查中应补水，水位保持固定不变。无漏水现象则认为合格。介质为腐蚀性污水管道绝不允许渗漏。

7. 室外排水系统通水试验

根据规范规定，排水管道应做通水试验，雨水管道和与其性质相似的管道均须作通水试验，其充水高度，应高出上游检查井内管顶1m，渗透出水量不应大于规定。

第五节　散热器安装工艺基本要求

常用的散热器有铸铁散热器、钢制散热器。

一、铸铁散热器安装

1. 铸铁散热器安装及其设备、材料要求

（1）散热器：表面要光洁，不得有砂眼、对口不平整、偏口、裂纹、弯曲、变形、损伤、脱皮、漆皮受损等现象。散热器的型号、规格、使用压力必须符合设计要求，并有出厂检验报告和合格证。

（2）散热器的组对零件：对丝、炉堵、炉补芯等应符合质量要求，不得有偏扣、断口、乱丝、裂纹现象；散热器连接的主要配件：如阀门、三通调节阀等必须有出厂合格证。

（3）辅材：圆钢、角钢、拉条、托钩、固定卡、胀栓、放风门、衬垫、麻线、机油、铅油、油漆等的选用均应符合质量和规范要求。

2. 安装使用的主要机具设备

安装使用的主要机具有：台钻、手电钻、冲击钻、砂轮机、套丝机、试压泵、压力案、管钳、钢丝钳、手锤、扳手、钢锯、套丝板、扳手、丝锥、煨弯器、气焊工具、运输车、水平尺、钢卷尺、线坠、压力表等。

3. 散热器安装条件

室内墙面、地面抹灰完毕，散热器安装位置的墙面装修完成。室内干、立管安装完毕，连接散热器支管预留口的位置正确，标高符合要求。

安装前要核对散热器的型号、规格、数量，做好检验、报验工作。

4. 操作工艺

安装工艺流程：散热器组对→散热器单组试压→支、托架安装→散热器安装。

（1）散热器组对：

1）散热器组对前，将散热器内部污物清除干净，用钢丝刷刷净对口表面及对丝内外的铁锈，正扣朝上，依次码放。组对时，下面应垫木板，并码放整齐、牢固，以防散热器

生锈和碰摔损伤。

2）带腿散热器 14 片以下用 2 个腿片，15～24 片用 3 个腿片，组对用的密封垫应采用耐热橡胶垫。组对后垫片外露不应大于 1mm。

3）组对时摆好第一片，拧上对丝一扣，套上耐热橡胶垫，将第二片反扣对准对丝，找正后扶住炉片，将对丝钥匙插入对丝内径，同时缓缓均匀拧紧。

4）根据散热器的片数和长度，选择圆钢直径和加工尺寸（一般为 $\phi 8 \sim \phi 10$），切断后进行调直，两端收头套好丝扣，除锈后刷好防锈漆待用。

5）20 片及以上的散热器需加外拉条，从散热器上下两端外柱内穿入四根拉条，每根套上一个骑码带上螺母，找直找正后用扳手均匀拧紧，丝扣外露不得超过一个螺母厚度为宜。

6）散热器组对应平直紧密，组对后的平直度应符合表 2-23 的规定。

组对后的散热器平直度允许偏差　表 2-23

散热器类型	片　　数	允许偏差（mm）
长翼型	2～4	4
	5～7	6
铸铁片式	3～15	4

（2）单组试压：

1）将组装好的散热器，上好临时炉堵、补芯、放气门，连接试压泵。试压时打开进水阀门，向散热器内注水，同时打开放气门，排净空气，待水满后关闭放气门。

2）当试验压力无设计要求时，应为工作压力的 1.5 倍，不小于 0.6MPa，关闭进水阀门，持续 2～3min，观察每个接口，不渗不漏为合格。

3）打开泄水阀门，拆掉临时堵头和补芯，泄净水后将散热器运到集中地点。

（3）支、托架安装：支托架埋设时应拉线找平、找正、找直。

1）柱型带腿散热器固定架安装：15 片以下设一个固定架，15 片以上设两个固定架。

2）挂装柱型散热器。

3）散热器安装在混凝土墙面上时，固定卡孔洞的深度不少于 80mm，托钩孔洞的深度不少于 120mm，现浇混凝土墙的深度为 100mm（如用膨胀螺栓应按胀栓的要求深度）。用水冲净洞内杂物，填入 M20 水泥砂浆到洞深的一半时，将固定卡插入洞内塞紧，用画线尺或 $\phi 70$ 管放在托钩上用水平尺找平找正，填满砂浆捣实抹平。当散热器挂在轻质隔板墙上时，用冲击钻穿透隔板墙，内置不小于 $\phi 12$ 的圆钢，两端固定预埋铁，支托架稳固于预埋铁，固定牢固。

4）散热器支架、托架安装：位置应准确，埋设牢固。散热器支、托架数量应符合设计和产品说明书要求。如设计未标注时，则应符合表 2-24 的规定。

散热器支架、托架数量　　　　　表 2-24

散热器形式	安装方式	每组片数	上部托钩或卡架数	下部托钩或卡架数	合　计
长翼型	挂墙	2～4	1	2	3
		5	2	2	4
		6	2	3	5
		7	2	4	6

散热器形式	安装方式	每组片数	上部托钩或卡架数	下部托钩或卡架数	合　计
柱型柱翼型	挂墙	3～8	1	2	3
		9～12	1	3	4
		13～16	2	4	6
		17～20	2	5	7
		21～25	2	6	8
柱型柱翼型	落地	3～8	1	—	1
		9～12	1	—	1
		13～16	2	—	2
		17～20	2	—	2
		21～25	2	—	2

5）散热器支、托架安装的数量、构造应符合设计要求和规范规定，位置正确，埋设平整牢固，支、托架排列整齐，与散热器接触严密。

（4）散热器安装：

1）按照图纸要求，根据散热器安装位置及高度在墙上画出安装中心线。

2）将柱型散热器（包括铸铁、钢制）和辐射对流散热器的炉堵和炉补芯抹油，加耐热橡胶垫后拧紧。

3）把散热器抬起，带腿散热器立稳，找平找正，距墙尺寸准确后，将卡架上紧托牢。

4）散热器与支管紧密牢固。

5）放风门安装：在炉堵上钻孔攻丝，将炉堵抹好铅油，加好石棉橡胶垫，在散热器上用管钳上紧。在放风门丝扣上抹铅油、缠麻丝，拧在炉堵上，用扳手上到松紧适度。放风孔应向外斜45°，并在系统试压前安装完。

6）散热器背面与装饰后的墙内表面安装距离，应符合设计和产品说明书要求。如设计未注明，应为30mm。

7）散热器安装允许偏差应符合表2-25的规定。

散热器安装允许偏差和检验方法　　　　　　　　　　表2-25

项　目	允许偏差（mm）	检验方法
散热器背面与墙内表面距离	3	尺量
与窗中心或设计定位尺寸	20	
散热器垂直度	3	吊线和尺量

8）同一房间散热器安装高度、距墙尺寸应一致，距地面高度按设计要求，设计无要求时一般不低于150mm。

9）散热器搬运时，要捆绑牢固慢抬轻放，以免散热器损坏。

10）散热器安装时要固定牢固，安装后不得蹬踩，墙面喷刷前，散热器应进行遮盖以防污染和损坏。

二、钢制散热器安装

1．钢制散热器安装前外观检查验收的主要内容
（1）散热器供、回水管接口有无损坏。
（2）散热器放风有无丢失。
（3）散热器外观有无磕碰。
（4）成品散热器的支架（支腿）是否齐全。
（5）散热器出厂产品合格证及试压记录是否符合规定。
2．钢制散热器安装方式
（1）挂墙安装：
1）在有装饰墙面的房间，钢制散热器支挂架应在装饰施工前预先安装到位，预留出装饰面层的厚度，待墙体装饰面层施工完成后再安装散热器。
2）在轻质隔板墙上安装时，用冲击钻穿透隔板墙，内置不小于 $\phi12$ 的圆钢，两端固定预埋铁，支托架稳固于预埋铁，固定牢固。
3）在混凝土墙体上，散热器挂装直接采用膨胀螺栓固定。
4）在空心砖墙体上安装，可参照图集采取支架埋设，混凝土填实埋栽固定。
（2）落地安装：
1）将钢制散热器的支腿用膨胀螺栓固定在地面。
2）根据散热器的形式及所带的支挂架，再把散热器和墙面用支挂架固定。

第六节　卫生器具安装工艺基本要求

卫生器具安装包括有：室内污水盆、洗涤盆、洗脸（手）盆、盥洗槽、浴盆、淋浴器、大便器、小便器、小便槽、大便冲洗槽、妇女卫生盆、化验盆、排水栓、地漏、加热器、煮沸消毒器和饮水器等。

一、卫生器具及安装材料要求

（1）卫生器具的型号、规格必须符合设计要求，并有出厂产品合格证和说明书。卫生器具表面光滑、色调一致，无划痕、损伤。
（2）辅材镀锌管、镀锌燕尾螺栓、螺母、橡胶板、密封胶、油漆、型钢、白水泥和白石膏等均应符合规定要求。
（3）卫生器具配件的规格、型号必须符合设计要求，有出厂产品合格证，并与卫生器具配套，其零配件应符合国家标准。

二、安装使用的主要机具设备

卫生器具安装主要使用的机械、工具有：冲击钻、手电钻、套丝机、磨光机、砂轮锯、电气焊及管钳、手锯、螺丝刀、扳手、手锤、水平尺、盒尺、线坠等。

三、各种器具安装条件

（1）所有与卫生器具连接的管道打压、灌水试验完毕，并经签认。

(2) 室内抹灰完成，并放出建筑 1m 或（0.5m）标高线、房间有吊顶的要放出机电管线底标高控制线，以及器具中心线。

(3) 卫生器具安装要和室内装修配合如定位放线、地板开洞、预埋套管、防水等工序；器具应在室内装修基本完成后再进行安装。但浴盆的稳装应在土建做完防水层及保护层后配合土建施工进行。

(4) 所安装的器具均经检查报验合格。

四、操作工艺

工艺流程：放线定位→支架安装→器具安装→器具试验

1. 放线定位

卫生器具安装高度、给水配件的安装高度见表 2-26、表 2-27。根据建筑 1m 或 0.5m 标高线、建筑施工图及器具安装高度确定器具安装位置。连接卫生器具的排水管径和最小坡度见表 2-28。

卫生器具安装高度   表 2-26

卫生器具名称		安装高度（mm）		备 注
		公共、民用建筑	幼儿园	
污水盆（池）	架空式	800	800	
	落地式	500	500	
洗涤盆（池）		800	800	
洗脸盆、洗手盆（有塞，无塞）		800	500	自地面至器具上边缘
盥洗槽		800	500	
浴盆		≤520	—	
蹲式大便器	高水箱	1800	1800	自台阶面至高水箱底
	低水箱	900	900	自台阶面至低水箱底
坐式大便器	高水箱	1800	1800	自台阶面至高水箱底
	低水箱 外露排出管式	510	—	自地面至低水箱底
	低水箱 虹吸喷射式	470	370	
小便器		600	—	自地面至下边缘
小便槽		200	150	自地面至台阶面
大便槽冲洗水箱		≥2000	—	自台阶至水箱底
妇女卫生盆		360	—	自地面至器具上边缘
化验盆		800	—	自地面至器具上边缘

卫生器具给水配件的安装高度（mm）   表 2-27

给水配件名称	配件中心距地面高度	冷热水龙头距离
架空式污水盆（池）水龙头	1000	—
落地式污水盆（池）水龙头	800	—
洗涤盆（池）水龙头	1000	150
住宅集中水龙头	1000	—

给水配件名称		配件中心距地面高度	冷热水龙头距离
洗手盆水龙头		1000	—
洗脸盆	水龙头（上配水）	1000	150
	水龙头（下配水）	800	150
	角阀（下配水）	450	—
盥洗槽	水龙头	1000	150
	冷热水管上下并行　其中热水龙头	1100	150
浴　盆	水龙头（上配水）	670	150
淋浴器	截止阀	1150	95
	混合阀	1150	—
	淋浴喷头下沿	2100	—
大便槽冲洗水箱截止阀（台阶面算起）		≥2400	—
立式小便器角阀		1130	—
挂式小便器角阀及截止阀		1050	—
小便槽多孔冲洗管		1100	—
实验室化验水龙头		1000	—
妇女卫生盆混合阀		360	—
坐式大便器	高水箱角阀及截止阀	2040	—
	低水箱角阀	150	—
蹲式大便器（台阶面算起）	高水箱角阀及截止阀	2040	—
	低水箱角阀	250	—
	手动式自闭冲洗阀	600	—
	脚踏式自闭冲洗阀	150	—
	拉管式自闭冲洗阀（从地面算起）	1600	—
	带防污助冲器阀门（从地面算起）	900	—

连接卫生器具的排水管径和最小坡度 表2-28

卫生器具名称		排水管管径（mm）	管道的最小坡度（‰）
污水盆（池）		50	25
单、双格洗涤盆（池）		50	25
洗手盆、洗脸盆		32～50	20
浴盆		50	20
淋浴器		50	20
大便器	高、低水箱	100	12
	自闭式冲洗阀	100	12
	拉管式冲洗阀	100	12

卫生器具名称		排水管管径（mm）	管道的最小坡度（‰）
小便器	手动、自闭式冲洗阀	40~50	20
	自动冲洗水箱	40~50	20
化验盆（无塞）		40~50	25
净身器		40~50	20
饮水器		20~50	10~20
家用洗衣机		50（软管为30）	—

2. 支架制作与安装

(1) 支架采用型钢制作。

(2) 座便器固定螺栓不小于 M6，冲水箱固定螺栓不小于 M10，家具盆使用扁钢支架时不小于 40×3mm，螺栓不小于 M8。

(3) 支架制作应牢固、美观，孔眼及边缘应平整光滑，与器具接触面吻合。其螺栓孔不得使用电、气焊开孔、扩孔。

(4) 支架制作完成后进行防腐处理。

(5) 支架安装。卫生器具的支、托架必须防腐良好，安装平整、牢固，与器具接触紧密、平稳。

1) 钢筋混凝土墙安装：放线确定安装位置后，用墨线弹出准确坐标，打孔后直接使用膨胀螺栓固定支架。

2) 砖墙：用 φ20 的冲击钻在已确定的坐标位置上打孔，将洞内杂物清理干净，放入燕尾螺栓，用强度等级不小于 C20 的水泥捻牢。

3) 轻钢龙骨墙：确定位置后，要增加架固措施，用膨胀螺栓固定。

4) 轻质隔板墙：固定支架时，要打透墙体，在墙的另一侧增加薄钢板固定，薄钢板必须嵌入墙面内，外表与土建装饰面抹平。

在支架安装过程中应注意和土建防水工序的配合，不得对其防水造成损坏，如有损坏应及时通知土建处理。

3. 器具安装

卫生器具安装要注意，在安装前对器具仔细检查，有无损坏和碰伤。安装中器具的搬运要防止磕碰，装完的器具要加以保护，防止器具损坏。安装后器具排水口应临时堵好，镀铬零件用纸包好，以免堵塞或损坏。冬季室内不通暖时，各种器具通水完毕后，必须将水放净，存水弯处用压缩空气吹净，以免将器具和存水弯冻裂。器具配件安装要正确，开启方便，朝向合理，便于操作。

(1) 下排水蹲便器、高水箱安装：

1) 将胶皮碗套在蹲便器进水口上，套正、套实后紧固。

2) 确定排水管口的中心线，在墙上做好标记。

3) 将下水管承口内抹上油灰，蹲便器位置下铺垫白灰膏（白灰膏厚度以使蹲便器标高符合要求为准），然后将蹲便器排水口插入排水管承口内稳好。

4) 用水平尺放在蹲便器上沿，纵横双向找平、找正，使蹲便器进水口对准墙上标记。

5）蹲便器两侧用砖砌好抹光，将蹲便器排水口与排水管承口接触处的油灰压实、抹光。然后将蹲便器排水口临时封堵。

6）蹲便器稳装之后，确定水箱出水口中心位置，向上测量出规定高度（箱底距台阶面 1.8m）。

7）根据水箱固定孔与给水孔的距离确定固定螺栓高度，在墙上做好标识，安装支架及水箱。

8）安装多联蹲便器时，应先找出标准地面标高，测量好蹲便器需要的高度，找平，调好距离，然后按上述方法逐个安装。

9）多联高水箱应按上述做法先装两端的水箱，然后挂线拉平找直，再装中间的水箱。

10）高水箱配件安装：

①根据水箱进水口位置，确定进水弯头和阀门的安装位置，拆下水箱进水口的锁母，加上垫片，拆下水箱出水管根母，加垫片，安装弹簧阀及浮球阀，组装虹吸管、天平架及拉链，拧紧根母；

②固定好组装完毕的水箱，把冲洗管上端插入水箱底部锁母后拧紧，下端与蹲便器的胶皮碗用 16 号铜丝绑扎 3 ~ 4 道。冲洗管找正找平后用单立管卡子固定牢固。

11）低水箱配件安装：

①根据低水箱固定高度及进水点位置，确定进水短管的长度，拆下水箱进水漂子门根母及水箱冲洗管连接锁母，加垫片，安装溢水管，把浮球拧在漂杆上，并与浮球阀连接好，调整挑杆的距离，挑杆另一端与扳把连接；

②冲洗管的安装与高水箱冲洗管的安装相同。

12）分体式水箱配件安装：分体式水箱在箱内配件安装的原理上和连体式水箱相同，分体式水箱的箱体和坐便器通过冲洗管连接，拆下水箱出水口的根母，加胶圈，把冲洗管的一端插入根母中，拧紧适度，另一端插入坐便器的进水口橡胶碗内，拧牢压盖，安装紧固后的冲洗管的直立端应垂直，横装端应水平或稍倾向坐便器。

13）延时自闭冲洗阀的安装：根据冲洗阀的中心距地面高度和冲洗阀至胶皮碗的距离，断好 90°弯的冲洗管，使两端吻合，将冲洗阀锁母和胶圈卸下，套在冲洗管直管段上，将弯管的下端插入胶皮腕内 40 ~ 50mm，固定牢固。将上端插入冲洗阀内，推上胶圈，调直找正，将锁母拧至适度。扳把式冲洗阀的扳手应朝向右侧，按钮式冲洗阀的按钮应朝向正面。

（2）背水箱坐便器安装：

1）清理坐便器预留排水口，取下临时管堵，检查管内有无杂物。

2）将坐便器出水口对准预留口放平找正，在坐便器两侧固定螺栓眼孔处做好标识。

3）在标识处剔 $\phi20 \times 60$ 的孔洞，栽入螺栓，将坐便器试装，使固定螺栓与坐便器吻合，移开坐便器。将坐便器排水口及排水管口周围抹上油灰后将坐便器对准螺栓放平、找正，进行安装。

4）根据坐便器中心，在墙上画好垂直线，在距地坪 800mm 高度画水平线。根据水箱背面固定孔眼的距离，在水平线上做好标识，栽入螺栓。将背水箱挂在螺栓上放平、找正，进行安装。

5）连体式背水箱配件安装：

①把进水浮球阀与水箱连接处孔眼加垫片，拧紧适度，根据水箱高度与预留给水管的位置，确定进水短管的长度，与进水八字门连接。

②在水箱排水孔处加胶圈，把排水阀与水箱出水口用根母拧紧，盖上水箱盖，调整把手，与排水阀上端连接。

③皮碗式冲洗水箱，在排水阀与水箱出水口连接紧固后，根据把手到水箱底部的距离，确定连接挑杆与皮碗的尼龙线的距离并连接好，使挑杆活动自如。

（3）洗脸盆安装

1）挂式洗脸盆安装：

①燕尾支架安装：按照排水管中心在墙上画出竖线，由地面向上量出规定的高度，画出水平线，根据盆宽在水平线上做好标识，栽入支架。将脸盆置于支架上找平、找正后将架钩钩在盆下固定孔内，拧紧盆架的固定螺栓，找平找正。

②铸铁架洗脸盆安装：按上述方法找好十字线，栽入支架，将活动架的固定螺栓松开，拉出活动架将架勾勾在盆下固定孔内，拧紧盆架的固定螺栓，找平找正。

2）柱式洗脸盆安装：

①按照排水管口中心画出竖线，立好支柱，将脸盆中心对准竖线放在立柱上，找平后在脸盆固定孔位置栽入支架。

②将支柱在地面位置做好标识，安好支柱和脸盆，将固定螺栓加橡胶垫、垫圈，带上螺母紧固。

③脸盆面找平、支柱找直后将支柱与脸盆接触处及支柱与地面接触处用白水泥勾缝抹光。

3）台式洗脸盆安装：待土建做好台面后，按照上述方法固定脸盆并找平找正，盆与台面的缝隙处用密闭膏封好。

4）脸盆水龙头安装：将水龙头根母、锁母卸下，插入脸盆给水孔眼，下面再套上橡胶垫圈，带上根母后将锁母拧紧至松紧适度。

5）排水栓的安装：

①卸下排水栓根母，放在家具盆排水孔眼内，将一端套好丝扣的短管涂油、缠麻、拧上存水弯外露2~3扣。

②量出排水孔眼到排水预留管口的尺寸，断好短管并做扳边处理，在排水栓圆盘下加1mm胶垫、垫圈，带上根母。

③在排水栓丝扣处缠生料带后使排水栓溢水眼和脸盆溢水孔对准，拧紧根母至松紧适度并调直找正。

6）S形存水弯的连接：

①应采用带检查口型的S形存水弯，在脸盆排水栓丝扣下端缠生料带后拧上存水弯至松紧适度。

②把存水弯下节的下端缠生料带后插在排水管口内，将胶垫放在存水弯的连接处，调直找正后拧至松紧适度。

③用油麻、油灰将下水管口塞严、抹平。

7）P形存水弯的连接：

①在脸盆排水口丝扣下端缠生料带后拧上存水弯至松紧适度。

②把存水弯横节按需要长度配好，将锁母和护口盘背靠背套在横节上，在端头套上橡

胶圈，调整安装高度至合适，然后把胶垫放在锁口内，将锁母拧至松紧适度。

③把护口盘内填满油灰后找平、按平，将外溢油灰清理干净。

（4）净身盆安装

1）清理排水预留管口，取下临时管堵，装好排水三通下口铜管。

2）将净身盆排水管插入预留排水管口内，将净身盆稳平找正，做好固定螺栓孔眼和底座的标识，移开净身盆。

3）在固定螺栓孔标识处栽入支架，将净身盆孔眼对准螺栓放好，与原标识吻合后再将净身盆下垫好白灰膏，排水铜管套上护口盘。净身盆找平、找正后稳牢。净身盆底座与地面有缝隙之处，嵌入白水泥膏补齐、抹平。

4）净身盆配件安装：

①卸下混合阀门及冷、热水阀门的阀盖，调整根母。在混合开关的四通下口装上预装好的喷嘴转心阀门。在混合阀门四通横管处套上冷、热水阀门的出口锁母，加胶圈组装在一起，拧紧锁母。将三个阀门门颈处加胶垫、垫圈带好根母。混合阀门上加角型胶垫及少许油灰，扣上长方形镀铬护口盘，带好根母，将混合阀门上根母拧紧至适度，能使转心阀门盖转动30°。再将冷、热水阀门的上根母对称拧紧。分别装好三个阀门门盖，拧紧固定螺栓。

②喷嘴安装：在喷嘴靠瓷面处加1mm厚的胶垫，抹少许油灰。把铜管的一端与喷嘴连接，另一端与混合阀门四通下转心阀门连接。拧紧锁母，转心阀门梃须朝向与四通平行一侧，以免影响手提拉杆的安装。

③排水口安装：排水口加胶垫后穿入净身盆排水孔眼，拧入排水三通上口。使排水口与净身盆排水孔眼的凹面相吻合后将排水口圆盘下加抹油灰，外面加胶垫垫圈，用自制扳手卡入排水口内十字筋，使溢水口对准净身盆溢水孔眼，拧入排水三通上口。

④手提拉杆安装：在排水三通中口装入挑杆弹簧珠，拧紧锁母至松紧适度，将手提拉杆插入空心螺栓，用卡具与横桃杆连接，调整定位，使手提拉杆活动自如。

（5）挂式小便器安装：

1）根据排水口位置画一垂线，由地坪向上量出规定的高度画一水平线，根据小便器尺寸在横线上做好标识，再画出上、下孔眼的位置。

2）在孔眼位置栽入支架，托起小便器挂在螺栓上。把胶垫、垫圈套入螺栓，将螺母拧至松紧适度。将小便器与墙面的缝隙嵌入白水泥膏补齐、抹光。

（6）立式小便器安装：

1）按照前述的方法根据排水口位置和小便器尺寸做好标识，栽入支架。

2）将下水管周围清理干净，取下临时管堵，抹好油灰，在立式小便器下铺垫水泥、白灰膏的混合物（比例为1:5）。

3）将立式小便器找平、找正后稳装。立式小便器与墙面、地面缝隙嵌入白水泥浆抹平、抹光。

4）小便器配件安装：

①将小便器角式长柄截止阀的丝扣上缠好生料带。

②压盖与给水预留口连接，用扳手适度紧固，压盖内加油灰并使与墙面吻合严密。

③角阀的出口对准喷水鸭嘴，确定短管长度，压盖与锁母插入喷水鸭嘴和角阀内。

④小便槽冲洗管，采用镀锌钢管或硬质塑料管。冲洗孔应斜向下安装，冲洗水流同墙面成45°角。镀锌钢管钻孔后应进行二次镀锌。

（7）家具盆安装：

1）将盆架和家具盆进行试装，检查是否相符。

2）将冷、热水预留管之间画一平分垂线（只有冷水时，家具盆中心应对准给水管口）。由地面向上量出规定的高度，画出水平线，按照家具盆架的宽度做好标识，剔成 $\phi50\times120$ 的孔眼，将盆架找平、找正后用水泥栽牢。

3）将家具盆放于支架上使之与支架吻合，家具盆靠墙一侧缝隙处嵌入白水泥浆勾缝抹光。

（8）浴盆安装：

1）浴盆稳装前应将浴盆内表面擦拭干净，同时检查瓷面是否完好。

2）带腿的浴盆先将腿部的螺栓卸下，将拔梢母插入浴盆底卧槽内，把腿扣在浴盆上带好螺母拧紧找平。

3）浴盆如砌砖腿时，应配合土建把砖腿按标高砌好。将浴盆稳于砖台上，找平，找正。浴盆与砖腿缝隙处用1:3水泥砂浆填充抹平。

4）浴盆混合水龙头的安装：把冷、热水管口找平、找正后将混合水龙头转向对丝缠生料带，带好护口盘，用自制扳手插入转向对丝内，分别拧入冷、热水预留管口并校好尺寸，找平，找正，使护口盘与墙面吻合。然后将混合水龙头对正转向对丝并加垫，拧紧锁母找平、找正后用扳手拧至松紧适度。

5）给水软管安装：量好尺寸，配好短管，装上八字水门。将短管另一端丝扣处缠生料带后拧在预留给水管口至松紧适度（暗装管道带护口盘，要先将护口盘套在短节上，短管上完后，将护口盘内填满油灰，向墙面找平，按实并清理外溢油灰）。将八字水门与水龙头的锁母卸下，背靠背套在短管上，分别加好紧固垫（料），上端插入水龙头根部，下端插入八字水门中口，找直、找正后分别拧好上、下锁母至松紧适度。

五、器具检验

（1）器具安装完成后，应进行满水和通水试验，试验前应检查地漏是否畅通，进户阀门开启是否灵活、关闭是否严密，然后按层段分户分房间逐一进行满水和通水试验。

（2）试验时临时封堵排水口，将器具灌满水后检查各连接件是否不渗不漏；打开排水口，排水通畅为合格。各种试验的临时排水应排入专门的排水沟。

（3）排水栓和地漏的安装应平正、牢固，低于排水表面，周边无渗漏。地漏水封高度不得小于50mm。

（4）卫生器具、给水配件安装的允许偏差应符合表2-29、表2-30的规定。

卫生器具安装的允许偏差　　　　　　　　　　　　　　　　　　　　　表2-29

项　　目		允许偏差（mm）		检验方法
		国家标准、行业标准	企业标准	
坐标	单独器具	10	8	拉线、吊线和尺量检验
	成排器具	5	5	

项 目		允许偏差（mm）		检 验 方 法
		国家标准、行业标准	企业标准	
标高	单独器具	±15	±13	拉线、吊线和尺量检验
	成排器具	±10	±8	
器具水平度		2	1	用水平尺和尺量检查
器具垂直度		3	1	用吊线和尺量检查

卫生器具给水配件安装的允许偏差 表 2-30

项 目	允许偏差（mm）	检 验 方 法
大便器高、低水箱角阀及截止阀	±10	用吊线和尺量检查
水龙头	±10	
淋浴器喷头下沿	±15	
浴盆软管淋浴器挂钩	±20	

第三章 通风与空调

第一节 通风空调工程

一、概述

1. 通风系统

通风就是把室内浑浊空气排出，把生产工艺中产生的有害物质捕集起来进行净化处理排出室外，然后把新鲜空气送入室内，稀释有害物质的浓度，提供人们正常新鲜空气需用量。

(1) 通风系统可根据通风动力分为自然通风和机械通风。

1) 自然通风是利用室外冷空气与室内热空气比重的不同，以及建筑物迎风面和背风面风压的不同而进行换气的通风方式。当室外风遇到建筑物等障碍物时，会由动压转为静压，在建筑物的迎风面产生一个正压，在建筑物的背面则形成负压，这样即产生了一个压力差。这个压差会使空气通过建筑物的门、窗或其缝隙进入室内，然后经室内至负压面的门窗排出。通过室内外温差引起的热压作用也可进行自然通风。当室内空气温度较高时，空气密度小向上运动，室外较冷密度较大的空气会不断从门或窗补充进来，并从高窗等处排出。自然通风是最经济有效的通风方法，可以节约能源、降低工程造价、无噪声污染，人体感觉舒适，但有时需依赖气象条件，通风效果受风向变化和风力大小的影响。

2) 机械通风主要是靠风机作为通风的动力，通过风机高速旋转产生的风压强迫室内的空气流动，以达到通风的目的。机械通风可以较好地控制和组织气流，有效控制有害气体的扩散，并且能通过空气处理系统得到较为满意的效果。机械通风主要由风机动力系统、空气处理系统（对空气进行过滤、吸附、除尘等）、空气输送和排放风道、各种控制阀、风口、风帽等组成。

(2) 通风系统按照工艺要求分为送风系统、排风系统、防排烟系统、除尘系统等。

1) 送风系统是用来向室内输送新鲜或经过处理的空气的。室外空气由可挡住室外杂物的百叶窗进入进气室，经过滤、加热等简单处理后被吸入通风机，经风管由送风口送入室内。

2) 排风系统是将室内产生的污浊空气或厨房产生的油烟等排到室外大气中，消除室内环境的污染，保证工作人员免受其害。主要流程为：污浊空气由室内排气罩被吸入风管后，经通风机排到室外风帽，进入大气。若污浊气体中有害物质超标，必须经过吸收、中和等处理后再排入大气。厨房产生的油烟气体也必须经过油烟过滤器净化后再排入大气。

3) 除尘系统通常用于生产车间，主要作用是将车间内含有大量工业粉尘和颗粒的空气进行收集处理，降低工业粉尘和颗粒的含量，达到国家排放标准。车间内含尘空气通过吸尘罩进入风管，经除尘器除尘处理后，通过风机送至室外风帽排入大气。

（3）通风系统按作用范围可分为全面通风、局部通风和混合通风。

1）全面通风就是在整个房间内，全面地进行空气交换。此系统又称稀释通风，即在有害物大范围产生并扩散的房间内，一方面送入足够量的经过处理的清洁新鲜空气来稀释有害物质的浓度，另一方面不断处理有害物质，使其浓度在国家规定的排放标准范围内，然后排出室外。

2）局部通风系统，即将污浊空气或有害物气体直接从产生的部位抽出，防止扩散到全室，或将新鲜空气送到某个局部地区，改善局部地区的环境条件。当车间内某些设备产生大量危害人体健康的有害气体时，采用全面通风不能冲淡到允许浓度，或者采用全面通风很不经济时采用局部通风。

3）混合通风系统是指用全面的送风和局部排风，或全面的排风和局部的送风混合起来的通风形式。

2. 空调系统

空调主要是通过对室内（或室外）的空气进行处理，向房间输送经过过滤、净化、加热、冷却、加湿、去湿等工艺过程的空气，以满足人们生活和生产工艺的要求。空调可对空气的温度、湿度实行自动控制，并提供人们足够的新鲜空气，是在建筑物封闭状态下完成的。根据人们对生活、居住、办公等不同环境条件的要求，生产工艺中对空气处理的各项参数的要求，对空气处理质量的特殊要求，空调系统可分为一般舒适性空调、工业空调和洁净式空调。

（1）舒适性空调主要是为满足人们对新鲜空气量、温度、湿度、气流速度等的要求，并将这些参数控制在一定的范围内。

（2）工业空调是在一些行业的生产和产品组装等工艺过程中，为保证产品的质量和生产工艺的顺利运行，对所要求的空气的温度、湿度等进行严格控制，并可将所需的空调参数的变化控制在波动很小的范围值内。工业空调的空调参数优先满足工艺过程中的需要，不是首先考虑人在这种环境下的舒适程度。

（3）在某些对空气洁净度要求很高的行业和房间，例如制药业、食品加工业、医院的手术室、烧伤病房等，不但对室内的空气温度、湿度、空气流动速度有严格要求，同时对空气中的含尘量、含菌数等指标也有严格要求，能满足以上要求的空调即为洁净式空调。洁净空调对空气的过滤处理、风道材质、气流组织等均有严格的要求。

3. 风机

风机是对空气产生推动力的设备，它能使空气压力增大，以便将处理后的空气送入空调房间。在通风工程中，风机可以满足输送空气流量并利用所产生的风压来克服介质在风道内的阻力损失及各类空气处理设备（过滤器、加热器等）的阻力损失。

通风工程中常用的风机有离心式风机、轴流式风机、斜流风机等。根据输送介质的性质，风机机体材质可采用钢、玻璃钢、塑料、不锈钢等材料制成。

（1）离心式风机：离心式风机的空气流向垂直于主轴，主要由叶轮、外壳、出风口、进风口、电动机组成，如图3-1所示。其工作原理为电机带动风机叶轮高速旋转，叶轮上的叶片将空气从进风口吸入，叶片间的气体也随叶轮旋转而获得离心力，气体被甩出叶轮，然后甩向机壳，机壳内的气体压强增高由出风口排出。

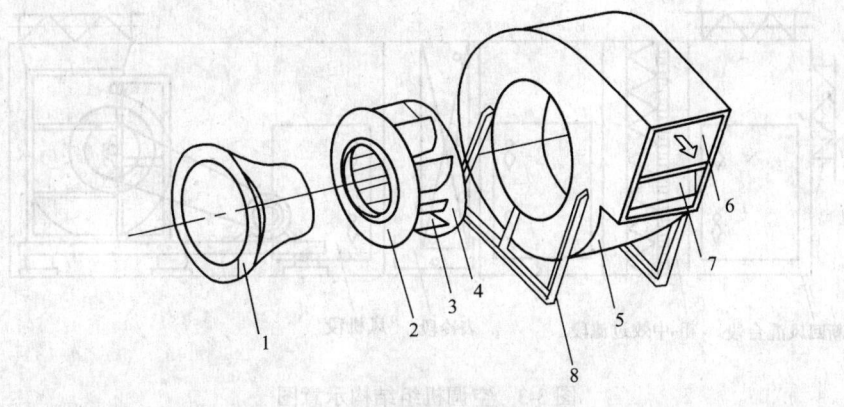

图 3-1 离心风机结构示意图

1—吸入口；2—叶轮前盘；3—叶片；4—后盘；5—机壳；

6—出口；7—截流板（风舌）；8—支架

离心式风机的特点是风压高、风量可调，相对噪声较低，可将空气进行远距离输送。

（2）轴流风机：轴流风机的空气流向平行于主轴，主要由叶片、机壳、圆筒型出风口、电机组成，如图 3-2 所示。叶片安装在主轴上，随电动机高速转动，将空气吸入，沿圆筒型出风口排出。

轴流风机的特点是风压较低、风量较大、噪声相对较大，耗电量少，占地面积小，便于维修。

（3）斜流风机：斜流风机是介于离心风机和轴流风机之间的一种混流型风机，主要由机壳、电机、斜流叶片、导向叶片组成。斜流风机进出风口方向一致，比离心风机流量系数大，比轴流风机压力系数高。叶片运转时噪声较低，结构紧凑，安装方便。

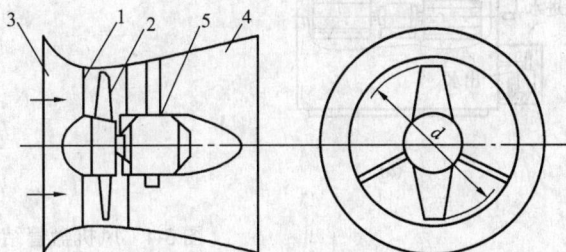

图 3-2 轴流风机结构示意图

1—圆形风筒；2—叶片及轮毂；3—钟罩形吸入口；

4—扩压管；5—电动机及轮毂

4. 新风机组、空调机组、风机盘管

（1）新风机组：新风机组主要用于对室外空气进行过滤、加热（冷却）后，将空气送至空调房间内，以补充新鲜空气。新风机组为整体机型，机内设有初、中效过滤器、加热（冷却）盘管和离心式送风机，盘管加热（冷却）器可接冷（热）源作为加热或冷却室外空气用。新风机组分为立式、卧式和吊顶式等。

（2）空调机组：空调机组处理的空气来源一部分是室外新鲜空气，一部分是室内的回风，是由空气混合段、粗、中效过滤段、表冷器、送风机、回风机等基本单元组合而成的，如图 3-3 所示。室外新鲜空气进入空调箱内，与室内来的回风进行混合，经过过滤、加热（冷却）后，送入空调房间内。

（3）风机盘管：风机盘管是一种将风机和表面式换热盘管组装在一起的装置，由风机、电动机、盘管、空气过滤器、室温调节装置和箱体等组成。空调冷冻水或热水在盘管内不断循环，室内空气被风机从进风口吸入后，通过盘管换热器表面及肋片间隙进行热交

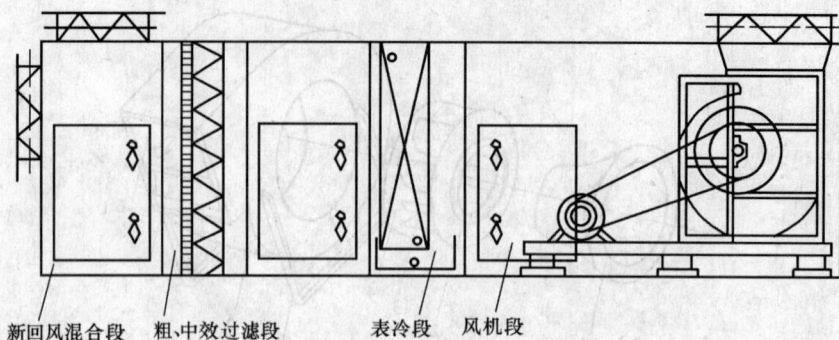

新回风混合段　粗、中效过滤段　　表冷段　风机段

图 3-3　空调机组结构示意图

换，室内空气被冷却降温或加热升温后经送风口再送回室内。风机盘管有立式和卧式两种，如图 3-4 所示；按照安装方式又分为明装式和暗装式。

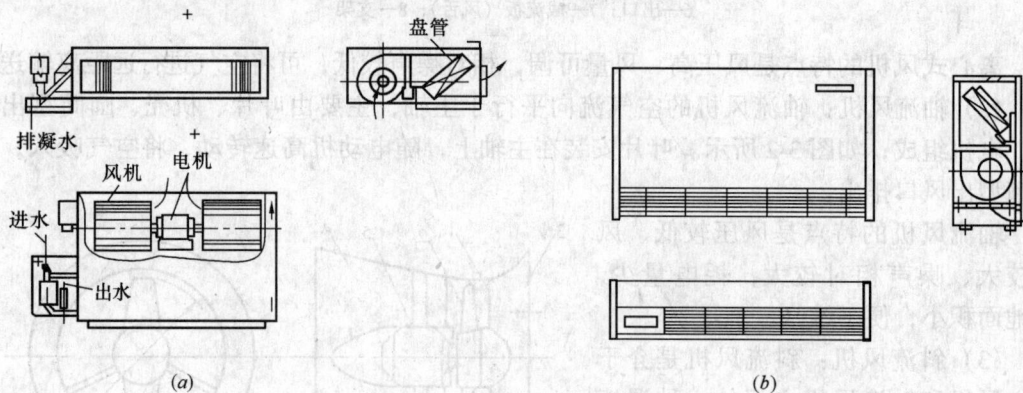

图 3-4　风机盘管结构示意图
（a）卧式；（b）立式

5．风管

风管是用金属、非金属薄板等材料制作而成，用于空气流通的管道。根据系统类型可分为空调系统风管、排风系统风管、防排烟系统风管；根据系统工作压力分为低压风管、中压风管、高压风管；根据风管制作的材质可分为金属风管和非金属风管。金属风管可采用普通钢板、镀锌钢板、不锈钢板、铝板等制作；非金属风管有硬聚氯乙烯风管、有机玻璃钢风管、无机玻璃钢风管、双面铝箔复合风管、防火板风管等。风管形式有圆形和矩形两种。

二、空调风系统、排风系统、防排烟系统简述

1．空调风系统

空调系统中的风管系统称为空调风系统，一般由新风、回风、送风管组成。新风管是将从室外吸入的新鲜空气输送到空调机组内的管道；回风管将室内部分空气重新回收到空调机组内；经空调机组处理过的空气通过送风管送入空调房间内。

按所处理空气的性质，空调风系统可分为直流式系统、循环式系统和混合式系统。直流式系统中，经过处理设备的空气全部为室外新鲜空气，因此系统中无回风管；循环式系

统中，所有空气均在室内、风管及空气处理设备中进行循环，不补充任何室外新风，系统中无新风管；混合式系统即常说的一次回风或二次回风系统，是将室外新鲜空气和室内空气进行混合处理。

按照空气流量状态，空调风系统可分为定风量系统和变风量系统。定风量系统运行过程中，风量始终保持恒定，不随其他参数的变化而变化；变风量系统及系统内各个风口的风量均按一定的控制要求在运行过程中不断调整，以满足不同的使用要求。

按风道内的风速，空调风系统分为低速系统和高速系统。空调主送风管的风速在10m/s以下为低速系统，主管内风速在12~15m/s以上为高速系统。

2. 排风系统

排风系统是将室内的污浊空气或有害气体、油烟等排至室外的系统。一般需要设置排风系统的部位为：卫生间、淋浴间、厨房、地下车库、设备机房、库房等。

排风系统可分为局部排风系统和全面排风系统。局部排风系统是将某一固定位置产生的有害物质或气体通过排风罩直接抽吸并排出，防止其扩散或污染其他部位和场所；全面排风系统是在房间上部或下部区域设置吸风口，以排除整个房间内的污浊空气或有害气体。

3. 防排烟系统

防排烟系统是在火灾发生时，有效地排除火灾烟气和热量，降低烟气浓度和温度，并保证疏散通道不受烟气侵害，使人员能最大限度地安全疏散，为消防人员灭火提供安全保证的系统，而且还能完成火灾后残余烟气和用于灭火的有毒气体的排除。

防排烟系统分为自然排烟、加压送风系统和机械排烟系统。

自然排烟是利用建筑物的外窗、阳台等开口部位或利用专设的排烟口、竖井等将烟气向室外排走或稀释烟气的浓度。竖井是利用火灾时空气的热压差产生的抽力来排烟的，它具有较大的排除烟热的能力。通过外窗、阳台等开口向室外排烟时，受外界风向的影响，在风向不利时可能得不到应有的效果。

加压送风系统是利用风机向疏散楼梯间及其封闭前室、消防电梯间前室等压入大量室外新鲜空气，使疏散楼梯间和前室等区域保持正压，防止烟气进入，以保证疏散通道不被烟气弥散。

机械排烟系统是在各排烟区段设置机械排烟装置，起火后打开排烟口，开动排烟风机，利用风机的动力将烟气通过排烟管道排至室外，并在失火区域内形成负压，防止烟气向其他区域蔓延。

三、通风空调系统的消声

1. 噪声简述

按照物理学观点，杂乱无章地组合在一起的各种不同频率和声强的声音称为噪声。在通风空调系统中，噪声的重要来源为通风机运转时产生的空气动力噪声、机械噪声和电磁噪声，其中空气动力噪声是主要成分。

噪声标准是根据人们对空调房间内工作环境或人们的舒适感受的要求而制定的能够承受的最大噪声值。不同用途的房间有不同的噪声标准，我国《民用建筑隔声设计规范》对各类建筑物室内允许噪声级进行了规定。

2. 消声器

空调系统的消声措施主要有：选用低噪声风机、控制风管内风速、风机安装采取减振措施、风机出口避免急剧转弯等，最主要是靠消声器来消除多余噪声。消声器根据消声原理分为阻性、抗性和阻抗复合型等。

（1）阻性消声器主要以内部吸声材料为主体，通过玻璃棉等材料的吸声能力，吸收中、高频噪声。阻性消声器主要有管道消声器、片式和格式消声器、折板式消声器等。管道式消声器是在其管道内壁上贴有一层吸收材料，如图 3-5 所示。是最简单的消声器，其制作简便、阻力小，一般适用于较小的风道。片式和格式消声器是将管式消声器中较大截面的风道断面划分成几个格子而成的，如图 3-6 所示。原理上与管式相同，只是把每个流道的截面积缩小，在阻性消声器中应用最广。折板式消声器是将内部吸声片变成曲折式，如图 3-7 所示。加大了声波的入射角和反射次数，从而增加了声波与消声材料的接触机会，提高了消声量，但同时也增大了阻力。

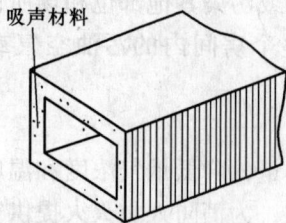

图 3-5　管式消声器图

图 3-6　片式和格式消声器

图 3-7　折板式消声器

（2）抗性消声器是利用管道内截面的突变，使沿管道传播的声波向声源方向反射回去而起到消声作用。抗性消声器有空腔式、共振式两种。空腔式消声器主要是利用气流通道截面积或形状的改变达到消声目的，如图 3-8 所示，外形尺寸较大。共振式消声器是在消声器气流通道的内壁上开有若干微小孔，与消声器外壳组成一个密闭空间，通过一定的开孔率及孔径的控制，使声源波频率与消声器固有频率相等或接近，从而产生共振以消除声能，如图 3-9 所示。抗性消声器具有较好的低频或中频消声性能，但消声频程较窄，空间阻力大，占用空间多，一般不多采用。

（3）阻抗复合式消声器是将阻性与抗性消声器的部件组合在一个消声器内，由吸声材料制成的阻性吸声片具有一定的厚度，材料与气流接触表面采用有一定开孔率及孔径的穿孔板，如图 3-10 所示。此种消声器具有较宽的消声特性，在空调系统中广泛应用。

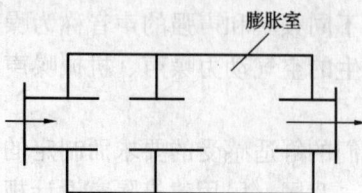

图 3-8　空腔式消声器

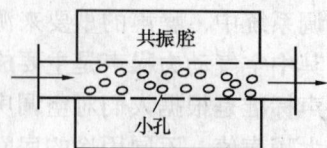

图 3-9　共振式消声器

四、风管部件

通风空调系统的风管部件有：调节主管或支管风量用的调节阀、防火阀、排烟阀等各类阀件；各类送、回（排）风口；局部通风系统的各类排气罩、风帽及连接风机的柔性短管等。

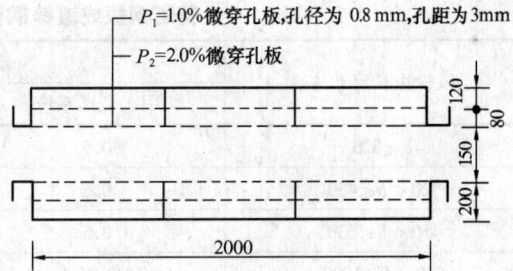

$P_1=1.0\%$ 微穿孔板,孔径为 0.8 mm,孔距为 3mm
$P_2=2.0\%$ 微穿孔板
2000

图 3-10 阻抗复合式消声器

1. 风口

风口的作用是使送至房间的气流，按要求的气流组织进行流动和衰减，使房间工作区的气流速度、温度及尘埃分布达到预计的效果。通风系统常用送回风口有：圆形或方形散流器、百叶送风口（单层、双层）、条缝风口、圆形喷口等。

2. 风阀

通风、空调系统中的风阀主要是用来调节风量，平衡各支管或送、回风口的风量及启动风机等；另外在火灾时关闭和开启，达到防火、排烟的作用。常用的风阀有止回阀、多叶调节阀、插板阀、三通调节阀、防火阀、防烟防火阀等。

第二节 风管加工及其安装工艺基本要求

一、金属风管加工与安装

1. 法兰连接风管加工及安装工艺基本要求

（1）材料要求：

加工风管的材料有钢板、型钢等，钢板又分为普通钢板、镀锌钢板、不锈钢钢板；型钢有角钢、扁钢等。其要求如下：

1）所使用的板材、型钢均应符合设计要求，并具有出厂合格证或质量鉴定文件。

2）普通钢板表面应平整、光滑、厚度均匀，允许有紧密的氧化铁薄膜，不得有裂纹、结疤等缺陷。

3）镀锌钢板（带）应符合国家标准《连续热镀锌薄钢板和钢带》（GB 2518—2004）的要求，其性能宜选用机械咬口类。镀锌层宜采用 100 号以上，其三点试验平均值（双面）应不小于 $100g/m^2$。

4）不锈钢板和铝板应符合国家标准《不锈钢冷轧钢板》（GB 3280—1992）及《铝及铝合金轧制板材》（GB 3880—1992）的要求，其表面不得有划痕、刮伤、斑痕和凹穴等缺陷。

5）型钢材料应符合国家标准《热轧等边角钢尺寸、外形、重量及允许偏差》（GB 9787—88）及《热轧扁钢尺寸、外形、重量及允许偏差》（GB 704—88）的要求。

（2）规格要求：

1）风管分为矩形和圆形，矩形风管板材厚度应不小于表 3-1 的规定，圆形风管板材厚度应不小于表 3-2 的规定。

普通钢板或镀锌钢板风管板材厚（mm）　　　　表 3-1

风管边长尺寸 b	矩形风管		除尘系统风管
	中、低压系统	高压系统	
b≤320	0.5	0.75	1.5
320<b≤450	0.6	0.75	1.5
450<b≤630	0.6	0.75	2.0
630<b≤1000	0.75	1.0	2.0
1000<b≤1250	1.0	1.0	2.0
1250<b≤2000	1.0	1.2	按设计
2000<b≤4000	1.2	按设计	按设计

注：1．排烟系统风管钢板厚度可按高压系统选定；

2．特殊除尘系统风管的钢板厚度应符合设计要求；

3．不适用于地下人防与防火隔墙的预埋管。

圆形风管板材厚度表（mm）　　　　表 3-2

最大直径 D	低　压		中　压		高　压	
	螺旋咬口	纵向咬口	螺旋咬口	纵向咬口	螺旋咬口	纵向咬口
D≤320	0.50		0.50		0.50	
320<D≤450	0.50	0.60	0.50	0.75	0.60	0.75
450<D≤1000	0.60	0.75	0.60	0.75	0.60	0.75
1000<D≤1250	0.75	1.00	0.75	1.00	1.00	
1250<D≤2000	1.00	1.20	1.20		1.20	
>2000	1.20		按设计			

2）矩形风管法兰材料规格应符合表 3-3 的规定，圆形风管法兰材料规格应符合表 3-4 的规定。

金属矩形风管角钢法兰及螺栓规格表　　　　表 3-3

风管长边尺寸 b（mn）	角钢规格	螺栓规格	铆钉规格
b≤630	L25×3	M6	φ4
630<b≤1500	L30×3	M8	φ5
1500<b≤2500	L40×4	M8	φ5
2500<b≤4000	L50×5	M10	φ5

金属圆形风管法兰及螺栓规格　　　　表 3-4

风管直径 D（mm）	法兰材料规格		螺栓规格
	扁　钢	角　钢	
D≤140	−20×4	—	M6
140<D≤280	−25×4	—	M6
280<D≤630	—	L25×3	M6
630<D≤1250	—	L30×3	M8
1250<D≤2000	—	L40×4	M8

（3）板材拼接：

1）风管板材纵向连接可采用咬口连接与焊接连接。不同板材咬接或焊接界限见表 3-5。

风管板材纵向连接的咬接及焊接界限　　　　　　　　表 3-5

板　厚（mm）	材　　　质			
	镀锌钢板	普通钢板	不锈钢板	铝　板
$\delta \leqslant 1.0$	咬　接	咬　接	咬　接	咬　接
$1.0 < \delta \leqslant 1.2$				
$1.2 < \delta \leqslant 1.5$	—	电　焊	氩弧焊或电焊	
$\delta > 1.5$				气焊或氩弧焊

2）焊接连接：

①焊接时可采用气焊、电焊、氩弧焊或接触焊等，焊缝形式应根据风管的构造和焊接方法而定，可按图 3-11 中的几种形式选用。

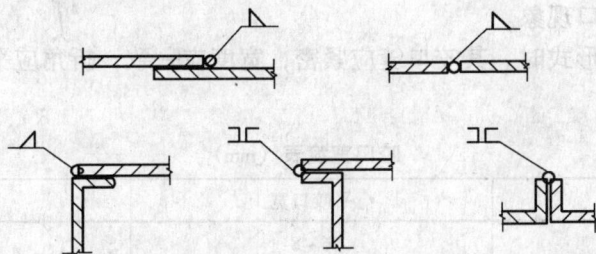

图 3-11　风管纵向焊接示意图

②铝板风管焊接时，焊材应与母材相匹配，焊缝应牢固。

3）咬口连接：

①矩形、圆形风管板材纵向连接形式及适用范围，见表 3-6。

风管板材纵向连接形式及适用范围　　　　　　　　表 3-6

名　称	连　接　形　式		适　用　范　围
单　咬　口	内平咬口		矩形、圆形风管（低、中、高压系统）
	外平咬口		矩形、圆形风管 正压范围：低、中、高压系统 负压范围：低、中压（≤750Pa）系统
联合角咬口			矩形风管或配件四角咬接
按扣式咬口			低、中压系统矩形风管、配件四角咬接及低压圆形风管咬接

名　称	连　接　形　式	适　用　范　围
立咬口		矩形风管纵向接缝

②圆形风管板材的连接分为纵向结合缝与螺旋结合缝两种。螺旋咬口风管的咬口间距不应大于 150mm。纵向咬口风管的内径大于 400mm 时，管壁应压制加强筋；内径大于 1000mm 时，管壁应压制二道加强筋。加强筋高度不小于 3mm。纵向结合缝采用搭接、内平搭接连接时，其搭接宽度应大于 6 倍板厚，铆钉间距应小于 150mm。

③咬口时应扶稳板料，手指距滚轮护壳不小于 50mm，不得放在咬口机轨道上。

④将画好折方线的板料放在折方机下模的中心线上。操作时使机械上刀片中心线与下模中心线重合，折成所需的角度。折方时应与折方机保持一定距离，以免被翻转的钢板碰伤。

⑤折方后用合口机或手工进行合缝。操作时，用力均匀，不宜过重。使单、双口确实咬合，无胀裂和半咬口现象。

⑥板材采用咬口形式时，其咬口缝应紧密，宽度应一致，折角应平直。咬口宽应符合表 3-7 的要求。

咬口宽度表（mm）   表 3-7

板厚 δ	平咬口宽	角咬口宽
δ≤0.7	6～8	6～7
0.7<δ<0.85	8～10	7～8
0.85≤δ≤1.2	10～12	9～10

4）板材拼接要求：

①风管板材拼接的咬口缝应错开，不得有十字型拼接缝。咬口缝应紧密，宽度一致。风管表面应平整，凹凸不大于 10mm。

②镀锌钢板及有保护层的钢板的拼接，应采用咬接或铆接。

③不锈钢板厚度不大于 1mm 时，板材拼接可采用咬接；板厚大于 1mm 时宜采用氩弧焊或电弧焊，不得采用气焊。

④铝板厚度不大于 1.5mm 时，板材拼接可采用咬接或铆接，但不应采用按扣式咬口。

（4）法兰制作：

1）矩形风管法兰：矩形风管法兰由四根角钢组焊而成，划线下料时应注意使焊成后的法兰内边长不小于风管的外边长。下料调直后，用型钢切割机按线切断，再放在冲床上冲螺栓孔，法兰四角处应设螺栓孔。冲孔后的角钢放在焊接平台上进行焊接，焊接时用模具卡紧。

2）圆形风管法兰：圆形风管法兰可用扁钢或角钢制作。制作方法是调整卷圆机，将扁钢或角钢置于其上卷成所需大小的圆。根据风管直径，计算出法兰周长，并将卷好的扁钢或角钢按法兰周长截断，将其置于平台上调平、焊接，然后在台钻上钻孔。

3）加工风管法兰时，一般情况下，法兰内径比风管外径略大 2～3mm。

4）法兰焊缝应饱满，无夹渣与孔洞；法兰表面要平整，平面度偏差为 2mm。

5）矩形风管法兰的四角都应设置螺栓孔。螺栓孔直径应比连接螺栓直径大 2mm；螺栓孔间距：中压系统不大于 150mm，高压系统不大于 100mm；螺栓孔的位置处于角钢（减去厚度）中心，相同规格法兰的螺栓孔排列应一致，并具有互换性。

（5）风管连接：

1）风管铆接连接：

①铆接连接时，必须使铆钉中心线垂直于板面，铆钉头应把板材压紧，使板缝密合并且铆钉排列整齐、均匀。铆钉间距应小于 150mm。

②板材之间铆接，一般中间可不加垫料，设计有规定时，按设计要求进行。

2）风管角钢法兰连接：

①风管板厚不大于 1.2mm 且风管长边尺寸不大于 2000mm 的矩形风管，与角钢法兰连接宜采用翻边铆接。风管的翻边应紧贴法兰，翻边宽度均匀且不小于 6mm，咬缝及四角处应无开裂与孔洞。铆接应牢固，无脱铆和漏铆。铆钉间距 100~120mm，且数量不少于 4 个。

②风管板厚大于 1.2mm 的风管，与角钢法兰连接可采用焊接或翻边间断焊。风管与法兰应紧贴，风管端面不得凸出法兰接口平面，间断焊的焊缝长度宜在 30~50mm，间距不应大于 50mm。

③风管与法兰铆接前先进行复核，合格后将法兰套在风管上，管端留出不小于 6mm 的翻边量，管折方线与法兰平面应垂直，然后将风管与法兰铆固，并留出四周翻边。

④翻边应平整，不应遮住螺孔，四角应铲平，不应出现豁口，以免漏风。

⑤不锈钢风管与法兰铆接时，宜采用不锈钢铆钉。当法兰采用碳素钢时，其表面应采用镀铬或镀锌等处理。

⑥铝板风管与法兰连接宜采用铝铆钉。当法兰采用碳素钢时，其表面应按设计要求作防腐处理。

（6）风管加固：

1）圆形风管（不包括螺旋风管）直径不小于 800mm，且其管段长度大于 1250mm 或总表面积大于 4m² 均应采取加固措施；

2）矩形风管边长大于 630mm，保温风管边长大于 800mm，管段长度大于 1250mm 或低压风管单边平面面积大于 1.2m²，中、高压风管大于 1.0m²，均应采取加固措施。

3）风管的加固可采用管壁压制加强筋以及管内、外加固等形式，加固形式见图 3-12。

环状加固加强筋规格   表 3-8

名　称	加固形式	高度（mm）	厚度 δ（mm）	加强筋代号
角　钢		25	3	J2
		30	3	J3
		40	4	J4
		50	5	J5
钢板折叠		25	1.2	J1
		30	1.2	J2
		40	1.2	J3

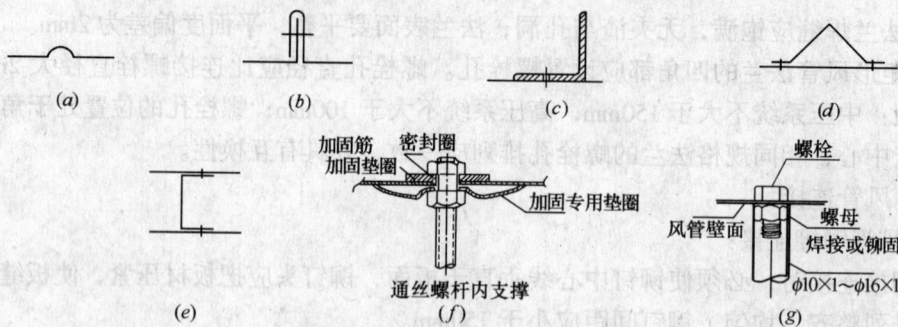

图 3-12　风管加固形式

(a) 楞筋；(b) 立筋；(c) 角钢加固；(d) 加固筋；(e) 内支撑；
(f) 通丝螺杆内支撑；(g) 钢管内支撑

4）加固时，矩形风管宜采用角钢、轻钢型材或钢板折叠；圆形风管宜采用角钢。其尺寸见表 3-8。

5）矩形风管两个法兰连接间（或与环状加强筋间）的最大距离应符合表 3-9、表 3-10 的规定。

低、中压矩形风管两个法兰连接间的最大距离（mm）　表 3-9

风管长边尺寸		320	630	800	1000	1250	1600	2000	2500	3000
最小板厚		0.5	0.6	0.75			1.0		1.2	
加强筋代号	J1	3000 3000	1600 —	—	—	—	—	—	—	—
	J2	3000 3000	2000 1600	1600 —	1200 —	—	—	—	—	—
	J3	—	2000 1600	1600 1200	1200 1000	1000	—	—	—	—
	J4	—	—	1600 1200	1200 1000	1000 800	—	—	—	—
	J5	—	—	—	1000 800	1000 800	800 800	800 800	800 600	800 600

注：表中每格内上排为低压风管，下排为中压风管。

高压矩形风管两个法兰连接间的最大距离（mm）　表 3-10

风管长边尺寸		400	630	800	1000	1250	1600	2000	2500	3000
最小板厚		0.75		1.0			1.2			
连接或加强筋的刚度等级	J3	3000	1200	1000	—	—	—	—	—	—
	J4	—	—	1200	1000	800	—	—	—	—
	J5	—	—	—	1200	800	800	800	600	—

6）压制加强筋的风管，其加强筋间距不应大于 300mm，靠近法兰的加强筋与法兰间距不应大于 150mm。风管管壁加强筋的凸出部分应在风管外表面。轧制加强筋后的风管板面不应有明显的变形。

7）风管加固应排列整齐、间隔应均匀对称；与风管的连接应牢固，铆接间距应不大于 220mm。

8）加固框（筋）的纵向安装位置应符合以下规定：

①当采用与法兰同规格的角钢或强度相同的法兰加固时，可等分安装；

②当采用低于角钢法兰强度的法兰加固时，外加固框（筋）距风管端面的距离应不大于 250mm。

9）采用螺杆内支撑时，两端专用垫圈应置于风管受力（压）面。当风管四个壁面均加固时，两根支撑杆交叉成十字状。

10）采用钢管内支撑时，可在钢管内预先焊接或铆固两只螺母。钢管长度应与风管边长尺寸相等，两端面须垂直。

11）高压系统风管的单咬口缝，应有防止咬口缝胀裂的加固或补强措施。

12）铝板、不锈钢板矩形风管采用碳素钢材料进行内、外加固时，应按设计要求作防腐处理。

13）铝板风管加固采用铝材时，其选用规格及加固间距应另行校核计算。

（7）风管安装：

1）支、吊架制作：

①根据风管安装的部位、风管截面大小及具体情况，按标准图集与规范选用强度和刚度相适应的形式和规格的支、吊架，并按图加工制作。

②对于直径或边长大于 2000mm 风管的支、吊架应按设计要求加工制作。

③矩形水平风管支、吊架最小规格见表 3-11，圆形水平风管支、吊架最小规格见表 3-12。

矩形水平风管支、吊架最小规格　　　　　　　　　　　　　表 3-11

风管长边尺寸 b（mm）	吊杆尺寸（mm）	托架尺寸（mm）
b≤400	φ8	L25×3
400<b≤1250		L30×3
1250<b≤2000	φ10	L40×4
2000<b≤2500		L50×5
2500 以上	设计确定	

圆形水平风管支、吊架最小规格　　　　　　　　　　　　　表 3-12

直径 D（mm）	吊杆尺寸（mm）	抱箍尺寸（mm）
D≤630	φ8 或 -25×2	-25×2
630<D≤900	φ8 或 -30×3	-30×3
900<D≤1250	φ10	-30×4
1250<D≤2000	2×φ10	-40×5
2000 以上	设计确定	

④支架的悬臂、吊架的横担宜采用角钢或槽钢；斜撑宜采用角钢；吊杆采用圆钢；抱箍采用扁钢制作。制作前应矫正型钢，小型钢材可采用冷矫正，较大型钢应采用热矫正。

矫正顺序为先矫正扭曲、后矫正弯曲。型钢的切断与钻孔，不得采用氧气—乙炔进行，应采用机械加工。支架的焊缝必须饱满，保证具有足够的承载能力。

⑤安装在支架上的圆形风管应设托座和抱箍，抱箍应紧贴并箍紧风管，其圆弧应均匀，且与风管外径相一致。

⑥吊杆应平直，螺纹完整、光洁。吊杆底端外露螺纹不宜大于螺母的高度。吊杆的加长采用搭接双侧连续焊时，搭接长度不应小于吊杆直径的 6 倍；采用螺纹连接时，拧入连接螺母的螺栓长度应大于吊杆直径，并有防松措施。

⑦支、吊架制作完成后，应除锈并刷一遍防锈漆。

⑧不锈钢及铝板风管的支架、抱箍应按设计要求进行防腐处理。

2）支、吊架安装：

①支、吊架安装前应根据图纸要求位置测量放线，并在支、吊架安装位置进行标记。

②支、吊架生根。支、吊架生根通常采用膨胀螺栓、在结构上预埋钢板、在砖墙上埋设固定件以及在结构梁柱上安装抱箍等方式。

膨胀螺栓生根方式适用于混凝土构件。安装膨胀螺栓的混凝土构件刚度、强度应满足支、吊架荷载及使用要求。螺栓至混凝土构件边缘的距离应不小于螺栓直径的 8 倍；螺栓组合使用时，其间距不小于螺栓直径的 10 倍；其钻孔直径和钻孔深度应符合表 3-13 的规定，成孔后应对钻孔直径和钻孔深度进行检查。

常用胀管螺栓型号、钻孔直径和钻孔深度（mm）　　　　　　表 3-13

名　称	规　格	螺栓总长	钻孔直径	钻孔深度
内螺纹胀管螺栓	M6	25	8	32～42
	M8	30	10	42～52
	M10	40	12	43～53
	M12	50	15	54～64
单胀管式胀管螺栓	M8	95	10	65～75
	M10	110	12	75～85
	M12	125	18.5	80～90

在结构上预埋钢板的生根方式是在结构混凝土浇筑前安放一块 100mm×100mm，厚6mm 的钢板，钢板背面焊接圆钢并与结构钢筋固定。支架安装时，将支架与钢板焊接固定。预埋件埋入部分应除锈及油污，不得涂漆。

在砖墙上埋设固定件生根方式是在砖墙所需位置打出一方孔，清除砖屑并湿润，先填塞水泥砂浆，埋入支架，再对支架进行调整，符合要求后继续填砂浆，并填湿润的石块或砖块。填塞面应低于原墙面，以便进行装饰。

在柱上安装抱箍生根方式是用角钢和扁钢做成抱箍，把支架夹在柱子上。

③当设计无规定时，支吊架安装宜符合下列规定：靠墙或靠柱安装的水平风管宜用悬臂支架或斜撑支架；不靠墙、柱安装的水平风管宜用托底吊架；直径或边长小于 400mm 的风管可采用吊带式吊架。

靠墙安装的垂直风管应用悬臂托架或有斜撑支架，不靠墙、柱穿楼板安装的垂直风管宜采用抱箍吊架，室外或屋面安装的立管应用井架或拉索固定。

④风管支、吊架间距如无设计要求时，应符合表 3-14 要求。

风管直径或长边尺寸 b （mm）	水平安装间距 （mm）	垂直安装间距 （mm）	螺旋风管安装间距 （mm）
$b \leqslant 400$	≤4	≤4	≤5
$b > 400$	≤3	≤4	≤3.75

注：风管垂直安装，单根直管至少应有 2 个固定点。

⑤风管安装后各支、吊架的受力应均匀，无明显变形，吊架的挠度应小于 9mm。

⑥可调隔振支吊架的拉伸或压缩量应按设计要求进行调整。

⑦水平悬吊的主、干管长度超过 20m 时，每个系统应设置不少于 1 个防止摆动的固定点。

⑧边长（直径）大于 200mm 的风阀等部件与非金属风管连接时，应单独设置支吊架。风管支吊架不能有妨碍连接件的安装。

⑨保温风管的支架宜设在保温层外部，且不得损坏保温层。

⑩不锈钢板、铝板风管与碳素钢支架的接触处，应采取防腐或隔绝措施。

3）风管安装：

①风管角钢法兰连接螺栓应均匀拧紧，其螺母宜在同一侧。

②不锈钢风管法兰的连接螺栓，宜用同材质的不锈钢制成；采用普通碳素钢螺栓时，应按设计要求做防腐处理。

③铝板风管法兰连接应采用镀锌螺栓，并在法兰两侧垫镀锌垫圈。

④风管连接处密封垫料应具有不燃或难燃性能，密封垫料应选择满足系统功能的使用条件、对风管的材质无不良影响，并具有良好气密性能的材料；当设计无要求时，输送空气温度低于 70℃ 的风管，可用橡胶板、闭孔海棉橡胶板、密封胶带或其他闭孔弹性材料；输送空气或烟气温度高于 70℃ 的风管，应采用石棉橡胶板或耐热橡胶板等耐温、防火的密封材料；输送含有腐蚀性介质气体的风管，应采用耐酸橡胶板或软聚氯乙烯板等；输送洁净空气的风管法兰垫料应为不产尘、不易老化和具有一定强度和弹性的材料。

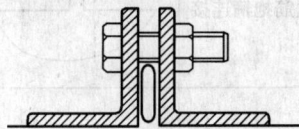

图 3-13 角钢法兰风管密封

⑤法兰垫料厚度宜为 3～5mm，应减少拼接，且不允许直缝对接连接。法兰密封条在法兰端面搭接重合时，搭接量宜为 30～40mm。

⑥法兰垫料不应凸入管内和凸出法兰外，如图 3-13 所示。

⑦矩形风管的主风管与边长不大于 630mm 的支风管连接时，可按图 3-14 的方法连接。

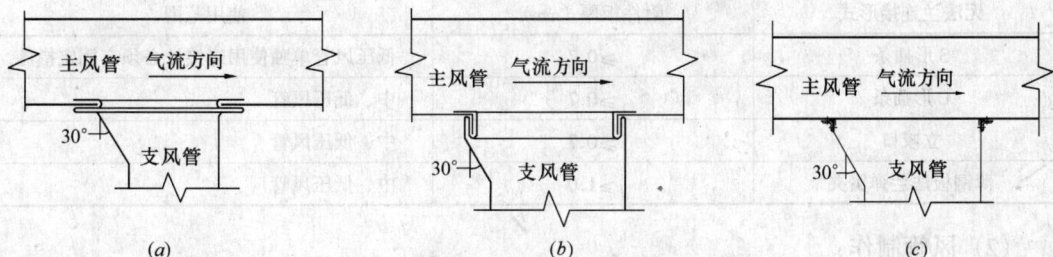

图 3-14 支管短管连接方法
（a）S 形咬接法；（b）联合式咬接法；（c）铆接连接法

2. 无法兰连接风管加工及其安装工艺基本要求

（1）无法兰风管连接形式：

1）圆形风管无法兰连接形式，见表3-15。

圆形风管无法兰连接形式   表 3-15

连接形式			附件板厚 （mm）	接口要求	适用范围
承插连接	普通		—	插入深度≥30mm， 有密封措施	低压风管直径＜700mm
	角钢加固		L25×3 L30×3	插入深度≥20mm， 有密封措施	中、低压风管
	加强筋		—	插入深度≥20mm， 有密封措施	中、低压风管
芯管连接			≥风管板厚	插入深度每侧 ≥50mm，有密封措 施	中、低压风管
立筋抱箍连接			≥风管板厚	四角加90°贴角， 并固定	中、低压风管
抱箍连接			≥风管板厚	接头尽量靠近，不 重叠宽度≥100mm	中、低压风管

2）矩形风管无法兰连接形式，见表3-16。

矩形风管无法兰连接形式   表 3-16

无法兰连接形式	附件板厚（mm）	使用范围
S形插条	≥0.7	低压风管单独使用连接处必须有固定措施
C形插条	≥0.7	中、低压风管
立咬口	≥0.7	中、低压风管
薄钢板法兰弹簧夹	≥1.0	中、低压风管

（2）风管制作：

1）插条风管：

①插条连接风管制作与法兰连接风管大致相同，不同的是在风管的端部需留 10～

12mm 翻边作为插条风管的端部插口，翻边 180°。

②采用"C"、"S"形插条连接的矩形风管，其边长不应大于 630mm；插条与风管加工插口的宽度应匹配一致，其允许偏差为 2mm；连接应平整、严密，插条两端压倒长度不应小于 20mm。

2）立咬口风管：

①立咬口风管下料方法和法兰风管基本相同，不同的是需在风管两端分别留立咬口连接承口与立咬口连接插口，立咬口连接承口为 24～25mm，立咬口连接插口为 23mm。下料后先在咬口机上压联合咬口，然后在折方机上先折出立咬口的承插口和插入口，最后折矩形风管的四个 90°棱。然后进行该节风管的联合角咬口组装。

②采用立咬口、包边立咬口连接的矩形风管，其立筋的高度应不小于同规格风管的角钢法兰宽度。同一规格风管的立咬口、包边立咬口的高度应一致，折角应倾角、直线度允许偏差为 5/1000；咬口连接铆钉的间距不应大于 150mm，间隔应均匀；立咬口四角连接处的铆固，应紧密、无孔洞。

3）矩形风管薄钢板法兰连接：

①薄钢板法兰风管连接端面应采用机械加工，其尺寸、形状应准确，法兰端面的折角处应平直，接口处应严密平整，接口四角处应有固定措施。

②薄钢板法兰风管端面形式及适用风管长边尺寸，见表 3-17。

薄钢板法兰风管端面形式及适用风管长边尺寸（mm）   表 3-17

法兰端面形式		适用风管长边尺寸 b	风管法兰高度	角件板厚
普通型		$b \leqslant 2000$（长边尺寸大于 1500 时法兰处应加增强板）	30～35	$\geqslant 1.5$
增强型	整体	$b \leqslant 630$		
	组合式	$630 < b \leqslant 2000$		
		$2000 < b \leqslant 2500$		

③普通型角件应采用加强筋形式冲压成型，角件应采用镀锌板。

④增强型（组合式）薄钢板法兰可采用铆接或无铆钉本体压接。铆（压）接间距：中压风管不大于 150mm；高压风管不大于 100mm。

⑤弹簧卡长度宜为 120mm。顶丝卡宽度宜为 30mm，顶丝为 M8 镀锌螺栓。

（3）无法兰连接风管的安装：

1）由于无法兰连接风管的刚度不及法兰连接风管，故其支吊架数目应在规范要求基础上增加。

2）风管的连接处，应完整无缺损，表面应平整、无明显扭曲。

3）承插式风管的四周缝隙应一致，无明显的弯曲或褶皱；内涂的密封胶应完整，外粘的密封胶带，应粘贴牢固、完整无缺损。

（4）插条风管组装前要先制作插条，插条的宽度为 25mm，按镀锌板宽度先裁好 51mm 宽的板条，在插条机上加工出"C"字形插条，对接风管时，将两节风管头靠在一起，将事先加工好的插条楔入两风管翻边所构成的"X"缝隙间，其中两根插条相当于一组对边长度（或稍短于风管边长），将它们先楔进去，然后再将另外两根插条插入，该插条下料留出 30mm 制成带舌接头，这两根插条长度大于风管边长 20mm，即两端部各长于风管边长 10mm，并将长出部分翻倒压在先插入的两根插条上。插条连接的风管，连接后的板面应平整、无明显弯曲。

（5）立咬口风管组装时将插入口插到承插口内。在插入口的四个角背后，垫四个贴角，然后将承插口的四个边翻折，在其背后垫方铁拍打平整。最后按要求在立咬口边上钻孔打铆钉。立咬口风管在组装前需加工贴角，贴角可用铁剪剪出，贴角靠在插口内侧，风管接口全部咬合后用铆钉将贴角每边与咬口翻边铆接，90°贴角每边长 50～60mm，宽 23～24mm。

（6）薄钢板法兰风管安装的连接件主要有螺栓和勾码：螺栓用于组对后风管的四角；勾码用于风管法兰各边的连接，它是利用不小于 1.0mm 厚的钢板轧制而成，长度 120～150mm，安装时采用专用工具卡在组对的风管法兰上，勾码间距不大于 150mm，且分布均匀，无松动现象，最外端连接件距风管边缘不大于 100mm。风管连接时将角件插入四角处，角件与法兰四角接口的固定应稳固、紧贴，端面应平整，相连处不应有大于 2mm 的连续穿透缝。

（7）为了提高无法兰连接风管的密封性能，在插条两边和立咬口咬合缝边须涂抹风管用密封胶，如图 3-15 所示。

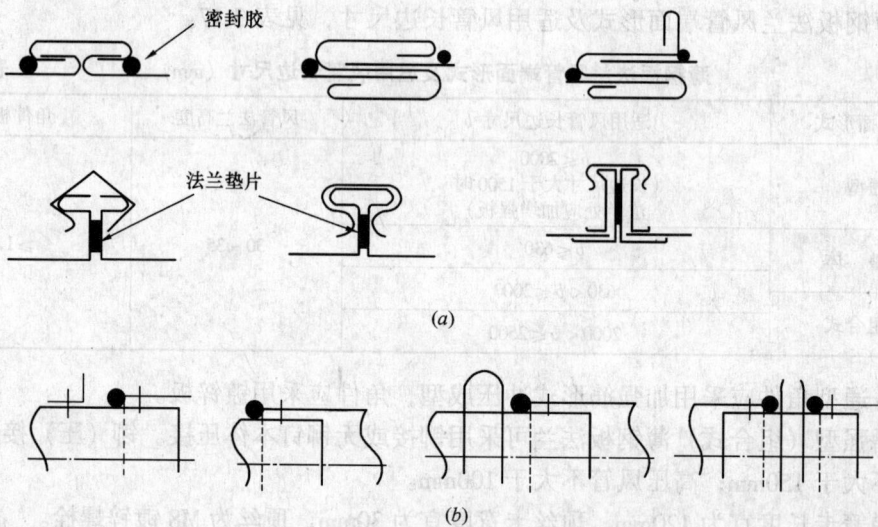

图 3-15　风管的密封
（a）矩形风管的密封；（b）圆形风管的密封

二、非金属风管制作及安装工艺基本要求

1. 双面铝箔复合风管

（1）材料要求：

1）双面铝箔复合保温风管是指两面覆贴铝箔、中间夹有聚氨酯或酚醛泡沫绝热材料的板材制作而成的风管。

2）风管制作与安装所用的板材、型材及其他成品材料应符合设计及国家相关产品标准的规定，并具有出厂质量检验合格证明文件。材料进场按现行相关标准进行验收。

3）铝箔复合保温板材的品种、规格、性能、厚度等技术参数应符合设计规定。当设计无规定时，应不低于表 3-18 的规定。板材的铝箔复合面粘合应牢固，粘合表面单面产生的分层、起泡等缺陷不得大于 6‰。

铝箔复合保温板材技术参数 表 3-18

名 称	板材密度 （kg/m³）	板材厚度 （mm）	导热系数 （25℃）(W/(m·K))	弯曲强度 （MPa）	燃烧性能	氧指数 （%）	烟密度
聚氨酯类	40～50	20±0.5	≤0.027	≥1.05	难燃 B1 级	≥32	≤75
酚醛类	50～70	20±0.5	≤0.033	≥1.02	难燃 B1 级	≥45	≤15

4）复合风管板材的覆面材料必须为不燃材料，具有保温性能的内部泡沫绝热材料应不低于现行国家标准《建筑材料燃烧性能分级方法》（GB 8624）难燃 B1 级。法兰连接件及加固件等材料应不低于难燃 B1 级。所用胶粘剂、铝箔胶带及玻璃胶（密封胶）应与其板材材质相匹配，并应符合环保要求。

（2）施工工艺：

1）工艺流程：板材下料、成型——合口粘接、贴胶带——法兰下料粘接、管段打胶——风管加固——支吊架制作、安装——风管与阀部件连接、安装——风管严密性检验。

2）板材下料、成型：

①矩形铝箔复合保温风管的四面壁板可由一片整板切 3 个 90°豁口、2 个 45°边口折合粘接而成；也可由两片整板、四片整板切口、切边拼合粘接而成，如图 3-16 所示。

图 3-16 切口、切边成型
（a）一片法；（b）二片法 1；（c）二片法 2；（d）四片法

②板材厚 20mm、宽 1200mm、长 4000mm；当风管长边尺寸不大于 1160mm 或风管两边之和不大于 1120mm 或三边（四边长度）之和不大于 1080mm（1040mm）时，风管可按板材长度做成每节 4m，以减少管段接口。

③风管板材可以拼接，见图3-17。当风管长边尺寸不大 1600mm 时，可切 45°角直接粘接，粘接后在接缝处双面贴铝箔胶带；当风管长边尺寸大于 1600mm 时，板材的拼接需采用"H"形专用连接件粘接，以增强拼接强度。

图 3-17 风管板材拼接方式
（a）切 45°角粘接；（b）中间加"H"形连接件拼接

④风管的三通、四通宜采用分隔式或分叉式；弯头、三通、四通、大小头的圆弧面或折线面应等分对称划线；风管每节管段（包括三通、弯头等管件）的两端面应平行，与管中线垂直。

⑤采用机械压弯成型制作风管弯头的圆弧面，其内弧半径小于150mm时，轧压间距宜在20~35mm；内弧半径150~300mm时，轧压间距宜为35~50mm之间；内弧半径大于300mm时，轧压间距宜为50~70mm。轧压深度不宜超过5mm。

⑥矩形弯管应采用内外同心弧型或内外同心折线型，曲率半径宜为一个平面边长；当采用其他形式的弯管（内外直角、内斜线外直角），平面边长大于500mm时应设置弯管导流片。导流片数量按平面边长 b 确定：当500mm < b < 1000mm时设1片，设置在距内边 b/3处；1000mm < b ≤ 1500mm时设2片；b 大于1500mm时设3片，导流片设置的位置：第1片为 b/2处；第2片为 b/4处；第3片为 b/8处。

⑦导流片可采用PVC定型产品，也可由镀锌板弯压成圆弧，两端头翻边，铆到上下两块平行连接板上（连接板也可用镀锌板裁剪而成）组成导流板组。在已下好料的弯头平面板上划出安装位置线，在组合弯头时将导流板组用胶粘剂同时粘上。导流板组的高度宜大于弯头管口2mm，以使其连接更紧密。

3）合口粘接、贴胶带：

①铝箔复合保温风管所用的胶粘剂应是板材厂商认定的专用胶粘剂。如另行采购品牌胶粘剂，必须做粘接效果对比试验，并经监理、板材厂商检查、认可后方可使用。

②矩形风管直管段，同一块板材粘接或几块板材组合拼接，均需准确，角线平直。风管组合前应清除板材切口表面的切割粉末、灰尘及杂物。在粘合前需预组合，检查拼接缝全部贴合无误时再涂胶粘剂；粘接前的时间控制与季节温度、湿度及胶粘剂的性能有关，批量加工前应做样板试验，确定最佳粘合时间。

③管段组合后，粘接成型的45°角切边外部接缝，需贴铝箔胶带封合板材外壳面，每边宽度不小于20mm。用角尺、钢卷尺检查、调整垂直度及对角线，偏差应符合规定，粘接组合后的管段应垂直摆放至定型后方可移动。

④风管的圆弧面或折线面，下完料、折压成弧线或折线后，应与平面板预组合无误后再涂胶粘接，以保证管件的几何形状尺寸。

4）法兰下料粘接、管段打胶：

①法兰连接件下料后与风管端面粘接，检查法兰端面平面度及对角线，其偏差应符合规定。复合材料风管法兰与风管板材的连接应可靠，其绝热层不得外露，不得采用降低板材强度和绝热性能的连接方法。

②当复合风管组合定型后，风管四个内角的粘接缝及法兰连接件四角内边接缝处用密封胶封堵，使泡沫绝热材料及胶粘剂不裸露。涂密封胶处，应清除油渍、水渍及灰尘、杂物。

③低中压风管长边尺寸大于1500mm时，风管法兰宜采用金属材料。当风管采用金属法兰连接件时，其外露金属须采取措施防止冷桥结露。矩形风管法兰主要连接形式及适用范围，见表3-19。

矩形复合风管法兰连接形式及适用范围（mm）　　　　　　　表3-19

法兰主要连接形式		法兰材料	适用范围
槽形插接连接		PVC	低中压风管长边尺寸 b ≤ 1500

法兰主要连接形式		法兰材料	适用范围
工形插接连接		PVC	低中压风管长边尺寸 $b \leqslant 1500$
		铝合金	风管长边尺寸 $b > 1500$
"h"连接法兰		PVC 铝合金	与阀部件及设备连接

④长边尺寸 b 不小于 630mm 的矩形风管在安装插接法兰时，宜在四角粘贴厚度不小于 0.5mm 的 90°镀锌垫片；直角垫片宽度应与风管板材厚度相等，垫片边长不小于 50mm。也可在插接法兰四角采用 PVC 加强件。

5）风管加固：

①风管内、外支撑横向加固点数量及纵向加固间距，见表 3-20。铝箔复合风管的法兰连接处可视为一个纵（横）向加固点。

双面铝箔复合风管横向加固数量（个）、纵向加固间距表 　　表 3-20

长边尺寸（mm）＼压力（Pa）	< 300	310~500	510~750	760~1000	1100~1250	1260~1500
410~630	—	—	—	1	1	1
640~800	—	1	1	1	1	1
810~1000	1	1	1	1	1	2
1100~1250	1	1	1	1	1	2
1260~1500	1	1	1	2	2	2
聚氨酯类纵向加固间距（mm）	1000	800	600			
酚醛类纵向加固间距（mm）	800		600			

注：风管长边尺寸 b 大于 1500mm 时，加固按厂家或设计的要求执行。

②风管加固的基本形式及加固件，见表 3-21。风管的加固也可采用角钢或 U 型、UC 型镀锌吊顶龙骨外加固或支撑式内加固，增加风管板面与加固点的接触面，使风管受风压后少变形、不胀开。

风管内加固形式及加固件 　　表 3-21

风管加固形式	加固名称	适用风管类别
	内支撑加固木螺钉连接	聚氨酯、酚醛复合风管
	内支撑加固自攻螺钉连接	聚氨酯、酚醛复合风管

6）支吊架制作、安装：

①水平安装风管的横担，可选用相应规格的角钢等型材，还可根据风管规格选用金属板材制作的槽形钢（如 U 型、UC 型镀锌吊顶龙骨）。风管吊装一般用圆钢作吊杆，长边尺寸不大于 400mm 的风管也可选用专用的吊装卡。与吊杆对应的膨胀螺栓分别为 M6、M8、M10。风管吊架的间距在弯管、三通、四通处应适当加强。风管吊装横担、吊杆规格及支吊架间距，见表 3-22。

风管横担、吊杆规格及支吊架间距（mm）　　　表 3-22

风管长边尺寸 b	$b \leqslant 630$	$630 < b \leqslant 1250$	$1250 < b \leqslant 2000$
角钢横担	∟ 25×3	∟ 30×3	∟ 40×4
槽形钢横担	U38×12×1.0	U50×15×1.0	U50×15×1.5
圆钢吊杆	Φ6	Φ8	Φ8
酚醛类吊架间距	4000	3000	2500
聚氨酯类吊架间距	4000	3000	3000

②风阀等部件及设备与铝箔复合风管连接时，应单独设置支吊架；该支吊架不能作为风管的支吊点。风管的支吊点距风口、风阀及自控操作机构的距离不少于 200mm。

③风管垂直安装，支架的间距应不超过 2.4m，每根立管上支架数量不少于 2 个，并应适当增加支吊架与风管的接触面积。

④平悬吊的主、干风管长度超过 20m 时，应设置防止摆动的固定点，每个系统不宜少于 1 个。

7）风管与阀部件的连接、安装：

①风管与风管的连接采用法兰专用连接件。插入插条后，用密封胶将风管的四个角所留下的孔洞封堵严密，安装护角。

②复合风管与带法兰的阀部件、设备等连接时，宜采用强度符合要求的 F 形或 h 形专用连接件。专用连接件为 PVC 或铝合金材料制成。连接件与法兰之间应使用密封性能良好、柔性强的垫料，连接件与法兰应平整无缺损，无明显扭曲。紧固螺栓的间距应不大于 100mm，法兰四角应设螺栓孔。

③风管与风口的连接，在支管管端或支管开口端粘接 F 形、h 形连接件，用柔性短管连接风口；或在风口内侧壁用自攻螺钉与 F 形、h 形连接件固定。

④支管长边尺寸不大于 630mm 时，可在主管上开 45°角切口直接采用胶粘剂粘接支管；亦可在主管上开 90°切口粘接 PVC 插接法兰连接件，再连接支管。粘接支管接缝处，外部贴铝箔胶带，管内接缝用密封胶封闭。后开孔连接支管的一边应采用内弧型或内斜线型，以减少气流的阻力。

⑤ 中、高压系统风管两法兰间对口插接时，应加密封垫或采取其他密封措施。

2. 防火板风管

（1）材料要求：

1）风管制作与安装所用的板材、型材及其他成品材料应符合设计及国家相关产品标准的规定，并具有出厂合格证或质量鉴定文件。材料进场按现行相关标准进行验收。

2）防火板的规格、性能、厚度等技术参数应符合设计规定。当设计无规定时，应不低于表 3-23 的规定。板材正面光滑，背面打磨，厚度应根据防火极限要求及风管构造形式的不同分别选择，具体参数见表 3-24。

防火板技术参数　　　　　　　　　　　　　　　　表 3-23

名　称	板材密度 （kg/m³）	板材厚度 （mm）	抗压强度 （N/mm²）	热传导率 （W/m·K）	燃烧性能
防火板	约 950	D ± 0.5	6.71	0.23	A 级不燃

防火板厚度选择依据　　　　　　　　　　　　　　表 3-24

耐火系统名称	板材厚度 D（mm）	耐火极限（min）
自撑式防火板风管	9	90
自撑式防火板风管	12	120
自撑式防火板风管	15	180
金属风管防火包覆层	9	120
金属风管防火包覆层	12	180

3）法兰连接件及加固件等材料应不低于 A 级不燃材料。所用龙骨、自攻螺钉及密封胶应与其板材材质相匹配，并应符合防火及环保要求。

（2）施工工艺：

1）防火板风管构造：

①自撑式防火板风管。自撑式防火板风管的构造如图 3-18 所示，角部节点放大如图 3-19 所示。

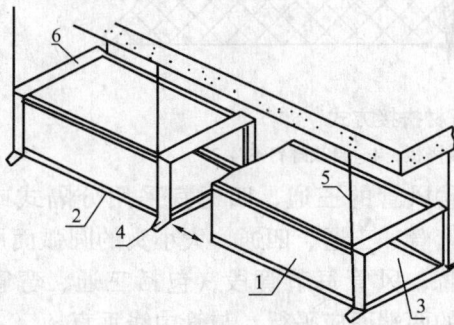

图 3-18　自撑式防火板风管

1—防火板；2—外侧轻钢角龙骨；3—内侧轻钢角龙骨；4—槽钢或角钢托架；5—吊杆；6—风管拼接处盖板板条（防火板，100mm）

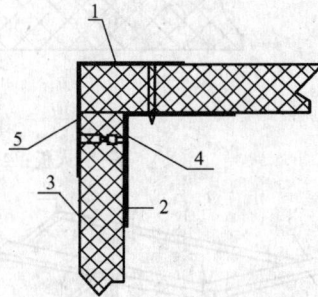

图 3-19　风管角部节点

1—外侧视轻钢角龙骨，规格视风管截面而定；2—内侧轻钢角龙骨，规格视风管截面而定；3—防火板；4—自攻螺钉ST4.2；5—保全防火胶，涂抹于板缝间

②金属风管防火板耐火包覆层。防火板包覆金属风管构造如图 3-20 所示，U 形轻钢龙骨固定在金属风管的外侧，防火板与 U 形轻钢龙骨连接。节点放大如图 3-21 所示。

2）工艺流程：

板材下料、成型——→单节风管的组装——→管段与管段的拼接——→风管加固——→支吊架制作、安装——→风管与阀部件连接——→系统检验。

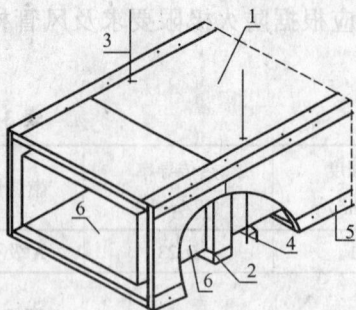

图 3-20 防火板包覆铁皮风管
1—防火板；2—U 形轻钢龙骨；3—吊杆；
4—槽钢或角钢托架；5—轻钢角龙骨；
6—金属风管

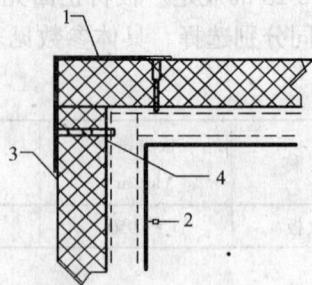

图 3-21 角部节点图
1—轻钢角龙骨（规格视风管截面而
定）；2—金属风管；3—防火板；
4—自攻螺钉 ST4.2

3）板材下料、成型：

①矩形防火板风管的四面壁板应按照施工图纸、风管内径尺寸和板厚（ D ）进行下料，风管弯管、变径处的板材需特殊下料。

②板材规格为：2440mm × 1220mm，板厚 9mm、12mm、15mm；一般情况下风管按板材宽度做成每节长度为 1220mm，当风管长边尺寸不大于 1220mm 或风管两边之和不大于 1220mm 时，风管可按板材长度做成每节长度 2440mm，以减少管段接口。

③风管板材尽量避免拼接；当需要拼接时，应按图 3-22 规定要求，且拼接处风管需采取加固措施。

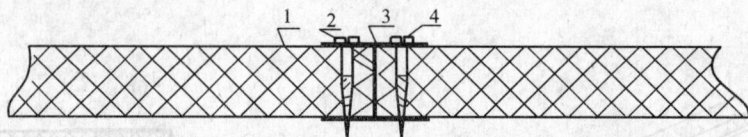

图 3-22 风管板材拼接方式
1—防火板；2—密封胶；3—镀锌板；4—自攻螺钉 ST4.2

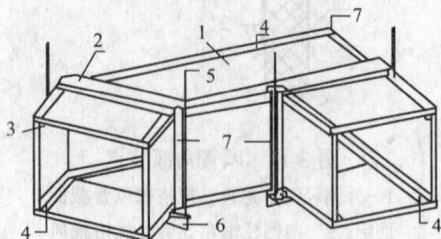

图 3-23 30°和 90°弯管示意
1—防火板（按角度切割）；2—接缝盖板板条
（随角度形状切割）；3—板缝间打防火密封胶；
4—轻钢角龙骨；5—吊杆；6—角钢托架；7—
转角处附加角龙骨

④风管的三通、四通宜采用分隔式或分叉式；弯管、三通、四通、大小头的圆弧面用折线面代替；风管每节管段（包括三通、弯管等管件）的两端面应平行，与管中线垂直。

⑤制作风管弯管时，当其内弧半径不大于 300mm 时，圆弧用其弦代替；内弧半径大于 300mm 时，圆弧用折线代替。弯管也可以按图 3-23 方式制作。

⑥内外直角弯管、内斜线外直角弯管，当长边尺寸大于 500mm 时应设置弯管导流片，见图 3-24。导流片数量按长边尺寸 b 确定：当 500mm < b ≤ 1000mm 时设 1 片；1000mm < b ≤ 1500mm 时设 2 片；b 大于 1500mm 时设 3 片。导流片设置的位置：第 1 片为 $b/2$ 处；第 2 片为 $b/4$ 处；第 3 片为 $b/8$ 处；当只有一片导流片

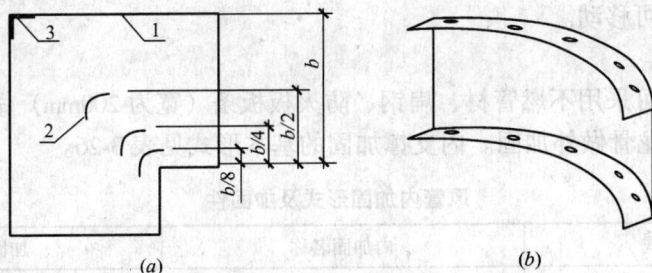

图 3-24　导流叶片设置方式
(a) 导流叶片设置；(b) 导流叶片
1—防火板；2—导流叶片；3—角部附加角龙骨

时，应设置在 $b/3$ 位置上。

⑦导流片可采用镀锌钢板压弯成圆弧，两端头翻边，固定到上下两块平行连接板上（连接板也可用镀锌板裁剪而成）组成导流板组。在已下好料的弯管平面板上划出安装位置线，在组合弯管时将导流板组用自攻螺钉固定。

4）单节风管组装：

①防火板与90°镀锌钢板角龙骨固定。

②在板与板结合的缝隙处抹密封胶。防火板风管需使用板材厂商认定的专用防火密封胶。如另行采购其他品牌防火密封胶，必须经监理、板材厂商检查认可后方可使用。

③用ST4.2自攻螺钉（长度应比板厚长 $1\sim2$mm）固定，间距为200mm；在弯管或拼接处，间距为150mm。

④矩形风管直管段组装后要求角线平直，管口平面度、两对角线之差、板材拼接平面度等制作尺寸允许偏差应符合表3-25的规定。

风管制作尺寸允许偏差（mm）　　　　　　　　　　　表 3-25

风管长边尺寸 b	板材拼接平面度	法兰或管口平面度	两对角线之差	风管内边长
	企　业　标　准			
$b \leqslant 320$	$\leqslant 3$	$\leqslant 4$	$\leqslant 4$	3
$320 < b \leqslant 1200$	$\leqslant 4$		$\leqslant 5$	3
$1200 < b \leqslant 2000$	$\leqslant 5$	$\leqslant 5$	$\leqslant 6$	4
$b > 2000$	$\leqslant 6$	$\leqslant 6$		

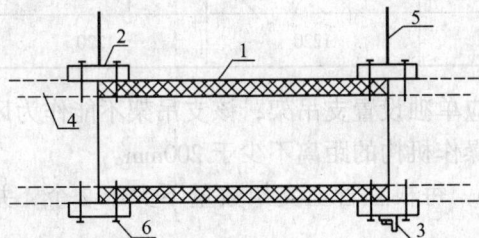

图 3-25　风管拼接
1—防火板；2—风管拼接处盖板板条，宽100mm；
3—角钢横担；4—另一节风管；5—吊杆；6—螺钉

5）管段与管段的拼接：

①管段与管段的拼接见图3-25，沿长度方向的断面如图所示。自攻螺钉间距为150mm。管段与管段的拼接处缝隙要求抹胶密封。

②风管组合前应清除板材切口表面的切割粉末、灰尘及杂物。在拼接前需预组合，检查拼接缝全部贴合无误后再固定。

③用角尺、钢卷尺检查、调整垂直度及对角线偏差应符合规定，粘接组合后的管段应垂

直摆放至定型后方可移动。

2）风管加固：

①风管的加固可采用不燃管材、扁钢、防火板板条（宽为 200mm）做内支撑加固，或用角钢、U 型轻钢龙骨做外加固。内支撑加固的基本形式见表 3-26。

风管内加固形式及加固件   表 3-26

风管加固形式	内加固名称	加固件名称
	防火板内支撑	角龙骨、防火板、自攻螺钉
	钢管内支撑	金属垫板、钢管、自攻螺钉、胀塞
	扁钢内支撑	扁钢、螺栓、螺母、垫圈

②当风管长边尺寸 $1000 < b \leqslant 1250mm$ 时，应在每节管段上下面板中心处设置一个内支撑加固；当风管长边尺寸 b 大于 1250mm 时，应在每节管段上下面板横断面中线处均布两个内支撑加固。

7）支吊架制作、安装：

①水平安装风管的横担，可选用相应规格的角钢等型材，风管吊装用圆钢作吊杆，与吊杆对应的膨胀螺栓分别为 M8、M10。风管吊架的间距在弯管、三通、四通处应适当缩短。风管吊装横担、吊杆规格及支吊架间距，见表 3-27。

风管横担、吊杆规格及支吊架间距（mm）   表 3-27

风管长边尺寸 b	$b \leqslant 630$	$630 < b \leqslant 1250$	$1250 < b \leqslant 2000$	$b > 2000$
角钢横担	L30×3	L40×4	L50×5	L50×6
圆钢吊杆	Φ8	Φ8	Φ10	Φ10
吊架间距	2440	2440	1220	1220

②风阀等部件及设备与防火板风管连接时，应单独设置支吊架；该支吊架不能作为风管的支吊点。风管的支吊点距风口、风阀及自控操作机构的距离不少于 200mm。

③风管垂直安装，支架的间距应不超过 2.4m，每根立管上支架数量不少于 2 个，并应适当增加支吊架与风管的接触面积。

④水平悬吊的主、干风管长度超过 15m 时，应设置防止摆动的固定点，每个系统不少于 1 个。

8）风管与阀部件的连接：

①防火板风管与带法兰的设备、阀部件等连接时，应采用强度符合要求的法兰连接件，法兰材料宜选用角钢。两法兰之间应使用密封性能良好、有一定弹性且符合防火极限要求的垫料。防火板风管也可以采用柔性软管与设备连接，但应注意软管的耐火性能是否匹配，法兰四角应设螺栓孔。风管法兰连接，见图3-26。

②设备自身必须具有独立的支吊体系，不应由风管来承担其自重或振动荷载。

③风管与风口的连接，可在风口内、外壁用自攻螺钉直接连接在风管上。

④防火板风管穿过需要封闭的防火、防爆的墙体或楼板时，风管与预留洞口之间采用不燃柔性材料封堵。风管穿防火墙的处理做法见图3-27。

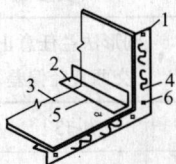

图3-26 风管
法兰连接
1—角钢法兰；2—外侧轻钢角龙骨；3—防火板；4—不燃垫料；5—内侧轻钢角龙骨；6—螺栓

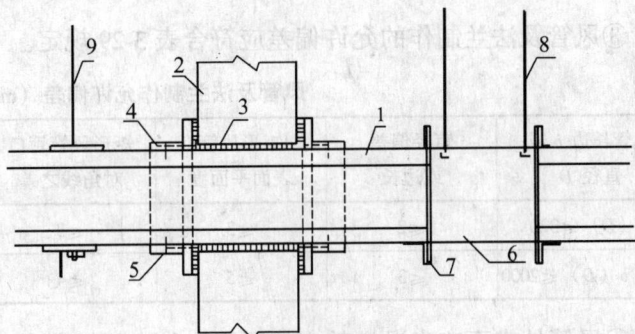

图3-27 风管穿防火墙的处理
1—防火板风管；2—防火墙；3—不燃柔性材料封堵风管与洞口间缝隙；4—防火板板条150mm×12mm，作成L型固定在风管靠墙段；5—用自攻螺钉将L型板条与风管固定；6—防火阀；7—防火阀与风管法兰连接；8—防火阀的独立吊挂体系；9—风管吊杆

3．无机玻璃钢风管

（1）材料要求：

1）玻璃钢风管及部件应具有出厂合格证或质量鉴定文件。

2）辅材：型钢、螺栓、螺母、垫圈、垫料、螺钉等，均应符合其产品质量要求。

（2）施工工艺：

1）工艺流程：

安装准备→风管检查→支、吊架制作→支、吊架安装→风管及部件安装→风管严密性检验。

2）安装准备：

①根据施工图纸确定风管的安装位置、标高、走向，并测放位置线。

②复查预留孔洞、预埋件是否符合要求。

③安装前，应清除风管内、外杂物，并做好清洁和保护工作。

④施工材料、安装工具应准备齐全。

3）风管检查：

①根据施工图纸认真检验和清点风管的规格型号，必要时应在风管上做好标识。

②根据风管的规格，检查风管的壁厚及法兰规格，无机玻璃钢普通型风管技术参数，见表3-28。

无机玻璃钢普通型风管技术参数（mm）　　　　　　　　表 3-28

风管长边尺寸 b 或直径 D	风管壁厚	法　兰			
		高　度	厚　度	孔　距	螺栓规格
$b(D) \leqslant 300$	3	27	5		M6
$300 < b(D) \leqslant 500$	4	36	6		M8
$500 < b(D) \leqslant 1000$	5	45	8	低、中压≤120	M8
$1000 < b(D) \leqslant 1500$	6	49	10	高压≤100	M10
$1500 < b(D) \leqslant 2000$	7	53	15		M10
$b(D) > 2000$	8	53	20		M10

③风管及法兰制作的允许偏差应符合表 3-29 规定。

风管及法兰制作允许偏差（mm）　　　　　　　　表 3-29

风管长边 b 或直径 D	直径偏差或边长	矩形风管表面平面度	矩形风管管口对角线之差	法兰端面平面度	圆形法兰任意正交两直径偏差
$b(D) \leqslant 320$	≤2	≤3	≤3	≤2	≤3
$320 < b(D) \leqslant 2000$	≤3	≤5	≤4	≤4	≤5

④风管外表面应光滑、整齐，厚度均匀，不扭曲，不得有气孔及分层现象。

⑤风管壁厚、整体成型法兰高度及厚度偏差应符合表 3-30 的规定，且相同规格的法兰应具有互换性。

无机玻璃钢风管壁厚、整体成型法兰高度及厚度允许偏差（mm）　　　　　　　　表 3-30

风管长边 b 或直径 D	风管壁厚	整体成型法兰高度与厚度	
		高　度	厚　度
$b(D) \leqslant 300$	±0.5	±1	±0.5
$300 < b(D) \leqslant 2000$	±0.5	±2	±1.0
$b(D) > 2000$			±2.0

⑥无机玻璃钢风管的加固材料应与本体材料相同或防腐性能相同，加固件应与风管成为整体。内支撑加固点数量及外加固框纵向间距应符合表 3-31 的规定。

风管内支撑加固点最少数量及外加固框、内支撑加固点纵向最大间距　　　　　　　　表 3-31

风管长边 b（mm）	系统工作压力（Pa）				
	500～630	631～820	821～1120	1121～1610	1611～2500
$650 < b \leqslant 1000$	—	—	1	1	1
$1000 < b \leqslant 1500$	1	1	1	1	2
$1500 < b \leqslant 2000$	1	1	1	1	2
$2000 < b \leqslant 3100$	1	1	1	2	2
$3100 < b \leqslant 4000$	2	2	3	3	4
纵向加固间距（mm）	1420	1240	890	740	590

120

⑦加固风管的螺栓、螺母、垫圈等金属件应采取避免氯离子对金属材料产生电化学腐蚀的措施，加固后应采用与风管本体相同的胶凝材料封堵。

4）风管安装：

无机玻璃钢风管的安装准备、支吊架制作、支吊架安装、风管及部件安装与风管严密性试验的施工方法及要求除下列规定外，与金属风管安装工艺要求相同。

①托架的应用范围，见表3-32。

托架的应用范围（mm） 表3-32

风管长边尺寸 b	$b \leq 630$	$b \leq 1000$	$b \leq 1500$	$b \leq 2000$
角钢托架规格	L25×3	L40×4	L50×5	L50×6

②吊杆的应用范围，见表3-33。

吊杆的应用范围（mm） 表3-33

风管长边 b（mm）	$b \leq 1250$	$b > 1250$
吊杆规格	$\phi 8$	$\phi 10$

③风管水平安装的支吊架最大间距，见表3-34。

风管水平安装支吊架最大间距（mm） 表3-34

风管长边尺寸 b	$b \leq 400$	$b \leq 1000$	$b \leq 1500$	$b \leq 2000$
最大间距	4000	3000	2500	2000

④无机玻璃钢风管垂直安装的支架，其间距应不大于3m，每根垂直风管应不少于2个支架。

⑤长边或直径大于1250mm的弯管、三通、消声弯管等应单独设置支吊架。

⑥长边或直径大于2000mm风管的支吊架，其规格及间距应进行荷载计算并经审核批准后确定。

⑦圆形风管的托座和抱箍所采用的扁钢应不小于30mm×4mm；托座和抱箍的圆弧应均匀且与风管的外径一致，托架的弧长应大于风管外周长的1/3。

⑧长边或直径大于1250mm的风管组合吊装时不得超过2节；小于1250mm的风管组合吊装时不得超过3节。

⑨法兰螺栓的两侧应加镀锌垫圈并均匀拧紧，且不得用力过大。

三、风管部件安装

1. 风阀安装

（1）安装蝶阀、多叶调节阀、防火防烟调节阀等各类风阀前，应检查其结构是否牢固，调节、制动、定位等装置应准确灵活。

（2）安装时注意风阀的气流方向，应按风阀外壳标注的方向安装，不得装反。

（3）风阀的开闭方向、开启程度应在阀体上有明显和准确的标志。

（4）防火阀有水平、垂直、左式和右式之分，安装时应根据设计要求，防止装错。防火阀易熔件应在系统试运转之前安装，且应迎气流方向。防火分区隔墙两侧的防火阀，距墙表面不应大于 200mm。

（5）止回阀宜安装在风机压出端，开启方向必须与气流方向一致。

（6）手动密闭阀安装时阀门上标志的箭头方向应与受冲击波方向一致。

（7）斜插板风阀的安装，阀板必须为向上拉启；水平安装时，阀板应为顺气流方向插入。

2．风口安装

（1）各类风口安装应横平竖直，表面平整、固定牢固。在无特殊要求情况下，露于室内部分应与室内线条平行。各种散流器面应与顶棚平行。

（2）有调节和转动装置的风口，安装后应保持原来的灵活程度。

（3）室内安装的同类型风口应对称分布；同一方向的风口，其调节装置应在同一侧。

（4）条形风口的安装，接缝处应衔接自然，无明显缝隙。

3．风帽安装

（1）不连接风管的筒形风帽，可用法兰固定在混凝土或木底座上。当排送湿度较大的空气时，为了避免产生的凝结水滴漏入室内，应在底座下设滴水盘并有排水装置。

（2）风帽装设高度高出屋面 1.5m 时，用拉索固定牢固，拉索不应少于 3 根。

4．柔性短管安装

（1）柔性矩形短管采用角钢法兰连接时，应采用厚度不小于 0.5mm 的镀锌板与角钢法兰紧固，见图 3-28。

（2）柔性圆形短管连接宜采用卡箍紧固，插接长度应大于 50mm。当连接套管直径大于 300mm 时，应在套管端面 10～15mm 处压制环形凸槽，安装时卡箍应在套管的环形凸槽后面。

（3）柔性短管支吊架的间隔不宜大于 1.5m。风管在支架间的最大允许

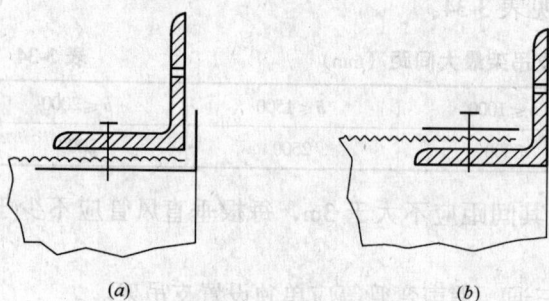

图 3-28　柔性短管与角钢法兰的连接
（a）角钢法兰固定在柔性短管外面；
（b）角钢法兰固定在柔性短管内面

垂度不宜大于 40mm/m。

（4）支（吊）柔性短管的吊卡箍见图 3-29。其宽度应不小于 25mm。卡箍的圆弧长应大于 1/2 周长且与风管外径相符。柔性短管采用外保温时，保温层应有防潮措施。吊卡箍可安装在保温层上。

（5）柔性短管安装应松紧适度，无明显扭曲。

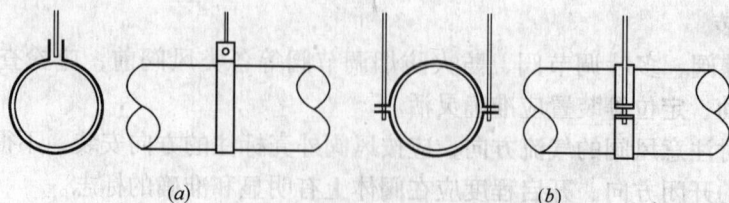

图 3-29　柔性短管卡箍安装
（a）单吊架；（b）双吊架

(6) 可伸缩性金属或非金属软风管的长度不宜超过 2m，并不应有死弯或塌凹。

5．其他部件安装

(1) 变风量末端装置安装，应设独立支吊架，与风管连接前应做动作试验。

(2) 各类排气罩安装宜在设备就位后进行。风帽滴水盘（槽）安装要牢固、不得渗漏。凝结水应引流到指定位置。

(3) 局部排气系统的排气柜、排气罩及连接管等，必须在工艺设备就位并安装好以后，再进行安装。安装时各排气部件应固定牢固，调整至横平竖直，外形美观，外壳不应有尖锐的边缘，安装的位置应不妨碍生产工艺设备的操作。

四、风管严密性检验

风管系统安装后，应进行严密性检验，严密性检验根据要求可采用漏光法检测或漏风量测试。严密性检验合格后再安装各类送风口等部件及风管的保温。

1．检测标准

(1) 矩形风管的允许漏风量应符合以下规定：

低压系统风管　　$Q_L \leq 0.1056 P^{0.65}$　　　　　　　　　　　　　　(3-1)

中压系统风管　　$Q_M \leq 0.0352 P^{0.65}$　　　　　　　　　　　　　　(3-2)

高压系统风管　　$Q_H \leq 0.0117 P^{0.65}$　　　　　　　　　　　　　　(3-3)

式中　　Q_L、Q_M、Q_H——系统风管在相应工作压力下，单位面积风管单位时间内的允许漏风量 $[m^3/(h \cdot m^2)]$；

P——风管系统的工作压力（Pa）。

(2) 低压、中压圆形金属风管的允许漏风量为矩形风管规定值的50%。

(3) 排烟、低温送风系统按中压系统风管的规定。

2．检测方法

(1) 漏光法检测：

1) 漏光法检测是利用光线对小孔的强穿透力，对系统风管严密程度进行检测的方法。

2) 检测应采用具有一定强度的安全光源。手持移动光源可采用不低于 100W 带保护罩的低压照明灯或其他低压光源。

3) 系统风管漏光检测时，光源可置于风管内侧或外侧，但其相对侧应为暗黑互不干涉。检测光源应沿着被检测接口部位与接缝作缓慢移动，在另一侧进行观察，当发现有光线射出，则说明查到明显漏风处，应做好记录。

4) 对系统的检测，宜采用分段检测、汇总分析的方法。在严格安装质量管理的基础上，系统风管的检测以总管和干管为主。当采用漏光法检测系统的严密性时，低压系统风管以每 10m 接缝，漏光点不大于 2 处，且 100m 接缝平均不大于 16 处为合格；中压系统风管每 10m 接缝，漏光点不大于 1 处，且 100m 接缝平均不大于 8 处为合格。

5) 漏光检测中若发现条缝形漏光，应作密封处理。

(2) 漏风量测试：

1) 选定测试的风管段，并封闭所有孔洞。

2) 将漏风测试仪连接到风管段上，并密封。开启漏风测试仪，调整到风管段的规定测试压力，此时即可测得风管段漏风量（Q_i）、风管压力（P_0）。

(3) 当 $Q \leqslant Q_0$ 时，严密性检测合格。Q_0 为规定试验压力下的漏风量 $[\text{m}^3/(\text{h} \cdot \text{m}^2)]$。

$$Q = 0.278 Q_i / A \tag{3-4}$$

式中　Q——换算后的漏风量 $[\text{m}^3/(\text{h} \cdot \text{m}^2)]$；

　　　　A——测试管段的总表面积（m^2）；

　　　　Q_i——测试管段漏风量（l/s）；

　　0.278——单位换算系数。

(4) 当测试压力无法达到规定试验压力时，可采用低于规定试验压力值进行测试，其计算公式如下：

$$Q_0 = Q(P_0/P)^{0.65} \tag{3-5}$$

式中　P_0——规定试验压力（Pa）；

　　　　P——风管工作压力（Pa）。

第三节　通风、空调设备安装工艺基本要求

一、设备安装通用要求

设备安装，应根据施工图纸、设备技术文件及设备使用安装说明书（含翻译本）、装配图、有关规范等进行安装施工。

在安装中，若发现图纸和设备技术文件或产品说明书有矛盾或不一致的问题，应及时提出，经技术人员与设计、甲方、厂商研究确认后再施工。

设备安装所采用的规范与设备技术文件或产品说明书发生矛盾时，应以技术文件和说明书为准。

当设备运至现场时，一般遵循卸车后即进行安装就位的原则。对于不能一次就位的设备要妥善保管，露天临时堆放的设备应有防雨覆盖物（篷布），对于大型设备的现场运输应另行编制方案。

1. 设备到场后的开箱检查

(1) 设备开箱检查：设备开箱检查应在设备到场后或设备安装就位前进行，但应尽量避免在二次搬运前开箱，以免造成设备的损坏及零部件的丢失。设备开箱检查后如不能及时安装，须将设备箱重新封好。

开箱检查，应有甲方、监理及厂商的人员参加，甲乙双方及监理共同参加检查验收，并做开箱检查记录。

(2) 开箱检查要求：

1) 设备不受损伤，附件不丢失。

2) 尽量减少包装箱损坏。

3) 开箱前应预先查明设备型号、箱号，以免开错箱。

4) 开箱一般要求先从顶板开始，在拆开顶板查明后，再采取适当方法拆除其他箱板，如无法从顶板开箱，可在侧面选择适当位置拆开少量箱板观察内部情况，确定后，再继续开箱。

5) 拆除箱板时，应注意周围环境，防止箱板倒下伤人和设备，箱板要妥善堆放，防

止"朝天钉"扎脚。

6）检查时应确认设备型号、规格是否与设计相符，设备外观是否良好，如有缺陷、损坏和锈蚀等应如实做出记录，双方签字认可。

7）按照装箱单清点零件、部件、附件、备件，校对出厂合格证和其他技术文件是否齐全，并做出记录。

8）检查随箱所附的专用工具、量具、卡具等是否齐全，并做出记录（专用工具等应妥善保管，用毕后归还甲方）。

2．设备安装条件

（1）安装前应根据图纸和设备的相关技术文件，编制设备安装方案及设备运输吊装方案。完成安全、技术交底，做好施工技术准备工作。

（2）对运输所经过的道路进行清理，核实预留的运输孔洞尺寸。

（3）利用建筑结构作为起吊、搬运设备的承力点时，应对结构的承载力进行核算，必要时应经设计单位同意。

（4）建筑物屋面、外墙、门窗和内部粉刷等工程应基本完工；有关的基础、沟道等工程应已完工，其混凝土强度不应低于设计强度的75%；安装施工地点及附近的建筑材料、泥土、杂物等，已清除干净。

3．设备保护

设备在安装过程中，应注意对设备本体的保护。

二、风机盘管安装

风机盘管应具有出厂合格证明及盘管水压试验记录。风机盘管的结构形式、安装形式、进出口方向、位置应符合设计要求。操作工艺流程如下：

施工准备→电机检查试运转→表冷器水压检验→吊架安装→风机管盘安装→连接配管。

（1）在安装前应检查每台风机盘管的电机外壳及盘管表面有无损伤、锈蚀等缺陷。

（2）风机盘管应逐台进行通电试验检查，机械部分不得摩擦，电气部分不得漏电。

（3）风机盘管应逐台进行水压试验，试验强度应为工作压力的1.5倍，定压后观察2~3min，压力不得下降。

（4）卧式吊装风机盘管吊架安装平整牢固，位置正确。吊杆不应自由摆动，吊杆应用双螺母紧固找平找正。

（5）冷热媒水管与风机盘管连接采用铜管时，接管应平直。紧固时应用扳手卡住六方接头，以防损坏铜管。凝结水管宜软性连接，软管长度一般不大于300mm。材质宜用透明胶管，并用喉箍紧固，严禁渗漏，坡度应正确，凝结水应畅通地流到指定位置。凝结水盘不得倒坡，不得有积水现象。

（6）风机盘管同冷热媒管连接，应在管道系统冲洗排污后进行，以防盘管堵塞。

（7）暗装的卧式风机盘管，顶棚应留有活动检查门，便于机组能整体拆卸和维修。

三、风机安装

风机安装，无论成品或半成品都应有出厂合格证或质量鉴定技术文件。操作工艺流程如下：

基础验收→开箱检查→搬运→清洗→安装、找平、找正→试运转、检查验收

1. 基础验收

(1) 风机安装前应再次根据设计图纸、产品样本或风机实物规格尺寸，核对基础尺寸是否符合要求，并对基础进行位置、标高及外观检查。

(2) 风机安装前，应在基础表面铲出麻面，以使二次浇灌的混凝土或水泥砂浆能与基础紧密结合。地脚螺栓灌注时，应使用与混凝土基础同等级混凝土灌注。

2. 设备开箱检查

风机设备开箱检查，应按设备清单核对叶轮、机壳和其他部位的主要尺寸；检查皮带轮、皮带、电机滑轨及地脚螺栓是否齐备；进、出风口的位置方向是否符合设计要求；外观有无缺损等情况。并做好检查记录。

3. 设备搬运

风机设备搬运应配有起重工，设专人指挥，使用的工具及绳索必须符合安全要求。

4. 设备清洗

(1) 风机设备安装前需要清洗时，应将轴承传动部位及调节机构进行拆卸、清洗，装配后使其传动、调节灵活。用煤油或汽油清洗轴承时严禁吸烟或用火。

(2) 需要充填润滑剂时，其黏度应符合设计要求，不应使用变质或含有杂物的润滑剂。

5. 风机安装

(1) 风机设备安装就位前，按设计图纸并根据建筑物的轴线、边缘线及标高线放出安装基准线（风机中心线）。将设备基础表面的油污、泥土杂物和地脚螺栓预留孔内的杂物清除干净。

(2) 整体风机吊装时，直接将风机放置在基础上，用垫铁找平找正，垫铁一般应放在地脚螺栓两侧，斜垫铁必须成对使用。设备安装好后同一组垫铁应点焊在一起，以免受力时松动。

(3) 风机安装在钢支架上时，应垫上 4~5mm 厚的橡胶板，找平找正后固定牢固。

(4) 风机安装在有减振器的机座上时，地面要平整，各组减震器承受的荷载压缩量应均匀，不偏心，安装时对减振器采取保护措施，防止损坏。

(5) 通风机的机轴必须保持水平，风机与电动机用联轴节连接时，两轴中心线应在同一直线上。

(6) 通风机与电动机用三角皮带传动时需进行找正，以保证电动机与通风机的轴线互相平行，并使两个皮带轮的中心线重合。三角皮带拉紧程度一般可用手敲打已装好的皮带中间，以稍有弹跳为准。

(7) 通风机与电动机安装皮带轮时，操作者应紧密配合，防止将手碰伤。挂皮带时不要把手指伸入皮带轮内，防止发生事故。

(8) 风机与电动机的传动装置外露部分应安装防护罩，风机的吸入口或吸入管直通大气时，应加装保护网或其他安全装置。

(9) 通风机出口的接出风管应顺叶轮旋转方向接出弯管。在现场条件允许的情况下，

应保证出口至弯管的距离不小于风口出口长边尺寸的 1.5~2.5 倍。如果受现场条件限制达不到要求，应在弯管内设导流叶片弥补。

（10）通风机附属的自控设备和观测仪器、仪表的安装，应按设备技术文件规定执行。

（11）连接设备的软接头长度应为 200~300mm，其接合缝应牢固、严密，并不得作为异径管使用。

6. 风机试运转

试车前要手动盘车无异常，方可送电运转；经"点动送电"，判定运转方向无误后，方可正式启动。运转持续时间不应小于 2h。运转后，再进行检查风机减振基础有无移位和损坏现象，并做好记录。

7. 允许偏差

通风机安装的允许偏差，见表 3-35。

通风机安装允许偏差表（mm）　　　　　　　　表 3-35

项次	项　目		允许偏差	检 验 方 法
1	中心线的平面位移		10	经纬仪或拉线和尺量检查
2	标高		±10	水准仪或水平仪、直尺、拉线和尺量检查
3	皮带轮轮宽中心平面位移		1	在主、从动皮带轮端面拉线和尺量检查
4	传动轴水平度		0.2/1000	在轴或皮带轮 0°和 180°的两个位置上，用水平仪检查
5	联轴器同心度	径向位移	0.05	在联轴器互相垂直的四个位置上，用百分表检查
		轴向倾斜	0.2/1000	

第四节　防腐与保温工艺基本要求

一、保温

1. 材料要求

（1）保温材料要具备出厂合格证或质量检验报告，并有消防局检验证明。

（2）保温材料应密实、无裂纹、空隙等缺陷，表面平整。

2. 玻璃棉板保温

（1）将风管表面擦拭干净，擦去表面的灰尘和积水并使其干燥。

（2）粘结保温钉。

1）保温钉长于保温板厚度约 20mm。

2）将 401 胶分别涂抹在风管外壁和保温钉的粘结面上，稍候片刻待其微干后将其粘上。

3）保温钉呈蜂窝状排列，保温钉粘贴密度为：风管底部不少于 16 只/m²；风管侧面不少于 10 只/m²；风管上面不少于 6 只/m²。首行保温钉至风管或保温材料边沿的距离小于 120mm。

4）粘钉 24h 后，轻轻用力拉扯保温钉，不松动脱落时，方可铺覆保温材料。

（3）铺覆铝箔玻璃棉板。

1）保温板形状依照风管下料，四角采用 45°对接，以减少玻璃棉的外露，使压缝的铝箔胶带更便于贴牢，见图 3-30。

2）裁好的铝箔玻璃棉板轻轻贴在风管上，稍微用力使保温钉穿出玻璃棉板，经检查准确后，用保温钉压盖将其固定。压盖应松紧适度，均匀压紧。

3）保温板覆盖后将保温钉长出压盖部分弯倒压平。

4）保温材料敷设时要使纵、横缝错开，板间拼缝要严密平整，如图 3-31 所示。

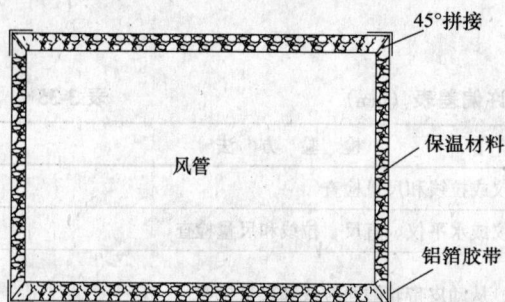

图 3-30　保温材料拼接方式

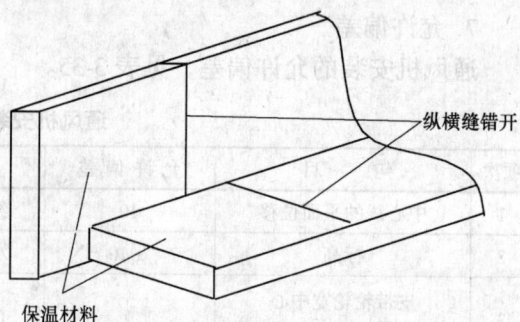

图 3-31　保温材料板间拼缝方式

（4）玻璃棉板的拼缝要用铝箔胶带封严。胶带宽度：平拼缝处为 50mm，风管转角处为 80mm。粘胶带时要用力均匀适度，使胶带牢固地粘贴在铝箔玻璃棉板面上，不得出现胀裂和脱落。

3.橡塑保温板保温

（1）首先将风管表面擦拭干净，擦去表面的灰尘和积水并使其干燥。

（2）根据风管尺寸裁剪保温材料。

1）保温材料下料时，要注意使其两个长边夹住短边，正方形的风管要使其上下边夹住两个立边。

2）裁剪橡塑保温板时可以使用壁纸刀，刀片的长度要合适并使其保持锋利，裁割时用力要适度均匀，断面要平整。

（3）橡塑保温板与风管粘接采用专用的胶粘剂。在管外壁和橡塑保温板上分别均匀刷上胶粘剂，涂胶厚度要均匀，不得堆积、流淌，稍候片刻待其微干后将其粘合上。

（4）用橡胶锤轻打闭孔橡塑海绵板，尤其是风管四角处，使其与风管粘牢。橡塑保温板与风管、部件表面紧密贴实，无空隙。

4.缠玻璃丝布、刷防火漆

（1）玻璃丝布的幅宽应为 300～500mm，缠绕时应使其互相搭接一半，使保温材料外表形成两层玻璃丝布缠绕。

（2）通常裁出的玻璃丝布有一边是毛边，使用时要注意必须将毛边压在里面，以利美观。

（3）玻璃丝布的甩头要用胶粘牢固定。

（4）对一些弯头、三通、变径管等处，缠绕时要注意布面平整、松紧适度，必要时可用胶将布粘牢在保温棉上。

（5）最后在玻璃布面刷防火漆两遍。刷漆时要顺玻璃丝布的缠绕方向涂刷，涂层应严密均匀，并注意采取必要的防护措施，以免污染其他部位。防火涂料分两次涂刷，两次间隔时间约为一天。

5. 质量要求

（1）风管保温后，表面应平整，允许偏差为 5mm。风管轮廓清晰，保温材料与风管结合紧密，无缺钉、起皱、开缝、毛边等现象。玻璃丝布应松紧适度，搭接宽度均匀，平整美观。

（2）阀件保温同风管保温，防火阀保温露出执行机构。

二、防腐

（1）薄钢板的防腐油漆如无设计要求，可按照表 3-36 的规定执行。

表 3-36

薄 钢 板 油 漆

序 号	风管所输送的气体介质	油 漆 类 别	油 漆 遍 数
1	不含有灰尘且温度不高于 70℃ 的空气	内表面涂防锈底漆； 外表面涂防锈底漆； 外表面涂面漆（调合漆等）	2 1 2
2	不含有灰尘且温度不高于 70℃ 的空气	内、外表面各涂耐热漆	2
3	含有粉尘或粉屑空气	内表面涂防锈底漆； 外表面涂防锈底漆； 外表面涂面漆	1 1 2
4	含有腐蚀性介质的空气	内外表面涂耐酸底漆； 内外表面涂耐酸面漆	≥2 ≥2

注：需保温的风管外表面不涂胶粘剂时，宜涂防锈漆两遍。

（2）风管喷漆防腐不应在低温（低于 5℃）和潮湿（相对湿度不大于 80%）的环境下进行，喷漆前应清除表面灰尘、污垢与锈斑并保持干燥。喷漆时应使漆膜均匀，不得有堆积、漏涂、皱纹、气泡及混色等缺陷。

（3）普通钢板在压口时必须先喷一道防锈漆，保证咬缝内不易生锈。

第五节　系统调试及工艺基本要求

一、施工准备

1. 材料、设备

（1）调试所使用的仪器仪表应有出厂合格证并通过法定计量检验部门的检定。不准使用无检定合格印、证或超过检定周期以及经检定不合格的计量仪器仪表。

（2）系统调试所使用的仪器仪表的性能应稳定可靠，其精度等级及最小分度值应能满足测定的要求，综合效能测定时，所使用的仪表精度级别应高于被检对象的级别。

（3）搬运和使用仪器仪表要轻拿轻放，防止振动和撞击，不使用仪表时应放在专用工具仪表箱内，防潮、防污等。

2. 机具设备

（1）常用仪表：测量温度的仪表（如玻璃温度计、半导体点温计）；测量湿度的仪表（如通风干湿球温度计）；测量风速的仪表（如叶轮风速仪、热球风速仪）；测量风压的仪表（如毕托管、U形管压力计、微压计）；其他常用的电工仪表、转数表、粒子计数器、声级计等。

（2）常用工具：钢卷尺、手电钻、扳手、电筒、梯子、对讲机、计算器等。

3. 作业条件

（1）通风与空调工程安装完毕，现场清理干净，机房的门窗齐全，可以进行封闭。

（2）经施工、监理、设计及建设单位等相关人员全面检查，施工项目全部完成，符合设计和施工质量验收规范的要求。

（3）通风空调系统运转所需用的水、电、汽及压缩空气等，已具备调试条件。调试所用仪表、工具已备齐。

二、施工方法

1. 工艺流程

调试准备及现场勘测──→通风空调系统调试前的各项检查──→通风空调系统的风量和水量测定与调整──→通风空调系统设备单机试运转及调整──→系统无生产负荷联合试运转及调试──→资料整理及移交

2. 调试准备及现场勘测

（1）熟悉空调系统设计图纸和有关技术文件，充分领会设计意图，了解各种设计参数、系统的全貌以及空调设备的性能及使用方法等，弄清送（回）风系统、防排烟系统、供冷和供热系统、自动控制系统的全过程，特别要注意调节装置和检验仪表所在位置。

（2）编制调试方案，内容包括调试目的、要求、时间进度计划、人员组织情况、工作程序和采取的方法等，并经监理单位审批同意。

（3）准备好系统试运转所用的各种记录表格。

3. 通风空调系统调试前的各项检查

（1）核对各运转设备的电动机型号、规格是否与设计相符，旋转方向是否正确。

（2）检查地脚螺栓是否拧紧、减振台座是否平整，皮带轮或联轴器是否找正。

（3）检查轴承处是否有足够的润滑油，加注润滑油的种类和数量应符合设备技术文件的规定。

（4）检查电机及有接地要求的风机、风管接地线连接是否可靠。

（5）检查风量调节阀门，开闭应灵活、定位装置应可靠。

（6）风道系统的调节阀、防火阀、排烟阀、排烟口、送风口和回风口内的阀板、叶片应调整到正常的工作位置。

（7）检查水系统管路上的跑风、阀门等阀部件处于相应的开启位置。

（8）配合电气专业完成通风空调系统所有电气设备及其主回路的检查与测试。

(9) 配合自控专业完成各种相关自动控制设备位置及控制能力的检查、校核。

4. 通风空调系统的风量和水量测定与调整

(1) 首先按工程实际情况，绘制系统单线透视图，图上应标明风管尺寸，测点截面位置、送（回）风口或加压（排烟）风口的位置，同时标明设计风量、风速、截面面积及风口外框尺寸。

(2) 机组开动之前将风道和风口本身的调节阀门，放在全开位置，三通调节阀门放在中间位置，空气处理机中的各种调节阀也应放在实际运行位置。

(3) 开启风机进行总风量测定与调整，先粗测总风量是否满足设计风量要求，以利于下步调试工作。

(4) 风机风压、风量一般使用毕托管和微压计测定，风速小的系统也可用热球风速仪测定风速。测定时，系统阀门、风口全开，三通调节阀处于中间位置。先测风机出口及吸口的全压、静压、动压。风机转速的测定，可在风机叶轮的皮带盘中心孔位置用转速表测出。

(5) 测定点截面位置选择应在气流比较均匀稳定的地方，一般选在产生局部阻力之后4~5倍管径（或风管长边尺寸）以及局部阻力之前约1.5~2倍管径（或风管长边尺寸）的直风管段上。

(6) 矩形风管的测点布置，应将风管测定截面划分若干个相等的小截面，一般要求各小截面积不要超过 0.06m²，并尽量形成方形。在圆形风管内测定平均风速时，应根据管径大小，将圆面积分成等面积的若干个同心圆环，然后在小面积中心圆环上测定，每个圆环测 4 点。风管测定截面内圆环数见表 3-37。

圆形风管划分圆环数表   表 3-37

直径（mm）	200 以下	200~400	400~700	700 以上
圆环数	3 测环	4 测环	5 测环	6 测环

(7) 系统风量测定与调整，对送（回）风系统调整采用流量等比分配法（即动压等比分配法）或基准风口调整法平衡各支管风量。流量等比分配法一般从系统的最远最不利的环路开始，逐步调向通风空调机组；基准风口调整法是先将全部风口普测一遍风速（阀门、风口全部处于开启状态），列表排出实测风量，与原设计值相比，以比值最小的风口为准，调相邻风口的风量，并以同样方法依次调节其他风口与基准风口的风量比值，使之接近设计值。

(8) 风口风速测量可采用热球风速仪、叶轮风速仪，用定点法或匀速移动法测出平均风速，计算出风口风量，测试不少于 3~5 次。当要求风量测定更准确时，可采用与风口等截面，长度约 0.4~0.6m 的测量段。

(9) 根据各风口风量计算出末端支路风管风量，调节三通处的调节阀，按照设计风量将支路风管的流量按比例控制在规定范围内，然后调节本支路各风口的出风量，使风口出风量满足设计及规范的风速、风量要求。

(10) 按照上述步骤从末端支管到总管，经预留测孔测试，管路风量调节阀调节，依次分配通风空调管路风量，使之满足设计风量及噪声要求。

(11) 系统风量平衡后应达到以下规定：

1）系统总风量实测值与设计风量的偏差允许值不应大于 10%。

2）通风系统经平衡调整，各风口或吸风罩的总风量与设计风量的允许偏差不应大于 15%。

3）新风量与回风量之和应近似等于总的送风量，或各送风量之和。

4）总的送风量应略大于回风量与排风量之和。

（12）系统风量测试调整时应注意的问题：

1）没有调节阀的风道，如果要调节风量，可在风道法兰处临时加插板进行调节，调好风量后插板留在其中并保证在该处密封不漏。

2）风量调节的分析与比较，实测总风量值与设计值相比，如正负偏差大于规定值，则应进行分析，找出原因。因施工引起的应由施工单位处理，由于设计或订货造成的问题应会同各方协商处理。

（13）空调水系统流量的测定，在系统调试中要求对空调冷（热）水及冷却水的总流量以及各空调机组的水流量进行测定。当各空调机组盘管水流量与设计流量的偏差大于 20% 时，需进行平衡调整。

（14）大型冷（热）水站房在主回（或供）水干管上设有流量计的水系统，可直接读取冷（热）水的总流量。

（15）在冷（热）水干管末端设流量计的系统，以及冷却水系统、空调机组冷（热）水盘管，可采用附于管壁外的夹持式超声波流量计测定主干管或支管的流量。测定时应按仪器要求选择前后远离阀门或弯头的直管段。

（16）在没有流量计的情况下，可在水泵或冷水机组的工作状态参数稳定时，查阅设备的性能曲线（或性能表）估测水量，如：

1）循环水泵可查阅其叶轮直径后在现场测定其转数，并以进出口压力差视作扬程，在该泵的性能曲线上找到对应的流量；同时也可以估测其输入功率，查核其性能曲线上对应的流量值是否与上述数值近似相符。

2）冷（热）水机组可在其满负荷工作时，按冷（热）水进出口温差及出水温度，查阅其机组冷量，即可计算出对应水量；同时也可根据冷水压力降或机组估测的输入功率校核上述数值。

3）空调机组的水量估测可在测定其总冷（热）量与盘管进出水温差后进行计算。总冷（热）量测定应以进出风的焓差乘以总风量近似求得。

5．通风空调系统设备单机试运转及调整

（1）空调水系统设备单机试运转：

1）冷热水、冷却水系统各水泵单机试运转：

①水泵不得在不通水的情况下试运转。

②轴承润滑油（脂）已按规定加注完毕。

③手动盘车无阻碍，无偏重。

④电机经过单独试运转合格，转向与泵一致。

⑤泵的吸入管路内的空气，必须全部排净。

⑥水泵起动前，其出口阀应在关闭状态，转速正常后，缓慢打开阀门开始带负荷，此时应注意压力变化及电机电流变化，特别应监视电机电流不得超过额定值。

⑦水泵试运转应在额定工况下连续运行 2h；水泵运转正常，无振动、冲击及泄漏；各固定连接部位不应有松动；滑动轴承的温度不应高于 70℃；滚动轴承的温度不应高于 80℃。

⑧电机电流不超过额定值，安全保护、电控装置及各种仪表均应灵敏、正确、可靠。

⑨轴密封装置泄漏量应符合下述规定：机械密封的泄漏量不应大于 5ml/h。填料密封应有滴水，但不可过大，其泄漏量不应大于表 3-38 的规定。

填料密封的泄漏量 表 3-38

泵设计流量（m³/h）	≤50	50～100	100～300	300～1000	>1000
泄漏量（ml/min）	15	20	30	40	60

2) 冷却塔多台并联运行，应调整阀门，使其水量均衡一致，水位无明显差异。

3) 检查集水缸、分水缸、水箱、储冷罐、除污器、自动排气装置和补偿器的工作状态。

4) 检查空调机组及风机盘管的各盘管内空气是否排空，各供回水支管水量是否均衡。

(2) 制冷机组试运转规定：

1) 制冷机组包括离心式、活塞式、螺杆式、模块式冷水机组，也包括溴化锂吸收式冷（热）水机组、空气—水或水—水热泵机组。各种类型制冷机组试运转应参照设备技术文件的规定进行。

2) 系统试运转应符合下列规定：

①试运转应首先启动冷却水泵和冷冻水泵。

②活塞式制冷机的油温、油压及水温应按设备技术文件的有关项目执行。排气温度：制冷剂为 R717、R22 不得超过 150℃；R134a 不得超过 130℃。

③离心式制冷机试运转时应首先启动油箱电加热，将油温加热至 50～55℃，按要求供给冷却水和制冷剂。再启动油泵，调节润滑系统，按照设备技术文件要求启动抽气回收装置（制冷剂为 R123 机组），排除系统中的空气。启动压缩机应逐步开启进口导叶，快速通过减振区，油箱的油温应为 50～65℃，油冷却器出口的油温应为 35～55℃。油压差应符合设备技术文件的规定。

④螺杆式压缩机启动前应先加热润滑油，油温不得低于 25℃，油压应高于排气压力 0.1～0.3MPa，滤油器前后压差不得大于 0.1MPa，冷却水入口温度不应高于 32℃；机组吸气压力不得低于 0.05MPa（表压），排气压力不得高于 1.6MPa，排气温度与冷却后油温关系见表 3-39。

压缩机排气温度与冷却后的油温（℃） 表 3-39

制冷剂	排气温度	油温
R12	≤90	30～55
R22 R717	≤105	30～65

⑤系统带制冷剂正常运转不应少于 8h。

⑥试运转正常后，必须先停止制冷机、油泵（离心式、螺杆式制冷机在主机停车后尚需继续供油 2min，方可停止油泵），再停冷冻水泵、冷却水泵。试运转结束后应拆检和清

理滤油器、滤网、干燥剂，必要时更换润滑油。拆检完毕后将有关装置调整到准备启动状态。

⑦溴化锂吸收式制冷机组系统试运转应在机组清洗、试压及水、电、汽（或燃油）系统正常后进行。启动冷冻水泵、冷却水泵，再启动发生泵、吸收器泵，使机组溶液循环，逐步通过预热期后，做机组一次运行并记录各点温度、水量、耗汽量等。

3）作为中央空调系统冷源的大型冷水机组是在空调系统无生产负荷联合试运转中运行的。当竣工季节与设计条件相差较大时，冷水机组可不做试运转。即使气候条件允许运行，由于空调系统末端设备负荷偏低，冷水机组满负荷连续运转的时间应相应缩短。在运行中注意检查能量调节机构是否正常工作，低水温保护是否有效。

4）如在过渡季节调试，应在冷水机组进出水温度稳定后，适时测定各空调房间的舒适空调温、湿度等参数是否符合设计要求。并及时估测空调机组水量的均衡性，以加快调试进度。避免气温突变后机组难以运行，贻误时机。

（3）空调机组、风机盘管等试运行规定。

1）组合式空调机组、新风机组、空气处理室在试运转中需核定其风机电机功率、轴承温升、噪声等指标。在机组运转平稳后测定机组总风量及余压，同时测定经平衡调整后的各风口风量。当测定值不符合设计要求或设备性能参数时，应检查机组内风机风压，表冷器、挡水板、过滤器与风阀阻力等参数是否存在问题。如确认送回风管系统阻力适当而仍达不到设计指标时须及时向设计部门反映。

2）当空调机组的风量符合设计要求，且已有冷热源保证供水后可测定机组热工性能，并平衡各机组盘管的水量。喷水室水量和热工性能的测定应在夏季或冬季室外计算参数条件下进行。

3）风机盘管试运转中需检查三速、温控开关动作。检查供回水及凝结水是否流动通畅。

（4）通风及防排烟系统试运行规定。

1）通风机及加压风机、排烟风机的单机试运转。

①试运转前应首先对风机进行检查，核对安装风机的型号、规格、油位、叶片调节功能及角度等是否与设计及设备技术文件相符；检查传动皮带轮是否同心，松紧是否适度；轴承箱清洗合格，检查油位并加注符合设备技术文件要求的润滑油；手动盘车时叶轮不得有卡阻、碰刮现象；各连接部位不得松动；冷却水系统供应正常；关闭进气调节门；检查风机电源是否到位，检查设备接地及其接线、电压是否符合电气规范及设备技术文件要求。

②风机启动前首先应点动试机，检查叶轮与机壳有无摩擦、各部位有无异常现象，风机的旋转方向应与机壳所标的箭头一致；风机启动时应对其瞬间启动电流进行测量。

③风机运转时应对风机的转速进行测量，并将测量结果与风机铭牌或设计给定的参数相对应，以保证风机的风量及风压满足设计的要求；风机运转时应对其运行电流进行测量，其数值应不大于电动机的额定电流值；风机运转过程中应检查轴承有无杂音，温升稳定后测量轴承温度：滚动轴承正常工作温度不应大于70℃，滑动轴承正常工作温度不应大于65℃。

④风机小负荷运转正常后，可进行规定负荷连续运转，其运转时间不少于2h。具有

滑动轴承的通风机，再连续运转不小于 2h。

⑤风机试运转时应做好试运转记录，停机后检查风机隔振基础有无移位和损坏现象。

2) 通风系统应测定总风量及各风口风量并调节至平衡。

3) 通风系统和空调送回风系统各风口处如有噪声指标超过设计规定值时，应检测风管上安装的消声器是否降噪值低下。可在消声器前后风管壁上开测量孔粗测其插入损失值，再与消声器性能参数对照后判定。

4) 防排烟系统电控防火、防排烟风阀（口）的手动、电动操作应逐个测试并保证其动作灵活、可靠，信号输出正确。

5) 防排烟系统双速风机与正反转风机需按其功能试运转及测定风量和风压，并重点检查电机及轴承工作是否正常。

6) 当加压送风机和排烟风机同时运转时，应检测防烟楼梯间及前室、合用前室、消防电梯间前室、封闭避难层（间）与疏散走廊的压力差是否符合设计规定。

7) 当排烟风机运转时，应按防烟分区检测其排烟口处排风量是否符合设计要求。

8) 防排烟系统联合试运行与调试的结果（风量及风压）如不符合设计要求应找出原因，必要时更换设备或部件。

6. 系统无生产负荷联合试运转及调试

(1) 系统无生产负荷联合试运转及调试，应在各项设备单机试运转合格后进行。空调系统带冷（热）源的正常联合试运转应视竣工季节与设计条件是否相符作出决定。例如夏季可仅做带冷源试运转；冬期可仅做带热源试运转。过渡季节视设备运行条件确定冷（热）源是否需要运转及运行时间的长短。

(2) 系统无生产负荷联合试运转需测试的主要项目有：

1) 通风系统测定通风机总风量、风压及转速，各风口风量平衡。

2) 空调设备测定风量（包括送风、回风和新风）、余压及风机转速，各风口风量平衡；测定盘管冷（热）水流量并做水量平衡调整。

3) 制冷及热源设备测定工质运行压力、温度和冷（热）水压力、温度及总流量。

4) 冷却水系统测定压力、温度及总流量，各冷却塔水量平衡调整。

5) 防排烟系统测定风量、风压及疏散楼梯间等处的静压差，并调整至符合设计与消防的规定。

6) 舒适空调之空调房测定室内温度、相对湿度。在达不到设计要求时可测定送风温度、相对湿度及风量，并追溯至空调机测定其送风及新风入口温度、相对湿度和风量，以及判断系统是否存在问题。

7) 恒温恒湿系统之空调房测定室内空气温度、相对湿度及波动范围是否符合其精度要求。对二次加热器及加湿器的工作状态需整定。

8) 对房间或厅堂有静压差要求的场所需调整送、回（排）风量差额或调节恒压风阀以满足其设计条件。

9) 测定空调房间室内噪声是否符合设计规定。

10) 测定通风机、制冷机、空调器等机房外侧庭院及与机房相连接的风口、风亭处的噪声值，应符合现行国家标准《城市区域环境噪声标准》（GB 3096）的规定。

(3) 系统带生产负荷的综合效能试验是在具备生产试运行条件下进行的，将由建设单位负责，设计、施工单位配合。施工单位通过了系统无生产负荷联合试运转与调试后即可进入竣工验收过程。

7. 资料的整理及移交

（1）系统无生产负荷联合试运转及调试完成后，及时将测定中得到的大量原始数据汇总分类。

（2）对汇总后的数据进行计算整理，把整理出来的数据结果填入表格或绘成曲线图，同时将这些数据同设计和工艺要求的指标进行比较，以评价被测系统是否满足要求。

（3）针对测试过程中发现的问题，提出恰当的改进措施，使系统更加完善，达到经济运行的目的。

（4）将测定的数值作为原始资料按照要求填写入相应的工程质量验收记录表中，并予以编号归档，以方便竣工资料的制作及移交，并可作为业主及运行维护人员进行管理的参考资料。

第四章 锅炉工程简述

第一节 工程概述

锅炉是一种利用燃料燃烧后释放的热能或工业生产中的余热传递给容器内的水，使水达到所需要的温度（热水）或一定蒸汽压力的热力设备。它是由"锅"（即锅炉本体水压部分）、"炉"（即燃烧设备部分）、附件仪表及附属设备构成的一个完整体。

一、锅炉的构成

锅炉由一系列设备构成，这些设备可分为主要部件和辅助设备两类。锅炉的核心构成部分是"锅"和"炉"。"锅"是容纳水和蒸汽的受压部件，包括锅筒（也叫汽包）或锅壳、受热面、集箱（也叫联箱）、管道等，组成完整的水—汽系统，在其中进行着锅内过程——水的加热和汽化、水和蒸汽的流动、汽水分离等。"炉"是燃料燃烧的场所，即燃烧设备和燃烧室（也叫炉膛）。广义的"炉"是指燃料、烟气这一侧的全部空间。

锅炉结构示意，见图4-1。

1. 锅炉主要部件及其作用

(1) 锅筒：锅炉受热面的闭合件，将锅炉各受热面联结在一起并和水冷壁、下降管等组成水循环回路。锅筒内储存汽水，可适应负荷变化，内部设有汽水分离装置等以保证汽水品质。

(2) 水冷壁：锅炉的主要辐射受热面，吸收炉膛辐射热加热工质，并用以保护炉墙。

(3) 炉膛：保证燃料燃尽并使出口烟气温度冷却到对流受热面能安全工作的数值。

(4) 燃烧设备：将燃料和燃烧所需空气送入炉膛并使燃料着火稳定，燃烧良好。

(5) 省煤器：利用锅炉尾部烟气的热量给水加热，以降低排烟温度，节约燃料。

(6) 空气预热器：加热燃烧用的空气，以加强着火和燃烧；吸收烟气余热，降低排烟温度，提高锅炉效率；为煤粉锅炉制粉系统提供干燥剂。

(7) 炉墙：锅炉的外保护壳，起密封和保温作用。小型锅炉中的重型炉墙也可起支撑锅炉部

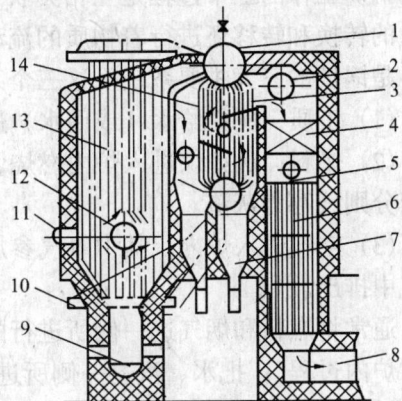

图4-1 锅炉结构示意图

1—上锅筒；2—检查孔；3—管束；4—省煤器；5—下锅筒；6—空气预热器；7—落灰斗；8—烟气出口；9—灰渣室；10—集箱；11—预燃室；12—煤粉燃烧器；13—水冷壁；14—隔烟墙

件的作用。

　　(8) 构架：支承和固定锅炉各部件，并保持相对位置。

　　2. 锅炉主要辅助设备及其作用

　　(1) 燃料供应设备：储存和运输燃料。

　　(2) 磨煤及制粉设备：将煤磨制成煤粉并输入燃用煤粉的锅炉燃烧设备中燃烧。

　　(3) 送风设备：由送风机将空气送入空气预热器加热后输往炉膛及磨煤装置以供使用。

　　(4) 引风设备：由引风机和烟囱将锅炉排出的烟气排入大气。

　　(5) 给水设备：由给水泵将经过水处理的给水送入锅炉。

　　(6) 除灰渣设备：从锅炉中除去灰渣并运走。

　　(7) 除尘设备：除去锅炉烟气中的飞灰。

二、锅炉的一般工作原理

　　1. 锅炉工作的三个主要过程

　　锅炉是一种主要产生蒸汽（热水）的热力设备，一般都要进行以下三个主要过程：

　　(1) 燃烧过程：燃料在炉膛里剧烈氧化燃烧，释放出化学能，燃烧产物（烟气）被加热至高温。

　　(2) 烟气的流动和传热过程：火焰和高温烟气通过锅炉的受热面，不断把热量传递给受热面内的流动工质，同时烟气在流动过程中温度不断降低。

　　(3) 锅内过程：也就是锅炉给水吸热升温并部分汽化（热水锅炉达不到沸腾汽化温度），汽水两相混合物（或者单相水、单相蒸汽）在锅内流动的水循环和汽化过程。金属受热面因此被冷却，而汽水混合物到锅筒后再进行汽水分离。

　　2. 锅炉的三大主要系统

　　锅炉工作的三个过程是互相关联并且同时进行的，实现着能量的转换和传递。伴随着能量的转换和转移还进行着物质的流动和变化，形成水—汽系统、煤—灰系统和风—烟系统，是锅炉的三大主要系统。这三个系统的工作是同时进行的。

　　(1) 工质，例如给水（或回水）进入锅炉，最后以蒸汽（或热水）的形式供出。

　　(2) 燃料，例如煤进入炉内燃烧，其可燃部分燃烧后连同原含水分转化为烟气，其原含灰分则残存为灰渣。

　　(3) 空气送入炉内，其中氧气参加燃烧反应，过剩的空气和反应剩余的惰性气体混在烟气中排出。

　　通常将燃料和烟气这一侧所进行的过程（包括燃烧、放热、排渣、气体流动等）总称为“炉内过程”；把水、汽这一侧所进行的过程（蒸汽流动、吸热、汽化、汽水分离、热化学过程等）总称为“锅内过程”。

第二节　锅炉的分类

　　由于锅炉结构形式很多，且参数各不相同，用途不一，故到目前为止，我国还没有一个统一的分类规则。根据所需要求不同，分类情况就不同，常见的有以下几种。

1. 按锅炉出口介质分类

蒸汽锅炉，热水锅炉，汽、水两用锅炉，以及有机热载体锅炉。

2. 按所用燃料或能源分类

固体燃料锅炉：燃用煤等固体燃料。

液体燃料锅炉：燃用重油等液体燃料。

气体燃料锅炉：燃用天然气等气体燃料。

余热锅炉：利用冶金、石油化工等工业的余热作热源。

原子能锅炉：利用核反应堆所释放热能作为热源的蒸汽发生器。

废料锅炉：利用垃圾、树皮、废液等废料作为燃料的锅炉。

其他能源锅炉：利用地热、太阳能等能源的蒸汽发生器或热水器。

3. 按循环方式分类

自然循环锅筒锅炉：具有锅筒，利用下降管和上升管中工质密度差产生工质循环，只能在临界压力以下应用。

多次强制循环锅筒锅炉：也称辅助循环锅筒锅炉。具有锅筒和循环泵，利用循环回路中的工质密度差和循环泵压力建立工质循环。只能在临界压力以下应用。

低倍率循环锅炉：具有汽水分离器和循环泵，主要靠循环泵建立工质循环，可应用于亚临界压力和超临界压力，循环倍率低，一般为 1.25～2.0。

直流锅炉：无锅筒，给水靠水泵压头一次通过受热面产生蒸汽，适用于高压和超临界压力锅炉。

复合循环锅炉：具有再循环泵。锅炉负荷低时按再循环方式运行，负荷高时按直流方式运行，可应用于亚临界压力和超临界压力。

4. 按燃烧方式分类

火床燃烧锅炉：主要用于工业锅炉，其中包括固定炉排炉、倒转炉排抛煤机炉、振动炉排；下饲式炉排炉和往复推饲炉排炉等。燃料主要在炉排上燃烧。

火室燃烧锅炉：主要用于电站锅炉，燃用液体燃料、气体燃料和煤粉的锅炉均为火室燃烧锅炉。火室燃烧时，燃料主要在炉膛空间悬浮燃烧。

旋风（沸腾）炉：送入炉排的空气流速较高，使大粒燃煤在炉排上面的沸腾床中翻腾燃烧，小粒燃煤随空气上升并燃烧。用于燃用劣质燃料。目前多用于工业锅炉，大型循环沸腾燃烧锅炉可用作电站锅炉。

5. 按用途分类

电站锅炉：大多为大容量、高参数锅炉，火室燃烧，热效率高，出口工质为过热蒸汽。

工业锅炉：用于工业生产和采暖，大多为低压、低温、小容量锅炉，火床燃烧居多，热效率较低；出口工质为蒸汽的称为蒸汽工业锅炉，出口工质为热水的称为热水锅炉。工业锅炉的分类如图 4-2 所示。

从工业锅炉分类中可知，工业锅炉的结构演变大体沿着两个方向发展，基本形成了锅壳锅炉与水管锅炉两大类。

锅壳锅炉：指蒸发受热面布置在锅壳内的锅炉（曾称火管锅炉）。一般包括立式锅壳

工业锅炉
- 锅壳式锅炉
  - 立式
    - 火管式
      - 横火管式
      - 竖火管式
      - 无管式（富顿）
    - 水管式
      - 横水管
      - 直水管
      - 弯水管
  - 卧式
    - 内燃式
      - 干背式
      - 湿背式
      - 回燃式
    - 外燃式
      - 纯外燃式
      - 水火管组合式（快装锅炉）
- 水管锅炉
  - 立式
    - 贯流式（三蒲）
    - 直流式（克雷登）
  - 卧式
    - 管架式（热水锅炉）
    - 角管式
    - 单锅筒
      - 纵置式
      - 横置式
    - 双锅筒
      - 横置式
      - 纵置式
        - 长短锅筒
        - 长锅筒

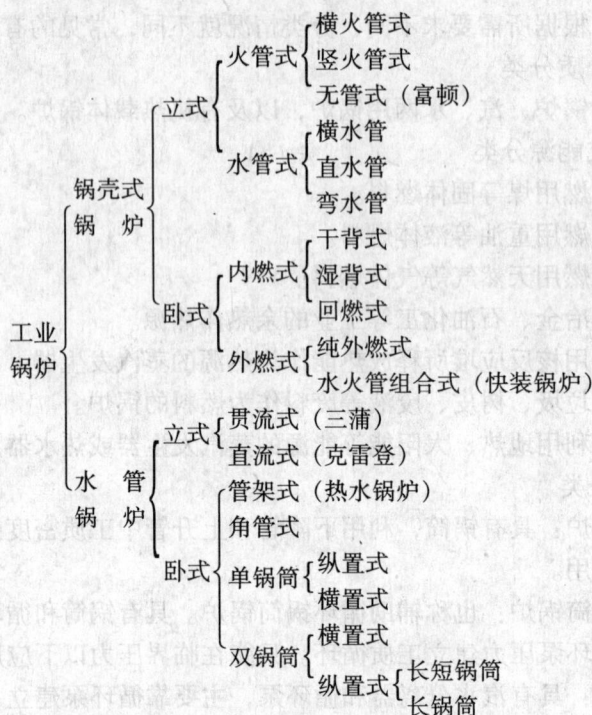

图 4-2　工业锅炉的分类

锅炉、卧式锅壳锅炉和固定式机车锅炉。

水管锅炉：指烟气在受热面管子外部流动，水或汽水混合物在管子内部流动的锅炉。一般包括横锅筒锅炉和纵锅筒锅炉。

近年来，也发展了一些水火管组合式锅炉。如快装锅炉、组装锅炉等。

快装锅炉：指根据运输条件允许的范围，在制造厂完成总装，整台发运出厂的锅炉。

组装锅炉：指在锅炉制造厂内将整台锅炉分成几个装配齐全的大件，运到安装工地后可以将它们方便地进行组装的锅炉。

船用锅炉：用作船舶动力，一般采用低、中参数，大多燃油。锅炉体积小，重量轻。

机车锅炉：用作机车动力，一般为小容量、低参数，火床燃烧，以燃煤为主，锅炉结构紧凑，现已少用。

注汽锅炉：用于油田对稠油的注汽热采，出口工质一般为高压湿蒸汽。

6. 按炉膛烟气压力分类

负压锅炉：炉膛压力保持负压，有送、引风机，是燃煤锅炉主要形式。

微正压锅炉：炉膛压力大约为 $2 \sim 5kPa$，不需引风机，宜于低氧燃烧。

增压锅炉：炉膛压力大于 $0.3MPa$，用于蒸汽—燃气联合循环。

7. 按结构分类

火管锅炉：烟气在火管内流过，可以制成小容量、低参数锅炉，热效率较低，但结构简单，水质要求低，运行维修方便。

水管锅炉：汽水在管内流过，可以制成小容量、低参数锅炉，也可制成大容量、高参数锅炉。电站锅炉均为水管锅炉，热效率较高，但对水质和运行水平的要求也较高。

第三节　锅炉的参数与技术经济指标

一、锅炉参数

一般指锅炉容量（蒸发量或热功率）、工作压力、温度（蒸汽温度或给水温度）。

1. 蒸发量（热功率）

蒸发量（D）：蒸汽锅炉长期安全运行时，每小时所产生的蒸汽数量，即该台锅炉的蒸发量，用"D"表示，单位为 t/h（吨/小时）。

热功率（供热量 Q）：热水锅炉长期安全运行时，每小时出水有效带热量，即该台锅炉的热功率，用"Q"表示，单位为 MW（兆瓦）。

2. 工作压力

工作压力是指锅炉最高允许使用的压力。工作压力是根据设计压力来确定的，通常用 MPa 来表示。

3. 温度

温度是标志物体冷热程度的一个物理量，同时也是反映物质热力状态的一个基本参数。通常用摄氏度即"℃"。

锅炉铭牌上标明的温度是锅炉出口处介质的温度，又称额定温度。对于无过热器的蒸汽锅炉，其额定温度是指锅炉额定压力下的饱和蒸汽温度；对于有过热器的蒸汽锅炉，其额定温度是指过热器出口处的蒸汽温度；对于热水锅炉，其额定温度是指锅炉出口的热水温度。

二、锅炉技术经济指标

1. 锅炉热效率

锅炉热效率指锅炉的有效利用热量与单位时间内所消耗燃料的输入热量的百分比。锅炉中燃料燃烧放热，放出的热能通过受热面传递给水，使水汽化产生蒸汽。实际上，锅炉中的燃料并不能完全燃烧，且燃烧后所放出的热能也不能全部得到利用。所以热效率的高低，是衡量锅炉是否先进的重要指标，常用符号"η"表示。现代电站锅炉的热效率都在90%以上。工业锅炉的热效率（包括热水锅炉）为 55% ~ 87%。热效率是锅炉的一项重要节能指标，在《工业锅炉质量分等标准》（JB/T 56145—1994）中有明确规定，一等品锅炉应具有较好的节能效果，锅炉热效率应增加 2%；优等品锅炉应有显著的节能效果，其热效率应增加 4%。

2. 锅炉成本

锅炉成本一般用成本中的一个重要经济指标——锅炉金属消耗率来表示。锅炉金属消耗率的定义为锅炉单位蒸发量所用的钢材重量。锅炉参数、循环方式、燃料种类及锅炉部件结构对钢材消耗率均有影响。锅炉蒸汽参数高、容量小、燃煤、采用自然循环、采用管式空气预热器及钢柱构架可使钢材消耗率增大；参数低、容量大、采用直流锅炉、燃油或燃气、采用回转式空气预热器及钢筋混凝土构架可使钢材消耗率减小。在保证锅炉安全、可靠、经济运行的基础上应合理降低钢材消耗率，尤其是耐热合金钢材的消耗率。

3. 受热面蒸发率（受热面发热率）

锅炉受热面是指锅内的汽水等介质与烟气进行热交换的受压部件的传热面积，一般用烟气侧的金属表面积来计算受热面积，单位为 m^2。

蒸汽锅炉每平方米受热面每小时所产生的蒸汽量，称为锅炉受热面蒸发率，单位是 $kg/(m^2 \cdot h)$。

热水锅炉每平方米受热面每小时所产生的热量称为受热面的发热率，单位是 $kJ/(m^2 \cdot h)$。

4. 锅炉可靠性

锅炉可靠性常用下列 3 种指标来衡量。

(1) 连续运行时间：锅炉在连续两次检修之间的运行时间（用小时表示）。

(2) 事故率：$\dfrac{\text{事故停用时间}}{\text{运行总时间} + \text{事故停用时间}} \times 100\%$

(3) 可用率：$\dfrac{\text{运行总时间} + \text{备用总时间}}{\text{统计总时间}} \times 100\%$

目前中国电站锅炉的指标是：连续运行时间在 4000h 以上；中国电力部要求电站锅炉的年运行时间不少于 6000h。

三、锅炉型号

本书着重讲解的是供热锅炉，供热锅炉属于工业锅炉的一种，因此本节只介绍工业锅炉的型号及其编制方法。我国工业锅炉产品型号的编制是依据《工业锅炉产品型号编制方法》（JB/T 1626—1992）标准规定进行的。其型号由三部分组成，各部分之间用短线隔开。表示方法如下：

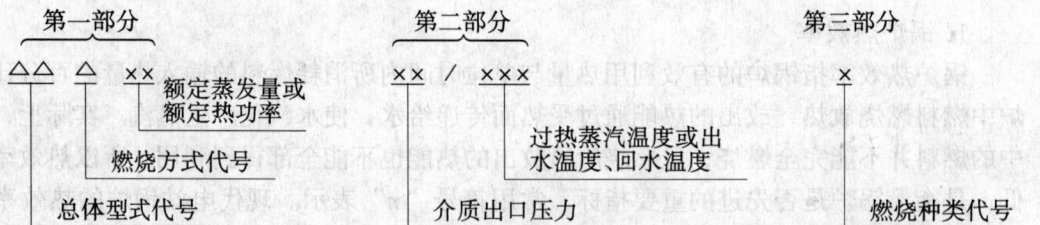

上述型号的第一部分表示锅炉型式、燃烧方式和额定蒸发量或额定热功率。共分三段：第一段用两个汉语拼音表示锅炉总体形式，见表 4-1 和表 4-2；第二段用一个汉语拼音字母代表燃烧方式（废热锅炉无燃烧方式代号），见表 4-3；第三段用阿拉伯数字表示蒸汽锅炉的额定蒸发量，单位为 t/h（吨/小时）；或热水锅炉的额定热功率，单位为 MW（兆瓦）；或废热锅炉的受热面，单位为 m^2（平方米）。

锅壳锅炉总体型式代号　　　　　　　　　　　　　　　表 4-1

锅壳锅炉总体型式	代　号	锅壳锅炉总体型式	代　号
立式水管	LS（立水）	卧式外燃	WW（卧外）
立式火管	LH（立火）	卧式内燃	WN（卧内）

注：卧式水火管快装锅炉总体型式代号为 DZ。

水管锅炉总体型式代号	表 4-2		燃烧方式代号	表 4-3

水管锅炉总体型式	代　号	燃烧设备	代　号
单锅筒立式	DL（单立）	固定炉排	G（固）
单锅筒纵置式	DZ（单纵）	固定双层炉排	C（层）
单锅筒横置式	DH（单横）	活动手摇炉排	H（活）
双锅筒纵置式	SZ（双纵）	链条炉排	L（链）
双锅筒横置式	SH（双横）	往复炉排	W（往）
纵横锅筒式	ZH（纵横）	抛煤机	P（抛）
强制循环式	QX（强循）	振动炉排	Z（振）
		下饲炉排	A（下）
		沸腾炉	F（沸）
		室燃炉	S（室）

　　型号的第二部分表示介质参数，共分两段，中间用斜线分开。第一段用阿拉伯数字表示介质出口压力，单位为 MPa（兆帕）；第二段用阿拉伯数字表示过热蒸汽温度或出水温度、回水温度，单位为℃，生产饱和蒸汽的锅炉没有这段数字。

　　型号的第三部分表示燃料种类。用汉语拼音字母代表燃料种类，同时以罗马数字代表燃料分类与之并列，见表 4-4。如同时使用几种燃料，主要燃料放在前面一段连接书写。

燃 烧 种 类　　　　　　　　　　　　　　　　　表 4-4

燃烧品种	代　号	燃烧品种	代　号
Ⅰ类劣质煤	LⅠ	型煤	X
Ⅱ类劣质煤	LⅡ	木柴	M
Ⅰ类无烟煤	WⅠ	稻糠	D
Ⅱ类无烟煤	WⅡ	甘蔗渣	G
Ⅲ类无烟煤	WⅢ	柴油	YC
Ⅰ类烟煤	AⅠ	重油	YZ
Ⅱ类烟煤	AⅡ	天然气	QT
Ⅲ类烟煤	AⅢ	焦炉煤气	QJ
褐煤	H	液化石油气	QY
贫煤	P	油母页岩	YM

举例如下：

WNG1-0.7-AⅢ

表示卧式内燃固定炉排，额定蒸发量为 1t/h，额定工作压力为 0.7MPa，蒸汽温度为饱和温度，燃用Ⅲ类烟煤的蒸汽锅炉。

DZL4-1.25-WⅡ

表示单锅筒纵置式或卧式水火管快装（铭牌上用中文说明）链条炉排，额定蒸发量为 4t/h，额定工作压力为 1.25MPa，蒸汽温度为饱和温度，燃用Ⅱ类无烟煤的蒸汽锅炉。

SZS10-1.6/350-YZQT

表示双锅筒纵置式室燃，额定蒸发量为 10t/h，额定工作压力 1.6MPa，过热蒸汽温度为 350℃，燃重油或燃天然气两用，以燃重油为主的蒸汽锅炉。

SHS20-2.5/400-H

表示双锅筒横置式室燃，额定蒸发量为 20t/h，额定工作压力为 2.5MPa，过热蒸汽温度为 400℃，燃用褐煤煤粉的蒸汽锅炉。

QXW2.8-1.25/90/70-AⅡ

表示强制循环往复炉排，额定热功率为 2.8MW，允许工作压力为 1.25MPa，出水温度为 90℃，回水温度为 70℃，燃用Ⅱ类烟煤的热水锅炉。如采用管架式（或角架式）结构，可在铭牌上用中文说明，以示其锅炉特点。

四、锅炉安装

锅炉安装质量符合要求，是确保锅炉安全运行的重要保证。小型快装锅炉由于整台锅炉在制造厂内完成总装，整台发至现场，只需进行下部炉墙的砌筑，烟风道、管道阀门仪表、鼓风机、引风机、除渣设备、除尘器、省煤器等的安装，然后通水、通电即可投入运行，因此安装较为简单。

大型锅炉的体积庞大、笨重，由数以万计的零件、部件组成，在制造厂内不可能装配成完整的机体运至现场。制造厂只能以零件、部件和组件的形式出厂，运至工地后，再将它们一件件地装配起来成为一台完整的锅炉。因此，大型锅炉的安装非常复杂，难度较大。

一般说来，大型锅炉安装的方法有两种。一种方法是在安装地点将锅炉的大量零件、部件一件件地吊放到装配的部位，进行装接，这种方法称为分件安装法，也称为单装或散装。另一种方法是根据锅炉的结构特点，将整个炉体划分为若干起吊单元——组合件，先在地面组合场上将有关的零件拼装成较为重大的组合件，然后再一大片一大片地按顺序吊放到炉体上去拼装，这种方法称为组合安装法。

大片组合安装方法的优点如下：扩大了施工面，土建和安装可交叉作业；减少了高空作业，提高了施工的安全性，并可节约高空作业时所需的脚手架；零部件在地面上进行组合，省力、方便，可提高施工质量及效率；起吊的平均重量增加，次数减少，空间作业的消耗量减少，提高了起重机械的效用。缺点如下：需要配备较大的组合、运输和吊装机具；设备进场时间要早，主要部件要齐全；组合场需要占用较大的地面面积，进行组合准备和组合作业的时间较长；需要消耗许多辅助性钢材（如搭设组合支架，加固组件等），组合场内需要配置动力能源设施。

小片组合及单装的优点如下：不需要大面积的组合场地；不需要大量的临时组合架和加强构件；不需要专门配置大型组合、运输及起吊机具；有利于保证焊接质量，可避免组合中对地一侧的仰焊；钢架吊装后可以将厂房封闭起来，避免自然气候对安装工作的影响。缺点如下：要求设备的制造加工质量精确，各部件的装配尺寸误差极小；各部位的施工程序环环紧接相扣，一环脱节影响下续多环；高空作业多，安全性差；使用脚手架多，需要配置较多的小型机具。

五、锅炉安装监察

对锅炉等特种设备实行国家监察具有悠久历史，工业国家起步于 19 世纪初。我国在 1955 年成立了第一个专门的国家锅炉安全监察机构，于 1960 年颁布了第一个蒸汽锅炉规程；1982 年国务院颁布了《锅炉压力容器安全监察暂行条例》，2003 年颁布了《特种设备安全监察条例》，为我国的特种设备安全运行制定了法律依据。为搞好锅炉的安全运行，国家相继制定了一系列的规程、规范、标准，主要有：

A.《特种设备安全监察条例》
B.《蒸汽锅炉安全技术监察规程》
C.《热水锅炉安全技术监察规程》
D.《有机热载体炉安全技术监察规程》
E.《小型和常压热水锅炉安全技术监察规定》
F.《锅炉安装改造单位监督管理规则》
G.《锅炉定期检验规则》
H.《锅炉压力容器压力管道焊工考试与管理规则》
I.《特种设备无损检测人员考核与监督管理规则》
J.《锅炉安装监督检验规则》
K.《工业锅炉安装工程施工及验收规范》
L.《工业炉砌筑工程施工及验收规范》
M.《工业锅炉水质》
N.《锅炉司炉人员考核管理规定》
O.《工业锅炉通用技术条件》
P.《锅炉水压试验技术条件》

对锅炉安装实行安全监察包括三个方面：一是对安装单位实行许可证制度，制止无证单位安装锅炉。二是锅炉安装前，须到当地安全监察机构告知后方可施工。三是对安装质量实行监督检验，监检合格的锅炉才能投入使用。锅炉安装的安全监察是锅炉安全监察的一个十分重要的环节，搞好这一环节的安全监察，不仅可以有效地保证锅炉安装质量，还可以发现锅炉制造中存在的问题，所以必须十分重视。

六、锅炉安装改造许可证制度

锅炉是一种在高温高压下运行的承压设备，一旦发生事故，特别是爆炸事故，不但将造成设备本身和周围设备的巨大破坏，还会伤及操作者及他人。因此为了加强锅炉安装改造监督管理，规范锅炉安装改造许可工作，保障锅炉安装改造质量和锅炉安全运行，根据《特种设备安全监察条例》的有关规定，国家质量监督检验检疫总局制定了《锅炉安装改造单位监督管理规则》，实行锅炉安装改造许可证制度。凡在我国境内从事《特种设备安全监察条例》规定范围内锅炉及锅炉范围内管道的安装改造工作的单位必须取得国家质量监督检验检疫总局颁发的《特种设备安装改造维修许可证》（以下简称许可证），且只能从事许可证范围内的锅炉安装改造工作。已获得锅炉制造许可的锅炉制造企业可以改造本企业制造的锅炉和安装本企业制造的整（组）装出厂的锅炉，无需另取许可证。锅炉安装改造许可工作中的受理、审批由锅炉安装改造单位所在地的省、自治区、直辖市质量技术监督部门负责。根据《锅炉安装改造单位监督管理规则》规定，锅炉安装改造许可证级别划分，见表4-5。

锅炉安装改造许可证级别 表4-5

级　别	许可安装改造锅炉的范围
1	参数不限
2	额定出口压力≤2.5MPa的锅炉
3	额定出口压力≤1.6MPa的整（组）装锅炉；现场安装、组装铸铁锅炉

七、锅炉安装告知、报检

1. 锅炉安装告知

锅炉安装前必须到锅炉安装所在地的区、县质量技术监督局办理告知手续，填写特种设备安装改造维修告知书后方可进行施工。

特种设备安装改造维修告知书可以从区、县质量技术监督局处取得，也可从区、县质量技术监督局的相关网站下载。

办理特种设备安装改造维修告知书需要准备的资料如下：

（1）按要求填写好的告知书（加盖公章）；

（2）安装改造维修单位的企业资质文件。

①企业营业执照的复印件（加盖公章）；

②企业锅炉安装改造维修许可证副本或复印件（加盖公章），如果是复印件，必须有"技术人员情况表"和"持证焊工情况表"复印件；

③安装设备的出厂文件、资料，要符合《蒸汽锅炉安全技术监察规程》和《热水锅炉安全技术监察规程》的要求；

④锅炉房内锅炉及附属设备安装的平面图和系统图（流程图）；

⑤施工组织设计或施工组织方案。

2. 锅炉安装报检

到区、县质量技术监督局特种设备监察科办理告知后，必须尽快到特种设备检验所办理报检手续。锅炉安装报检准备的资料：

①特种设备安装改造维修告知书；

②企业锅炉安装许可证副本或复印件（加盖公章），如果是复印件，必须有"技术人员情况表"和"持证焊工情况表"复印件；

③安装设备的出厂文件、资料，要符合《蒸汽锅炉安全技术监察规程》和《热水锅炉安全技术监察规程》的要求；

④锅炉房内锅炉及附属设备安装的平面图和系统图（流程图）；

⑤施工组织设计或施工组织方案，焊接工艺评定；

⑥施工合同复印件；

⑦施工进度计划表。

八、锅炉安装质量监督检验

锅炉安装质量监督检验工作应当在锅炉安装现场，且在安装过程中进行。监督检验是在安装单位质量自检合格基础上，对锅炉安装质量进行的监督验证，监督检验不能代替安装单位的自检。监督检验的依据是《蒸汽锅炉安全技术监察规程》、《热水锅炉安全技术监察规程》、《有机热载体炉安全技术监察规程》和所有现行的有关规定、标准、技术条件以及设计资料。监督检验的内容包括对锅炉安装过程中涉及锅炉安全运行的项目进行检验和对安装单位的锅炉安装质量体系运转情况进行检查。对锅炉安装质量的监督检验项目分为二类：A类和B类。在锅炉安装单位自检合格后，监检员应当根据《监检大纲》要求进行资料检查、现场监督或实物检查等监检工作，并在锅炉安装单位提供的见证文件（检查报告、记录表、卡等，下同）上签字确认。对A类项目，未经监检确认，不得流转至下一道工序。对于B类监检项目，监检机构可以留一份安装单位提交的检查、实验的工作见证存档。《监检项目表》所列项目是对锅炉安装质量监督检验的通用要求。按照锅炉产品的结构、安装的具体情况等，若其内容不能满足某些安装监督检验要求时，监检单位应当根据具体情况进行调整；如其内容不适用，则监检单位应当从有效控制受检产品的安全质量要求出发，制定专用的监检项目表，并经省级以上（含省级）锅炉压力容器安全监察机构审查同意，在实施前通知安装单位。

九、锅炉工程竣工资料的编制

锅炉工程竣工，施工单位一般应提交下列文件：
(1) 施工技术文件：
①施工组织设计或施工方案；
②技术交底记录；
③焊接工艺指导书及工艺评定报告；
④图纸会审记录及设计变更洽商记录。
(2) 施工过程记录：
①开、竣工报告；
②基础检查记录；
③锅炉本体安装记录；
④锅炉胀管记录；
⑤炉排冷态试运行记录；
⑥水压试验记录；
⑦烘、煮炉记录；
⑧带负荷试运行记录；
⑨分项、分部、单位工程质量评定表；
⑩设备开箱检验记录及材料进场检验记录；
⑪设备单机试运转记录；
⑫焊缝外观检查记录；
⑬施焊记录；

⑭无损检测报告；

⑮设备合格证及材料质量证明书；

⑯单位工程验收记录。

（3）附件

①特种设备安装改造维修告知书；

②锅炉出厂技术文件、竣工图纸；

③水处理设备调试记录；

④锅炉调试报告；

⑤锅炉安装监督检验证书。

第五章　施工现场岗位实务管理

机电设备安装工程施工现场实务工作管理基本分为两部分，一部分是内业技术管理，另一部分是施工现场的安全、质量、技术、进度等的外业施工管理。

内业技术管理即是在施工前，熟悉图纸、审查图纸、编制施工组织设计、编制设备、材料备料计划；施工中办理工程变更洽商或施工洽商、编制施工安装方案、运输方案等。

外业施工管理即是在施工全过程中按照施工组织设计、施工方案等文件中的安全、质量、技术、进度、经济等的各种规定和要求进行全面的实施和管理，在实施过程中根据现场的实际情况还需不断变更与修改。负责施工现场管理的工长及技术人员的主要职责如下：

1. 工长职责：

（1）积极配合项目经理的各项工作，落实项目部各项规章制度，带领施工人员认真完成各项施工任务。

（2）带领施工人员按图纸、施工方案、技术交底等技术文件进行施工。施工中要严格控制工程质量，对每道工序都要严格把关。

（3）认真落实工程进度施工计划、实施监督并指导工人施工，严把质量关。协助材料员及技术人员对进场的材料、设备质量情况进行检查验收。

（4）填写自、互检记录，积极做好自、互检工作，对施工中出现的质量不合格问题，应及时组织施工人员进行返工处理。

（5）加强对施工人员的安全教育，定期组织施工人员对有关施工规范、质量标准、安全生产和文明施工等条例的学习。给施工人员制定相关责任制度：

1）施工人员要严格执行项目经理部的各项规章制度，服从各级领导的指挥。

2）严格按图纸、规范条款及施工方案、技术交底等技术文件施工，做好自检互检，确保工程质量。

3）坚持安全生产和文明施工，做到"工完场净"，做好成品保护。

2. 技术人员责任

（1）熟悉图纸，汇总问题，及时参加设计交底和图纸会审，并及时做好图纸会审记录和工程洽商记录，编制施工方案。

（2）对主要的施工项目和做法以及设计变更和工程洽商，要及时写出书面交底，并落实到施工中去。

（3）根据工程情况，协助项目经理及时解决施工中出现的各种技术问题，保证施工能够顺利进行。

（4）编制材料、设备、机具计划，负责材料、设备进场检验，严把质量关；按要求填写上报各种技术资料，要做到及时、准确、真实；经常组织施工人员的学习，进行技术辅导，提高施工人员的技能水平；收发有关的图纸和技术资料。

3. 质量人员责任

（1）按国家质量评定标准和施工规范，根据施工进度，办理工程的检测和评定。对不符合质量标准的工程，有权责令整修、返工和停工。

（2）坚持原则，正确反映质量状况，在权限内尽职、尽责，敢于行使否决权，积极协助项目经理开好质量评定分析会，当好全面质量管理的参谋。

（3）协助技术人员检查工艺及操作规程的执行情况，按照规范标准及设计要求，参加对工程质量检查评比工作，评定工程质量等级。

第一节 内业技术管理

通风空调、给水排水等专业施工现场的内业技术管理（以下简称内业管理）是工程施工的关键环节，内业管理的好坏将影响到工程的始终。

内业管理在工程中标后便开始，包括施工前期的技术准备、施工中期的过程管理与配合、施工后期的竣工资料整理及工程的移交。

施工前期的技术准备：看图审查图纸、组织图纸会审、编制施工组织设计、制定技术方案项目计划、制定样板施工项目计划、编制材料、设备备料计划。

施工中期的技术管理：办理工程变更或施工洽商、编制施工安装、调试及运输方案、进行技术交底、现场协调配合、收集技术资料。

施工后期的技术管理：技术资料的整理、竣工图纸的绘制、竣工文件（资料、图纸）的移交。

一、审查图纸及图纸会审

工程中标收到施工图纸后，首先技术管理部门（技术部）或有关负责技术的领导（总工）要组织技术人员和有关管理人员（工长）看图审查图纸，在看图审查图纸时要仔细认真，将图纸中的重大问题提出并经核实整理后提交建设单位或监理，由建设单位组织设计、监理、施工几方共同进行图纸会审。在图纸会审中设计方对工程及图纸进行交底，并对施工、监理等方提出的问题给予解答。图纸会审中提出问题的修改或变更将以图纸会审记录的形式下发。图纸会审记录将和图纸一样作为施工的依据。

二、编制施工组织设计

施工组织设计是以整个建设工程建筑群或具备独立生产工艺系统和使用功能的工程项目为对象，根据初步设计或施工设计图纸和设计技术文件，有关标准规定、其他相关资料及现场条件进行编制的。是用以指导工程项目从施工准备到工程竣工全过程的技术、质量、安全、工期进度、经济等的文件；是编制工程计划、工程预算、组织施工活动及实现科学管理的主要依据；是保证按期、优质、低耗的完成机电安装工程施工任务的重要措施；是科学管理的重要环节。

1. 机电设备安装施工组织设计编制原则

（1）遵守合同规定的开、竣工期限；

（2）科学、合理安排施工顺序，充分利用空间、时间，组织流水作业，大力缩短施工

周期;

(3) 贯彻执行施工技术规范、规程、标准，积极采用新材料、新工艺，确保施工质量与安全，提高劳动生产率，降低施工成本；

(4) 制定切实的技术组织措施，讲究实效；

(5) 充分考虑协调施工和均衡施工，减少施工交叉。

2.施工组织设计编制内容

(1) 编制依据：

1) 施工及验收规范；

2) 施工合同；

3) 施工图纸；

4) 业主或总承包商编订的土建或结构施工组织总设计；

5) 施工合同及施工图纸中规定的有关标准、图集等。

(2) 工程概况：

1) 工程地理位置介绍；

2) 工程各有关功能简介；

3) 各专业施工项目简介；

4) 甲方、监理、设计、总包、施工各方名称；

5) 开、竣工时间；

6) 工程特点；

7) 质量等级；

8) 主要工程数量表：主要设备及重要附属设备的规格、型号、数量及主要的技术参数；各种管材、钢材和阀门、部件的规格、数量等。

(3) 施工准备：

1) 施工组织机构的结构和人员安排；

2) 施工技术准备：

①施工图纸；

②技术资料；

③工程分项划分；

3) 施工用机具、仪表：

①主要机具；

②主要仪表；

4) 各专业按施工进度变化的劳动力计划表；

5) 工程施工进度计划表或网络图；

6) 需订货设备清单及要求到货时间；

7) 预留、预埋要求。

(4) 施工技术、质量要求：

1) 施工工艺流程；

2) 分项工程的施工方法、技术及质量要求；

3) 预计需编制的施工方案清单；

4）本工程关键过程的划分及控制方法。

（5）质量保证体系及保证措施：

1）质量保证体系；

2）质量保证措施。

（6）安全保证体系及保证措施。

（7）冬、雨期施工措施。

（8）消防、保卫措施。

（9）现场文明施工管理措施。

（10）成品保护措施。

（11）材料供应与管理措施。

（12）机械设备管理措施。

（13）环境保护措施，有防止大气、水、噪声污染的具体措施。

（14）工程施工平面布置图。

在工程施工平面布置时，应对现场进行充分的调查研究，科学利用场地空间，合理利用现有建筑，减少临时设施，减少材料运输距离及二次搬运量；严格遵守安全防护、现场管理、现场保卫等各项文明施工现场标准，满足防火标准及环保要求。

（15）临时用电及临时用水。

（16）降低成本措施。

（17）技术资料目标设计。

3．施工组织设计管理

（1）施工组织设计的编制、审批手续必须齐全。审批权限根据工程的规模、性质决定，见表5-1。审批一般由单位总工或总技术负责人负责。

施工组织设计的编制审批

表 5-1

施工组织类型	甲 方	监 理	总承包	施 工	编 制
《大型、重点工程总施组》《重点项目施组》	✓	✓	✓	✓	✓
《一般项目施组》			✓	✓	✓
《单项施组》				✓	✓

（2）施工组织设计未经审批不得实施。

（3）变更施工组织设计中已确定的方案必须经过审批。

（4）施工组织设计批准后，应由编制单位分级向下交底。工程中分阶段进行检查，确保整个施工活动按施组规定实施。

三、编制材料、设备备料计划

施工前期准备阶段材料、设备计划，一般是根据设计图纸上材料、设备表和前期看图审查图时初步统计材料、设备数量后综合提出的，是作为备料计划及材料物资部门招标物资采购的依据。

物资部门招标时，技术部门要提供所招标材料或设备的技术参数及技术要求；要对其材质、规格、性能、附加备件等具体要求详细说明；材料或设备一经中标后，在签订合同时要对所签订材料或设备数量核实准确；在以后的施工过程中，如现场或图纸有变化，要及时和物资部门沟通，修改或补充计划。

材料、设备计划在施工过程中需要经常进行调整、修改和补充与施工保持一致。

材料计划的编制要合理，不可过大，大了多了造成浪费，但也不可过小，小了少了影响施工进度。材料要根据数量多少分批进场，不可在现场堆积大量材料，以避免增加现场材料存放场地，而加大临设的开支及过多地占用资金。材料、设备要在工程项目使用前提前进场，其供应时间要满足施工进度的需要。

1．设备材料计划分类

（1）总体材料计划（或分部位材料计划）；

（2）月度材料需用计划；

（3）加工定货计划；

（4）材料采购计划；

（5）材料调整计划。

2．材料计划编制依据

（1）单位工程或分部工程总体材料计划应根据施工组织设计和施工预算定额、材料分析进行编制；

（2）月度材料需用计划应根据施工图纸，施工进度和施工方案进行编制；

（3）加工定货计划应根据技术翻样、图集资料及加工周期进行编制；

（4）采购计划应根据施工项目进度对材料的需用计划进行编制；

（5）材料调整计划，在材料采购和加工定货执行过程中，如遇有工程设计变更或技术洽商，应及时做出调整计划，避免造成损失。

四、施工方案编制

施工方案是单位工程施工组织设计的核心，它是针对某分部或分项工程或某项工艺在施工过程中难度大、工艺新或比较复杂、质量与安全性能要求高等原因，所需采取的施工技术措施，以确保施工的进度、质量、安全目标和技术经济效果。对于特殊工序和大型或重要设备运输吊装，专业技术人员应根据现场实际情况，编制相对切实可行的施工方案，以期提高施工质量，缩短工期。

1．施工方案编制准则

（1）以施工组织设计为基础；

（2）以设计图纸和技术说明书为依据；

（3）以相应的施工质量验收标准为准则；

（4）方案应符合施工规律，先进、经济、合理、安全可靠；

（5）施工方案是用以指导施工作业人员在作业过程中各项施工活动的技术性文件。

2．编制内容

在机电设备安装工程项目施工中，专业技术种类繁多，施工的工程对象多且复杂，对施工方案的制定、方案的内容、方案的作用和要求均有所不同，因此，施工方案的编制深度和侧重点也不同。

（1）工程概况及施工特点：施工对象的名称、和本项目相关内容的概况及本项目的特点、难点和复杂程度；施工条件和作业环境；需解决的技术要点。

（2）施工程序和顺序：经过技术经济比较或分析后确定的施工方法；按照施工规律、特点和经验，合理确定的施工程序。

（3）资源的配置与要求：按实际情况确定劳动力配置、施工机械设备和检测器具配置、临时设施和环境条件配置，完善所有配置的资源。

（4）施工进度计划：按照已确定的施工方法，确定关键技术的要求，采取相应的技术措施，对工程从开始施工到完成，确定其全部施工过程在时间、空间上的安排和相互配合关系。

（5）质量要求：根据工程要求，以相应的规范、标准为依据，确定达到相应质量标准所应采取的质量保证措施。

（6）安全技术措施：制定安全技术预案措施；防止违章指挥和违章操作；设立危险区域标志或监护；明确文明施工及保护环境方面的要求和措施。

五、编制技术交底

1．技术交底编制原则

（1）严格执行国家标准、规范、规程、工艺标准、质量验评标准、上级技术指导文件和企业标准制定的技术支持性文件。

（2）根据工程特点及时编制，内容齐全，针对性强，具有可操作性。

（3）重点强调易发生质量事故与安全事故的部位，并提出预防措施。

2．技术交底内容

（1）分部分项工程施工前，专业技术人员应按部位和操作项目，向施工工长或班组长进行分部分项施工技术交底，交底的内容应针对工程实际情况，做到重点突出，技术先进，既满足标准要求又经济合理。对新工艺、新材料的施工方法、操作要求要进行详尽的说明，对易出现的质量通病有具体的防范措施。

（2）分部分项工程（工序）技术交底的主要内容包括：施工部位、施工准备、作业条件、施工时间安排、工艺操作流程、施工方法、技术要求、质量标准、检验手段、质量安全保证措施、成品保护等。

3．设计变更、洽商的编制

（1）设计变更、洽商的分类：

1）设计单位提出变更：指由设计单位提出的、对原设计图纸所做的局部修改。它一般直接由设计单位发出设计变更、洽商记录，四方签字生效。

2）建设单位提出变更：是指建设单位基于某种想法，对工程项目进行局部变更。此变更一般必须通过设计，并经四方签字生效。

3）施工单位提出变更：是指施工单位针对原设计图纸中某些矛盾处进行更正，或在满足设计前提下，因现场施工条件改变或受施工能力限制而对原设计提出的技术洽商。

（2）技术洽商的办理：

1）技术洽商一般由各专业技术负责人办理，经项目技术负责人批准后上报设计、监理和建设单位。

2）办理技术洽商时，经办人应综合各专业、各部门的情况，谨慎从事。当某专业的项目变更对其他专业有影响时，必须事先与相关专业技术负责人协商，各专业本着提高质量、降低成本、方便施工的原则，共同确定变更方案。

3）设计变更、洽商记录要随施工进度及时办理，以不影响施工进度为宜。所有设计变更、洽商应先洽后干，除特殊情况外，一般应避免在签字未齐全的情况下擅自施工。

4）设计变更、洽商记录不应涂改。若在办理过程中，出现某一方不同意某项条款而进行修改时，应重新办理。

5）设计变更表，见表5-2。

设 计 变 更 表 表 5-2

设计变更通知单 表 C2-3		编　号	
工程名称		专业名称	
设计单位名称		日　期	
序号	图　号	变　更　内　容	
签字栏	建设（监理）单位	设计单位	施工单位

1. 本表由建设单位、监理单位、施工单位和城建档案馆各保存一份。
2. 涉及图纸修改的必须注明应修改图纸的图号。
3. 不可将不同专业的设计变更办理在同一份变更上。"专业名称"栏应按专业填写，如建筑、结构、给水排水、电气、通风。

六、施工样板或样板段

为了保证工程质量，在施工现场推行样板领路方针。在重要工序或项目正式大规模施工安装前先安装或加工一个小单元，称之为样板或样板段。

样板或样板段施工完自检合格后，由施工单位技术部门报甲方或监理，经甲方、设计、监理及本单位负责技术、质量等人员检查、确认、验收合格后再开展大面积施工安装。其鉴定检查验收结果填写，见表5-3。有些样板或样板段施工完成后不需甲方、设计等方检查、确认，只需监理和本单位负责技术、质量的有关人员检查、验收，仅作为施工质量控制样板。

在施工前做技术准备时应编制施工样板或样板段计划；在施工中根据现场施工进度和

设备、材料进场情况按照样板或样板段计划逐个实施。

样板确定原则如下：

（1）工程中的重点工序、新工艺或操作施工人员从未施工过的工艺。如管道采用沟槽连接工艺是近几年推广的，虽不是新工艺，但有些施工人员未操作过。所以应在采用沟槽连接管道施工前先用三通、四通、弯头等管件将几节管道连接，经检查合格后作为后续沟槽连接施工安装的样板，供沟槽施工人员观摩借鉴。

（2）相同设备多，施工作业班组多的项目。如卫生间的洁具安装，一般工程中卫生间洁具安装数量较多且分散，又都是明装在表面，虽说其技术含量不太高，但是要是使整个工程的卫生洁具或不同作业班组的安装都达到一致的标准，且外观安装质量都能满足有关规定还是有一定的难度。同时洁具安装和装修的墙、顶、地接合还需配合，因此一般在卫生间施工前要选择一个卫生间做建筑装修、水、电、风等综合专业施工样板。

（3）批量加工项目。如加工风管在加工前应先将直管、三通、弯头、变径管等管件都加工几节，从中选择加工质量高的封样，作为样板。以后任何班组加工都以此为标准，凡不符合标准的一律返工。

（4）有代表性的安装部位。如在大型工程中空调机组、水泵等设备较多，其在机房中的风、水、电等管线在设备旁密集，配管较复杂。应先做一样板，为机房管线的整体布局找出规律，以便于后续设备配管的统一，以及供回水管道附属的温度计、压力表等安装位置标高一致，使得机房中的配管整齐、统一、美观，便于以后的运行、维修管理。

机电安装工程样板鉴定表

表 5-3

申报日期： 年 月 日

编号：

工程名称		施工单位	
样板部位		鉴定项目	
申报内容			
			申报人： 年 月 日
设备厂家意见			签字： 年 月 日
监理公司意见			签字： 年 月 日
设计单位意见			签字： 年 月 日
建设单位意见			签字： 年 月 日
总承包意见			签字： 年 月 日
备 注			

七、工程进度计划编制

1. 施工进度计划的编制要求

施工项目经理部在掌握和了解各单位工程中各分部分项工程的施工资源、现场条件、设备与材料供应等情况的基础上，通过必要的计算和平衡后，编制月、旬作业计划。

（1）根据项目总进度计划和单位工程进度计划的实施情况或业主提出的具体要求。

（2）编制施工的月、旬作业计划应明确：具体的计划任务目标；所需要的各种资源量；各工种之间和相关方的具体搭接与接口关系；存在问题及解决问题的途径和方法等。

（3）施工月、旬计划的编制一般可采用横道图也可采用网络图形式表示，并应有计划说明和实施措施。

2. 施工月、旬作业计划实施要求

（1）项目经理部在计划实施前要进行计划交底，并对分承包方和施工队下达计划任务书。

（2）施工队应根据施工月、旬作业计划编制施工任务单，将计划任务落实到施工作业班组；施工任务单的内容应有具体的施工形象进度和工程实物量、技术措施和质量要求等。

（3）在实施进度计划过程中要做好施工记录，任务完成后由施工队进行检查验收并及时回收施工任务单。

（4）根据月、旬施工进度计划，掌握计划实施情况，协调施工中的各个环节、各个专业工种、各相关方之间协作配合关系，采取措施调度生产要素，加强薄弱环节，处理施工中出现的各种矛盾，保证施工有条不紊地按计划进行。

八、设备、材料进场验收及保管

1. 材料验收管理

（1）各单位应明确材料验收人员的岗位职责、验收程序、方法，根据材料属性和相关规定采取称重、检尺、量方、点数等方法进行材料验收并做好验收原始记录。

（2）施工现场应根据需要配备各种计量器具，并保证在用计量器具处于合格状态。

（3）材料验收人员要严格履行岗位职责，按规定的程序、方法、质量标准进行验收，并索取质量合格证、材质证明、检测报告，做好验收记录。验收时发现数量不符、质量不合格等问题，应会同材料采购人员、技术质量人员一同复验确认，按合同约定处理。

2. 材料储存与保管

（1）项目经理部材料组要参予施工组织设计，按需要布置施工现场材料堆放场地、仓库，并绘制平面布置图，严格按材料存放平面布置图存放材料。

（2）材料存放、仓库应尽量选择地势较高，远离水源、高压线的场地，做到平整坚实，有排水措施；材料仓库要做到牢固、严密，有防雨、防潮、防火、防盗措施；特种化工材料还要有防污染、防爆措施；尽量做到方便材料出入库。

（3）施工现场材料保管要做到防雨、防潮、防火、防倒塌、防损坏、防扬尘，码放整齐，做好现场材料管理工作。

3. 材料消耗管理

（1）项目经理部要根据工程特点、结构类型、施工方案制定材料消耗控制使用管理规定，做到工程所需材料工具使用全部得到控制。

（2）项目经理部要根据材料控制使用管理规定提出的要求明确专人负责，按栋号做好月消耗记录、盈亏分析，找出盈亏原因，并采取相应措施，同时通报材料使用单位。努力做好施工全过程的材料控制使用管理。

（3）单位工程或分部分项工程材料应耗量的测算是材料控制使用的源头和最基础的工作。材料全额承包、材料数量承包或项目经理部自行发料控制使用，都必须先行测算单位工程、分部分项工程材料应耗数量，作为材料控制使用依据。

单位工程或分部分项工程材料应耗量的测算依据：施工图纸、施工方案、材料分析、施工预算材料定额。应耗量是施工图纸净消耗量，不加损耗系数。

4．二次运输吊装方案编制的原则和注意事项

当设备运至现场卸车后，现场如有条件时即利用设备运输的吊运车辆进行吊装就位，对于没有条件不能就位的设备要妥善保管。露天临时堆放的设备应有防雨覆盖物（篷布），在地面要根据具体设备采用不同的措施进行支垫。对于大型设备，如冷水机组、锅炉等体积大的重型设备二次现场运输吊装应另行编制方案。

5．设备的开箱检查与验收

设备开箱检查应在设备安装就位前进行，尽量避免在二次搬运前开箱，以免造成设备的损坏及零部件的丢失，如设备开箱检查后不能及时安装，必须将设备箱重新封好。开箱后的检查，甲方及监理均需有人员参加，甲乙双方及监理共同验收并记录。

开箱与检查要求如下：

1）设备不受损伤，附件不丢失。

2）尽量减少包装箱板损失。

3）开箱前应事先查明设备型号、箱号，以免开错箱。

4）开箱前事先将顶板上的尘土打扫干净，以免尘土散落在设备上。

5）开箱一般要求先从顶板开始，在拆开顶板查明后，再采取适当方法拆除其他箱板。如无法从顶板开箱，可在侧面选择适当位置拆开少量箱板观察内部情况，确定方法后，再继续开箱。

6）拆除箱板时，应注意周围环境，防止箱板倒下时碰伤设备和人，箱板要妥善堆放，防止"朝天钉"扎手脚。

7）检查时应确认设备型号、规格是否与设计相符，设备外观和保护包装情况是否良好，如有缺陷、损坏和锈蚀等应如实做出记录，双方签字认可。

8）按照装箱单清点零件、部件、附件、备件，校对出厂合格证和其他技术文件是否齐全，并做出记录。

9）检查随箱所附的专用工具、量具、卡具等是否齐全，并做出记录（专用工具等应妥善保管，用毕后归还甲方）。

10）检查时如发现设备有重大缺陷或传动部分大面积腐蚀，除做好书面记录外，建议同时做好照片记录。

11）检查完毕后，甲乙双方及时办理中间移交手续。

九、节约开支、降低成本

施工过程中除要大力加强安全、质量、进度管理外，还要节约开支、降低工程成本，减少返工和不必要的重复用工，以提高经济效益，达到企业的最好赢利。

技术措施如下：

（1）认真审查图纸，在不影响质量和使用功能的前提下，改变不合理设计，节约原材料。对施工中的设计变更或代用材料及时办理变更代用手续或经济洽商手续。

（2）在施工中认真推广新工艺、新材料、新机具、新技术，降低成本。

（3）合理安排施工进度和作业计划，均衡安排劳动力，防止窝工现象，尽量减少严寒酷暑的室外作业，减少冬雨期的施工措施费用及提高劳动效率。

（4）加强机电安装施工图的深化工作。机电设备安装施工是工程中的难点技术，根据以往的施工经验，设计图纸往往不能满足加工制作以及现场施工的要求，需要各专业进一步完善图纸、综合细画详图。这样可以部分解决专业间的交叉，减少返工、窝工，并且可使部分管线的支吊架采用共架。

在施工之前绘制综合设备布置图，达到将问题提前解决的目的，保证施工进度。

（5）提高预制件标准化程度，提高预制件准确性，集中加工预制，减少重复运输及损耗。

（6）合理安排施工顺序，有关工种搞好协调关系，避免不必要的返工浪费。严格把住质量关，精心操作，合理用料，降低废品率，提高材料的利用率，做到省时、省力、省材料。

（7）加强现场材料管理，按计划分期进料防止积压，对来料的验收工作，从数量、质量到规格、型号都要把关，防止不符合标准的材料进场造成浪费。工长对进料和材料消耗做到心中有数，合理使用大型机具设备，用完及时退回，节约台班费。

（8）施工中推广使用活动安装架子既灵活又方便，不但可减少搭架子费用，又可保证劳动生产安全。

（9）班组应做到文明运输和施工，卸货点件认真，避免磕碰损坏，造成二次加工。

（10）开展群众性增产节约、增收节支活动，对下脚料、废料、包装箱及余料及时进行回收和利用。同时加强小组的工具管理，爱护生产工具，修旧利废。

十、冬、雨期施工措施

冬、雨期施工时，在施工人员、物资、技术、质量、安全等各方面都要有防范措施。

1. 特殊工序的方案编制

要有针对性地编制特殊工序的施工方案。如在冬期的水压试验方案、临时供暖方案；夏季的防洪排水方案、材料、设备储藏保管方案等。

2. 冬、夏施工方案

夏季施工，天气炎热，高层作业的施工人员要经身体检查，凡不适合高空作业的人员要进行岗位调整。有关部门做好防暑降温、食堂卫生等后勤保障工作。冬期施工，应做好五防——防火、防滑、防冻、防风、防煤气中毒，以预防因病或因灾减员造成劳动力紧缺，影响工程进度。

3. 材料、设备物资保管

（1）夏季进入现场的设备、材料不要放在低洼处，要将设备垫高，设备露天存放应加苫布盖好，以防日晒雨淋，料场周围应有畅通的排水沟以防积水。最大限度减少由于保管不善造成的材料损坏。

（2）施工机具要有防雨罩或置于遮雨棚内，电气设备的电源线要悬挂固定，不得拖拉在地，下班后要拉闸断电。

（3）冬季进入现场的设备，露天存放同样要加苫布盖好以防风沙、积雪及雪后融化。

4. 水压试验

一般冬季不做水压试验，但在冬季来临之前或冬季有些工程因施工进度的要求必须做水压试验，因此在做水压试验一定要注意：

（1）在冬季来临之前做水压试验。

1）必须选择在晴朗的天气，温度不要低于零度。

2）管道系统内的试验用水，要在早上灌水，晚上泄水，即使水压试验未做完，也得泄水。试验用水不许隔夜，即夜间系统内不得存水，以防夜间温度低造成管道内水冻结。

3）泄水要有组织排放，不得在地面存留结冰。

（2）冬季来临之前要将施工完、做过水压试验的管道内存水放空排净，如管道标高变化大、拐弯多，水排不净，则需采取措施，如用空压机吹或在低处断开放水。

（3）工程已竣工待办交接手续或交工验收检查期间，楼内各系统全部灌水，教育值班人员要随时关好门窗，防止在门窗附近处的消防喷洒头、末端散热器等薄弱环节长期受冷冻损。

（4）由于工程进度要求，在严冬季节必须做管道压力试验时，其试验的介质不要用水或采取其他措施，如采用气压试验。做气压试验其试验压力和选用空压机等要经有关计算，千万注意安全。

十一、成品保护

施工人员要认真遵守现场施工过程中的各项保护制度，爱护设备、爱护施工成品、家具以及各项设施，加强成品保护，减少经济损失。

1. 设备保护

（1）设备在安装前由甲方、监理、施工单位有关人员进行设备进场验收，拆箱点件并做好记录，发现缺损及丢失情况，及时向有关部门反映。应参加人员不齐时，不得随意拆箱。

（2）设备开箱点件后对于易丢、易损部件应指定专人负责入库妥善保管。各类小型元件及进口零部件，在安装前不要拆包装。设备搬运时明露在外的表面应防止碰撞。

（3）大型设备吊装，应编写吊装及运输方案，在吊装时按产品吊装点吊装，专业公司和施工队指派有关人员参加。防止设备在吊装、运输中的损坏。

2. 施工成品的保护

（1）对管道、通风保温成品要加强保护，不得随意拆、碰、压，防止损坏。

（2）各专业施工遇有交叉"打架"现象发生，不得擅自拆改，需经设计、甲方及有关部门协商，由工长协调解决后，方可施工。

（3）对于空调机房、水泵房等重要部位，在不具备安装条件时不得进行设备安装，当设备安装好后，门要加锁，并设专人看管。

（4）贵重、易损的仪表、零部件尽量在调试之前再进行安装，必须提前安装的要采取妥善的保护措施，以防丢失、损坏。

（5）风、水系统末端设备安装时要注意防止交叉污染，如安装风口、喷洒头、散热器，明装管道刷漆时要对已装饰好的顶棚、墙面加以保护，不得因安装末端设备、刷漆将顶棚或墙面弄脏。

3. 施工班组料具的管理

施工中要注意防止材料和零部件的丢失；剩余材料和备用的零部件要及时退库；废料、下脚料要及时回收和利用。

第二节 施 工 进 度 管 理

一、施工进度控制原理

施工进度控制是循环过程中的动态控制。从施工开始就出现了运动轨迹，也就是计划进入执行的动态。实际进度按照计划进度进行时，两者相吻合；实际进度与计划进度不一致时，便产生超前或落后的偏差。分析偏差的原因，采取相应的措施，调整原来的计划，使两者再次吻合继续进行施工，并最大限度地发挥组织管理的作用，使施工进程按照计划进行。在新的干扰因素作用下，又会产生新的偏差，再调整、再实施，如此这样动态循环直至工程竣工是施工进度控制的目的和主要任务。

1. 系统管理

（1）工程的计划系统：为了对工程进度进行计划控制管理，首先必须编制各种进度计划。主要有：工程总进度计划、单位工程进度计划、分部分项工程进度计划、季度、月（旬）作业计划等，这些计划组成一个施工项目进度计划系统。计划的编制范围由大到小，计划的内容由粗到细。编制时从总体计划到局部计划，逐层进行控制目标分解，以保证计划控制目标的实现。执行计划时，从月（旬）作业计划开始实施，逐级按照目标控制，从而达到对施工项目整体进度目标进行控制。

（2）工程进度计划实施体系：工程施工全过程中，各专业队伍都遵照计划规定的总目标去努力完成每一项施工任务。工程项目经理和工长、技术、质量、安全、材料设备采购等各职能部门和人员都按照施工进度的规定进行严格管理、落实和完成各自的任务。各级负责人，从项目经理、施工队长、班组长及其所属全体成员组成了施工项目实施的完整组织体系。

（3）工程进度计划控制组织体系：为了保证工程进度实施，要有一个进度项目的检查、控制、信息反馈系统。由工程总承包商、项目部、作业队、班组等在不同层次上进行。要配有专职或兼职的统计与计划职能部门或人员负责计划的编制与检查、统计与汇报以及信息反馈，将实际施工进度情况与计划进度进行比较、分析和调整。各层次分工协作形成一个纵横相连的工程进度控制、组织体系。

信息反馈是施工项目进度控制的主要环节，现场施工的实际进度反馈给基层人员，经核实，再将信息逐级向上反馈直到高层，经过比较分析做出决策，调整后再实施。

2.弹性原理

施工过程中，影响进度的原因多，其中有些根据经验已预计出影响的程度和出现的可能性，因此在确定计划进度目标时，留有了余地，使进度计划有一定的弹性。在实施施工项目进度控制时，可以利用这些弹性，缩短有关工序的时间或者改变它们之间的搭接关系，使拖延的工期，通过缩短剩余计划工期的方法，仍然达到预期的计划目标。

3.封闭循环原理

项目的进度计划控制的全过程是计划、实施、检查、比较分析、确定调整措施、再计划的过程。从编制项目施工进度计划开始，经过实施过程的跟踪检查，收集有关实际进度的信息，比较和分析实际进度计划与施工计划进度之间的偏差，找出产生原因和解决办法，确定调整措施，再修改原进度计划，形成一个封闭的循环系统。

在施工项目进度计划的控制中，利用网络计划技术原理编制进度计划。根据现场实际进度信息，比较和分析进度计划，利用网络计划，调整计划以达成优化工期、优化成本和优化资源的目的。

二、施工项目进度计划的实施和检查

按施工阶段分解，突出节点控制：以关键线路为线索，以计划起止里程碑为控制点，在不同施工阶段确定重点控制对象，制定施工细则，保证控制节点的实现。

按专业工种分解，确定交接时间：在不同专业和不同工种的任务之间，进行综合平衡，并强调相互间的衔接配合，确定相互交接的日期，强化工期的严肃性，保证工程进度不在本工序造成延误。通过对各道工序完成的质量与时间的控制，保证各分部工程进度的实现。

按总进度计划的时间要求，将施工总进度计划分解为季度、月度、旬度和周进度计划。

三、网络图

网络图是一种科学的计划方法，是一种有效的生产管理方法。应用网络图的形式表达一项工程的各个施工过程的顺序及它们的相互关系。

1.单代号网络图

单代号网络图是以结点及其编号表示工作，以箭线表示工作之间逻辑关系的网络图，见图5-1。

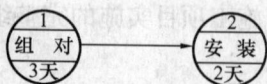

图5-1 单代号网络图

2.双代号网络图

双代号网络图是以箭线及其两端节点的编号表示工作的网络图，见图5-2。

3.关键工序和关键线路

（1）关键工序指的是网络计划中总时差最小的工作。当计划工期等于计算工期时，总时差为零的工作就是关键工作。

（2）关键线路是自始至终全部由关键工序组成的线路或线路上总的工序持续时间最长的线路。

162

4. 控制进度计划

进度控制是指在规定的工期计划内，完成施工进度。在执行该计划的施工中，经常检查施工现场实际进度情况，并将其与计划进度相比较，若出现偏差，分析产生的原因和对工期的影响程度，定出调整措施，修改原计划，不断地如此循环，直至工程竣工验收。进度计划控制是确保按期完工，或是在保证施工质量、不增加施工成本的前提下，缩短工期的关键。

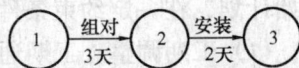

图 5-2　双代号网络图

用工程网络计划的方法编制进度计划必须很严谨地分析和考虑工作之间的逻辑关系，通过工程网络的计算可发现关键工序和关键路线，也可知道非关键工序可利用的时差。

由于网络图具有明显的逻辑性，它能清楚地表示项目控制进度计划中的各项工序内容及时间安排，尤其是能够明确地表达工序之间的内在联系和相互制约的关系，能够运用数字方法来分析计划和进行优化，因而以网络计划来控制工程工期在施工企业中得到越来越广泛的应用。而利用网络计划进行进度控制，不仅能够将现在和将来完成的工程内容，各工序间的关系明确地表示出来，而且能预先确定各工序的时差，明确关键工序路线以及进度超前或落后，对后序工程施工和总工期的影响等等。当发现某工序施工拖期将影响总工期时，就可采取措施补救或对计划进行必要的调整，以保证按期完成。

网络图在实际工程中的应用要注意以下几点：

(1) 根据工程的规模、工程量及复杂程度，首先确定工程的关键路线，进而进行详细的工程分解，给网络图的绘制、阅读和管理奠定基础。

(2) 根据总网络图逐级绘制分网络图和基础网络图，并作到反馈、调整。

(3) 网络图绘制完成后，尚需根据实际施工情况，如交叉作业、施工工艺顺序改变等，不断进行修正与完善。总之利用网络图进行工程施工进度控制，便于控制关键路线的完成情况，使各节点工序的最早开始时间和最迟完成时间在统筹法的基础上更明晰，使进度指标量化及施工进度控制可靠。

5. 成本控制

工程成本由直接费用和间接费用组成。在项目施工中约束成本控制的有进度计划、施工组织方案以及质量、安全等。

采用不同的施工组织方案，工程成本会不相同。寻求成本最低的计划方案，是施工进度计划优化的重要内容。

一般说来，直接费用低的计划和方案，工期比较长。为了缩短工期，需要采用效率更高的施工机械或施工工艺，直接费用往往就要增加；如果不改变效率，就需要投入更多的人力和物力，增加了资源的使用，势必就要扩大现场的临时设施和生产规模，增加一次性费用的投入，其结果是导致直接费用的增加，因此一般是优先采用那些增加费用不多而缩短工期效果显著的方法。不过，随着工期的缩短，直接费会更快的增加。间接费与项目施工的关系不那么直接，无论现场施工情况如何，每天大体上总要发生那么多费用。工期越长费用越多，费用与工期成正比。

优化计划是提高经济效益的关键。施工工期、资源投入量与成本消耗量，是三个相互联系又相互制约的因素。项目施工进度网络计划的优化，就是通过合理的改变工序之间的逻辑关系，充分利用关键工序的时差，科学地调整工期与资源消耗使之最小。不断地调整原始计划，在一定约束条件下，优化进度计划。优化进度计划要点如下：

（1）工期调整。工期通常是进度计划编制时首先考虑的问题，在资源用量及成本消耗变化条件下，要经常适当地调整计划工期，以满足按时或提前完成规定工期的要求。

（2）资源平衡。编制施工项目进度计划时，必须进行资源的平衡。要求资源的计划用量不超过资源的总供应量，还要力求做到资源的节约和均衡使用。也就是说，要使资源的计划用量控制在总供应的额度内，并使每天使用的资源量都相差不多，在平均数上下波动不大。很明显，资源用量越趋于均衡，资源用量高峰就越小，资源使用的一次性费用就越少，经济效益则越好。对于企业配备的一定量的人力和物力来说，如果计划的安排能使得这些人力和物力，在整个计划期中每天都能够充分发挥其效率，那么这个计划的资源就是均衡的，经济效益也必定是好的。

四、保证工期的管理措施

（1）建立定期巡查制度：每周由项目部组织各施工队对工程现场巡查，巡查的目的是检查施工进度、现场文明施工情况、安全生产情况等。

（2）建立例会制度：

1）定期召开工程例会，处理工程进行中碰到的计划进度、安全消防、工程质量、技术等问题，施工队汇报现场施工进度和存在问题。做到会而有议，议而有决，决而有行。

2）建立现场协调会制度，根据现场的实际需要召开不定期的施工技术管理人员会议，对施工中存在的问题做到随时发现、随时解决，同时相应地调整阶段性计划，保证工期不被延误。

工作例会上确定和解决的问题要形成会议纪要，印发各施工队执行。

（3）奖惩制度：依据已制订的管理制度，严格落实奖惩制度。

（4）具体措施有：

1）合理协调和安排工序，使之与已确定的施工技术方案吻合，按各工序间的衔接关系顺序组织，均衡施工；首先安排工期最长、技术难度最高和占用劳动力最多的主导工序；优先安排易受季节条件影响的工序，尽量避开季节因素对工期的影响；优化小流水交叉作业；

2）和土建或其他专业交叉施工时，由专业人员共同根据整体计划编制具体交叉作业的月、周、日综合进度计划，逐一落实施工条件和进度安排，对机械设备、场地制定协调指令，限制使用范围、时间并严格执行，使各专业顺利施工；

3）严格执行计划和统计工作，及时发现和纠正计划的偏差；

4）施工中严格控制施工质量，工前交底培训、持证上岗、挂牌施工、坚持自检、互检、专业检，确保工程验收一次通过率，避免由于返工和修改影响到后序工作，从而影响工期。

第三节 施 工 质 量 管 理

质量保证的关键在于过程控制，因此，必须制定并严格实施对施工要素全过程的控制程序，以保证施工过程处于控制之中。质量保证程序图，见图 5-3。

图 5-3 所示流程图内容：

基本要素		过程控制	基本要求	目标
方案	经规定级别审批后实施	实施中优化总结	方案保证	
人员	基本能力素质	岗位任职能力评定	人员素质保证	
材料	原材料、半成品检验	品质保证	基本品质保证	产品质量达标
操作	按工艺标准、方案或措施要求	按规程、图纸施工	操作过程保证	
机具	检测试验合格后使用	定期检测保养	机具能力保证	
环境	确定必要的环境条件	采取措施	环境条件保证	

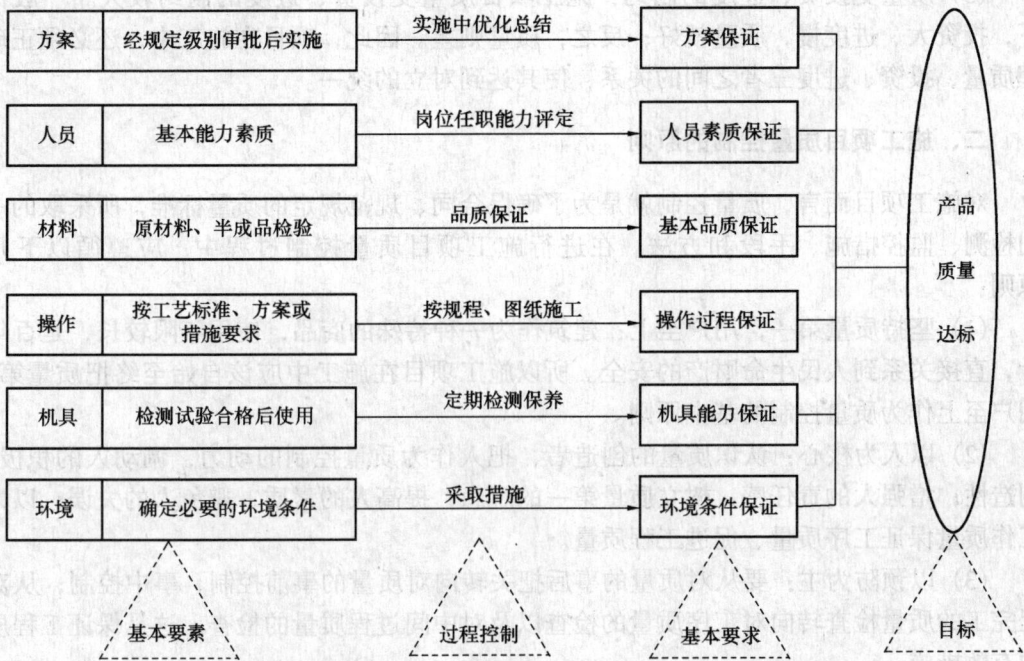

图 5-3 质量保证程序图

一、施工项目质量控制的特点

由于项目施工涉及面广，是一个极其复杂的综合过程，再加上项目位置固定、生产流动、结构类型不一、质量规定要求不一、施工方法不一、体形大、整体性强、建设周期长、受自然条件影响大等特点，因此施工项目的质量比一般工业产品的质量更难以控制，主要表现在以下方面：

（1）影响质量的因素多：如设计、材料、施工工艺、操作方法、技术措施、管理制度等，均直接影响施工项目的质量。

（2）容易产生质量变异：由于影响施工项目质量的偶然因素和系统性因素较多，因此很容易产生质量变异。当出现使用材料的规格、品种有误，施工方法不妥，操作不按规程，机械故障，仪表失灵，设计计算错误等问题时，则会引起系统性因素的质量变异，造成工程质量事故。为此，在施工中要严防出现质量变异，要把质量变异控制在偶然性因素范围内。

（3）容易产生第一、二判断错误：由于施工项目工序较多，中间产品多，隐蔽工程多，若不及时进行隐蔽检验，事后再看外表，容易产生第二次判断错误，也就是说，容易将不合格的产品，认为是合格的产品；反之，若检查不认真，测量仪器不准，读数有误，就会产生第一判断错误，也就是说容易将合格产品，认为是不合格产品。

（4）质量检查不能解体、拆卸：工程项目建成后，不可能像某些工业产品那样，再拆卸或解体检查内在质量，或重新更换零件；即使发现质量有问题，也不可能像工业产品那样实行"更换"或"退款"。

（5）质量受投资、进度的制约：施工项目质量受投资、进度的制约较大。一般情况下，投资大、进度慢，质量就好；反之，质量则差。因此，项目在施工中，还必须正确处理质量、投资、进度三者之间的关系，使其达到对立的统一。

二、施工项目质量控制的原则

对施工项目而言，质量控制就是为了确保合同、规范规定的质量标准，所采取的一系列检测、监控措施、手段和方法。在进行施工项目质量控制过程中，应遵循以下几点原则：

（1）坚持质量第一，用户至上：建筑作为一种特殊的商品，使用年限较长，是百年大计，直接关系到人民生命财产的安全。所以施工项目在施工中应该自始至终把质量第一，用户至上作为质量控制的基本原则。

（2）以人为核心：认识质量的创造者，把人作为质量控制的动力，调动人的积极性、创造性；增强人的责任感，树立质量第一的观念；提高人的素质，避免人的失误；以人的工作质量保证工序质量、促进工程质量。

（3）以预防为主：要从对质量的事后把关转向对质量的事前控制、事中控制；从对工程完工的质量检查转向对工序质量的检查以及对中间过程质量的检查。这是保证工程质量的有效措施。

（4）坚持质量标准，严格检查，一切用数据说话：质量标准是评价产品质量的尺度，数据是质量控制的基础和依据。产品质量是否符合质量标准，必须通过严格检查，用数据说话。

（5）贯彻科学、公正、守法的职业规范：建筑施工企业的领导在处理质量问题的过程中，应该尊重客观事实，尊重科学，正直、公正，不持偏见；遵纪守法，杜绝不正之风；既要坚持原则、严格要求、秉公办事，又要谦虚谨慎、实事求是、以理服人。

三、施工项目质量控制措施

1. 技术管理保证措施

（1）施工准备保证：

1）管理人员要认真读图，及早发现问题并提出有效更改措施；

2）做好设备随机图纸、设备质量证明书及其他使用说明书的验收工作；

3）确认施工及验收规范和产品质量检验评定标准。特别是当建设单位标准与现行国家标准有不同时，应以文件的形式与建设单位达成共识；

4）确认工程项目划分，在项目质量保证计划中列出单位工程、分部工程及分项工程一览表；

5）划分过程类别，确认一般施工过程、关键过程和特殊过程，并实施相应控制；

6）确认工程质量记录表格；

7）对重点分项施工方案及技术措施及时向有关人员进行技术及质量交底；

8）确定工艺标准或编制作业指导书及其他技术交底文件；

9）编制质量保证计划，确保整个施工过程中质量始终处于受控状态。

（2）施工过程中的质量保证：

1）严格执行逐级技术交底制度，要按规定分层次分阶段地进行。交底内容要有针对性、突出重点及施工关键，明确有关的施工资料依据，严格遵照执行；

2）落实工序前后检查工作。检查施工环境条件、机具和计量器具、工程材料及设备验收等是否满足要求；

3）定期检查施工机具、设备的配备是否符合要求；计量器具和检验、试验设备是否有检定标识和标准记录；定期对设备进行必要的维护和保养。如有不符合要求的情况，应做好记录，并报告有关部门及时处理；

4）把好原材料的质量关。坚持严格的进货检验、试验制度，搬运、储存、发放制度；材料进场后，要立即向监理工程师申报，经监理工程师检查合格后方可使用；

5）在设备、材料的验收、运输、储存、安装、交付各阶段应按适当的方法进行标识，以便追溯和更正；

6）兼职质检员要带领作业人员对施工质量进行自检，坚持开展"三工序"活动，即检查上道工序，保证本道工序，服务下道工序，使工序过程始终处于受控状态；

7）如分项工程施工中出现了重大质量波动，项目质量技术负责人应及时组织有关人员对过程进行分析，找出原因，制定纠正及预防措施，进行改正，并做好记录；

8）对分项工程实行首检制。即每一分项工程第一次施工时，专业工长必须到位进行监督，确认施工方法、作业人员能力等是否满足要求；

9）分项工程完成后，由技术负责人组织专业工长、班组长对分项工程质量进行检查评定，专职质检员核定质量等级；

10）严格过程控制。施工过程中坚持实行自检、专检、交接检的三检制度，加强中间交接履行签字确认手续；

11）施工技术资料和质量验评资料与施工同步，及时做好资料的收集整理和汇总工作；

12）对关键过程进行质量控制。项目质量技术负责人应组织有关技术、质检人员及班组长，对关键工序所配备人员、施工机具、设备、计量器具和检验设备做全面的评定和检查，对所要求的工作环境进行检查，并保留检查记录；

13）关键工序的质量检测点要列出明细表，在进入检测点前由工长通知专职质检员，保证及时检测；

14）关键分项工程完成后，由项目质量技术负责人组织技术、质检人员和班组长参加，对分项工程质量进行检查评定，专职质检员核定质量等级，必要时报工程监理或建设单位工程师认可。

质量过程控制如图5-4所示。

2. 作业人员能力保证措施

所有参加施工的作业队伍，必须培训上岗，施工人员应掌握一定的专业知识，特殊工种必须持证上岗，如电焊工、起重工；对关键工序施工人员进行专项的考核或培训，从根本上保证项目所需劳动者的素质，以保证质量目标的实现。

3. 成品质量保护措施

工程外观观感质量是工程质量的一项重要指标，同时无论从保证质量，还是减少不必要的损失的角度来说，成品保护都是工程中的一项重要工作。在此阶段成品（半成品）保

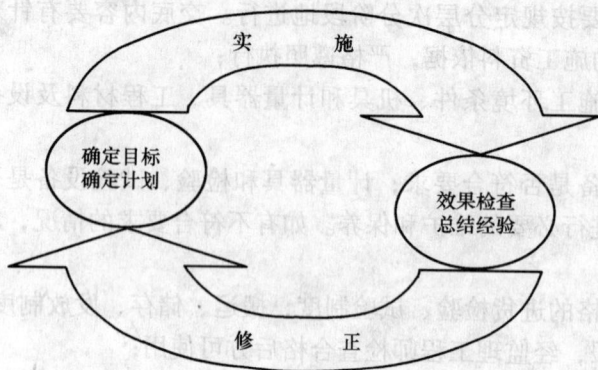

图 5-4 质量过程控制图

护的主要措施有：

（1）制定正确的施工顺序：与总承包商配合，制定重要部位的施工工序流程，各专业工序相互协调，排出一个部位的工序流程表，各专业工序均按此流程进行施工，严禁违反施工程序的做法；

（2）做好工序标识工作：在施工过程中对易受污染、破坏的成品、半成品标识"正在施工，注意保护"的标牌；

（3）采取"护、包、盖、封"防护：采取"护、包、盖、封"的保护措施，对成品和半成品进行防护，并由专人经常巡视检查，发现有保护措施损坏的，要及时恢复；

（4）工序交接全部采用书面形式由双方签字认可，由下道工序作业人员和成品保护负责人同时签字确认，并保存工序交接书面材料，下道工序作业人员对防止成品的污染、损坏或丢失负直接责任，成品保护专人对成品保护负监督、检查责任；

（5）在总承包商的领导下，在做好自我成品保护工作的同时，参与总承包商组织的项目成品保护工作，与本工程的全体承包商共同做好项目成品保护。

4. 采购物资质量保证

物资要采取招标采购，由职能部门专人负责供应和管理工程所需物资。物资部门对供应的物资要进行质量检验和控制，主要采取的措施如下：

（1）采购物资前，要由技术人员对所有招标采购的设备、材料提出技术参数和质量标准。对确认的生产厂商的设备、材料的样品要封样保存。对重要或大批的设备、材料要经建设单位、承包商、监理或有关领导批准后方可采购；

（2）所采购的材料或设备必须有出厂合格证、材质证明、使用说明书、试验记录等。对材料、设备有疑问的禁止使用；

（3）加强计量检测。采购的物资要根据国家或地方主管部门的规定、标准、规范或合同规定的要求抽样检验和试验。当对其质量有怀疑时，应加倍抽样或全数检验，直至得出完整结论。

5. 工序质量保证措施

根据质量保证体系要求，在施工前将工程的各项安装工作进行工序分解，对分解后的施工工序实行工序过程控制，用工序过程质量保证工程质量。

（1）定期检查工程质量，召开质量分析会议，总结质量工作经验，发现问题，研究改进措施，及时处理；

（2）为使工程质量不失控，现场设专职或兼职质检员，对现场的材料、设备、施工过程进行严格的把关，认真搞好工程质量的检验；

（3）根据工程具体情况组织施工人员自己讲评，以提高施工人员的创优意识。做好实施中的统一平衡和协调配合工作，运用科学管理的方法，掌握质量动态情况；

(4) 工序质量控制程序，见图 5-5。

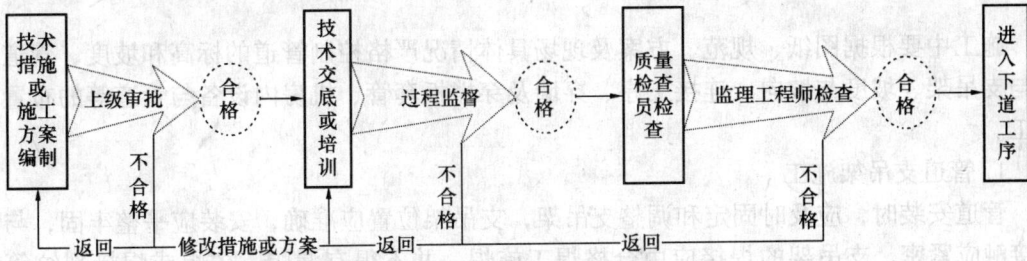

图 5-5 工序质量控制程序图

第四节 施工现场技术管理

施工现场技术管理是施工质量保证的措施。

现场技术管理即是根据施工图纸及施工组织设计、施工方案中的规定和要求去实施管理，在实施过程中根据现场的实际情况还需不断变更修改。

同时在施工中，由于结构、建筑装修、给水排水、电气、通风等各专业在很多工序中存在交叉施工，因此施工中还存在大量的协调配合工作。

一、施工前的准备工作

(1) 认真做好图纸会审，及早发现问题并提出有效更改措施。要比较施工图纸及施工组织或方案中设备、管道的坐标位置和具体的安装位置和建筑、结构有无矛盾，和其他专业有无矛盾，和本专业其他系统有无矛盾。在确认无任何矛盾后方可测量放线，如有问题、矛盾需找相关人员解决并办理《设计变更通知单》或《施工洽商》。设计变更是因建设单位工艺变化或设计图纸问题引起，由设计单位发《设计变更通知单》，但需由建设、监理、施工单位共同签字认可。洽商是因施工问题引起，由施工单位发《施工洽商》，但要由建设、监理、施工单位共同签字认可。

(2) 根据图纸对施工现场中预留孔洞、套管、预埋及明配报警线管进行验收，要求相关单位及时提供资料，做好复核记录，并办理中间交接手续。

预留孔洞如是本专业、本系统单项预留，可任意穿行通过。如是多专业多系统共同使用的孔洞，在穿行通过时要和有关人员协商位置，以减少不必要麻烦。如在楼板上预留一个 500mm×300mm 的洞，其中有一个 300mm×250mm 的风管、一个 200mm×100mm 的电气桥架、两根 $DN150$ 的消防水管、一根 $DN80$ 的排水管、一根 $DN20$ 的生活水管，其管的排列应根据各专业管线的位置走向，不可使管线相互交叉或管间距大小相差悬殊。

不可随意自行占用其他专业或系统的孔洞。如确实需要占用须经相关人员认可。并须办理相关管线位置变更洽商。

(3) 在正式安装前对所使用的材料设备要再次核对其规格型号以及外观质量，如若发现问题应及时更正。

二、施工中的技术管理

施工中要根据图纸、规范、方案及现场具体情况严格控制管道的标高和坡度、管道生根与支吊架、坡度与坡向、连接工序、穿墙及穿楼板套管、机房内设备与管道等的布置与施工。

1. 管道支吊架施工

管道安装时，应及时固定和调整支吊架，支吊架位置应准确，安装应平整牢固，与管子接触应紧密。支吊架的焊接应由合格焊工施焊，并不得有漏焊、欠焊或焊接裂纹等缺陷，管道与支架焊接时，管子不得有咬边、烧穿等现象。

（1）管道支吊架应按设计要求的坡度（坡向）敷设。先确定水平管道两端标高，中间支吊架高度由两点拉线方法确定。支吊架间距除应符合规范外，还要注意不应在管道接口处设立支架，不应在管道伸缩位置范围内加支架（如采暖管道利用拐弯、弯头做自然伸缩点就不应在弯头附近加支架）；不允许管道支架破坏设备的减振性能（如支架不应设在设备与减振柔性接头之间且无防振处理）；喷淋管道的防晃支架不得用吊架代替；排水管道支、吊架间距：横管不大于 2m；立管不大于 3m；楼层高度不大于 4m，立管可安装 1 个固定件；支吊架应考虑受力情况，一般加设在三通、弯头或放在承口后，然后按照设计及施工规范要求的间距加设支、吊架；大型防爆阀、防火阀及水表等附属设备均应单独设支架。

（2）安装型钢支架，支架螺栓孔径≤M12 不得使用电气焊开孔、扩孔；螺栓孔径＞M12 的管道支吊架需开孔切割时，应对开孔及切割处进行锉光处理；支架孔眼及支架边缘应平整光滑，孔径不得超出螺栓或圆钢直径 5mm；任何支架不得与被支撑管道直接焊接。

（3）暖卫冷热水支管管径小于 DN25，管径中心距墙不超过 60mm，可采用单管卡作托架，间距根据管材类别确定；支管在拐弯及易受外力变形部位需加设管卡；单双管卡规格应符合管道不变形、不脱落、满足承重及管道固定牢固的原则。

（4）固定支架须用槽钢固定在建筑结构上。

1）管道固定点的设置，须配合有关管道的坡向和管网内的伸缩器，以能有效地将管道系统因膨胀、收缩及内压力所产生的推力和回应力传递到建筑结构上。

2）管道固定支架同时要承受管道水压试验时所产生的较高轴向推力。

3）导向支架或滑动支架的滑动面应洁净平整，不得有歪斜和卡涩现象，其安装位置应从支撑面中心向位移反方向偏移，偏移量应为位移值的 1/2。

（5）采用膨胀螺栓生根时的要求。

1）膨胀螺栓适用在静荷载部位，主要承受拉力、剪力及斜向合力。

2）混凝土构件等级强度要不小于 C15。

3）膨胀螺栓的强度计算可不考虑构件对膨胀螺栓的影响。螺栓及套管质量应符合有关的技术要求。

4）在混凝土构件中埋设膨胀螺栓时应注意避开混凝土内钢筋及预埋的电器线管位置，在预应力混凝土构件中埋设膨胀螺栓时，要用专门仪器探筋，对混凝土内钢筋不得有损伤和断筋。

5）钻孔直径允许误差为 $-0.3 \sim 0.5$mm；钻孔深度允许误差 $+3$mm；钻孔后应将孔内残屑清除干净；螺栓固定后头部偏斜值不大于 2mm。

6）螺栓至混凝土构件边缘的距离应不小于螺栓直径的 8 倍；螺栓组合受剪、受拉时其间距不小于螺栓直径的 10 倍。

7）表 5-4 为膨胀螺栓及钻孔规格参考表，其中膨胀螺栓套管埋设为标准埋设深度，当埋设深度增加时许用拉力也成正比增加，当继续增加时会引起四周混凝土崩裂或螺栓被拉断裂。膨胀螺栓承受剪力时，埋设深度增加，剪力并不显著增加。

8）每个节点膨胀螺栓数目的计算。

$$n \geqslant 1.6N/[P_1]$$

式中 n——每个节点膨胀螺栓数目；

1.6——与设计商定的安全系数；

N——作用于节点的轴心力；

$[P_1]$——膨胀螺栓的容许拉力或剪力。

膨胀螺栓及钻孔规格参考（mm）   表 5-4

| 螺栓规格 | 螺 栓 | | | | | 套 管 | | | | 钻 孔 | | 容许拉力 | 容许剪力 |
	d	D	l_1	l_2	l	d_1	t	l_3	l_4	直径	深度	(kg)	(kg)
M6	6	10	15	10	按需要选择	10	1.2	35	20	10.5	40	240	160
M8	8	12	20	15		12	1.4	45	30	12.5	50	440	300
M10	10	14	25	20		14	1.6	55	35	14.5	60	700	470
M12	12	18	30	25		18	2.0	65	40	19	70	1030	690
M16	16	22	40	40		22	2.0	90	55	23	100	1940	1300

表中符号含义见图 5-6 所示。

2. 管道坡度与坡向

（1）压力管道坡度坡向

1）汽水同向流动的热水、采暖、空调冷冻水管道和汽水同向流动的蒸汽管道、凝结水管道坡度为 3‰，不得小于 2‰。

2）汽水逆向流动的热水、采暖、空调冷冻水管道和汽水逆向流动的蒸汽管道、凝结水管道坡度为不得小于 5‰。

（2）各类压力管道坡度坡向应有利于排除空气、排除凝结水以利于水气运行循环和泄水检修等。空调水系统管路的放水点与放气点，除图中已标明的，若在安装过程中出现局部的最高点和最低点时，应在相应的位置分别装设放气或放水设施。

（3）管道安装前须进行管道调直工序，安装时管道接口及变径分支必须符合坡向、

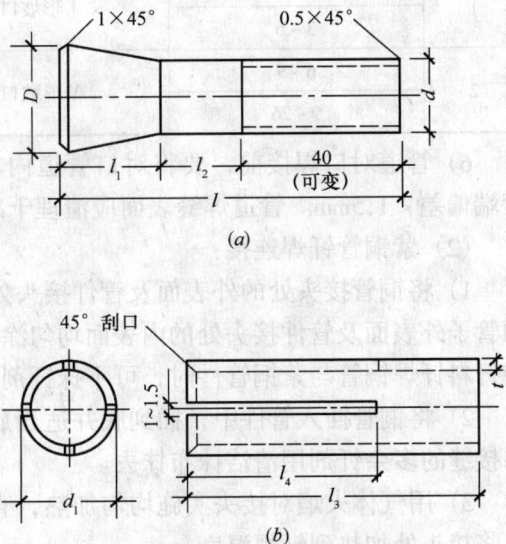

图 5-6 膨胀螺栓示意
（a）螺栓；（b）套管

坡度需要（如承插接口要符合水流方向，水平管道的变径要根据管道排气及排水要求做成上平和下平）。

3. 管道连接工序

（1）钢管焊接：

1）不同材质的管道不能焊接，焊条须根据材质选用。管材壁厚大于 4mm 以上不得气焊，应采用电焊。手工电弧焊焊条选用 E4303 及 E5003，焊接前必须保证其干燥要求。

2）管道对口焊缝或弯曲部位不得焊支管；接口焊缝距起弯点、支吊架边缘必须大于 50mm；对口焊接和分支管焊接表面间隙和错口均不得大于 2mm；不得将分支管插入主管管孔内；大型管道的分支、弯头加工须先做样板；同径管道焊三通分支不得缩小管径；支管开三通与变径管距离：$DN \geqslant 65$，$L = 300mm$；$DN < 50$，$L = 200mm$。

3）无缝钢管在焊接前应做除锈处理，焊接后应做刷漆处理，刷防锈漆后，管路表面漆膜应均匀，无堆积、皱纹、气泡、漏涂等缺陷。

4）管子对接接头焊接层数、焊条直径及焊接电流，见表 5-5。

焊接层数、焊条直径、焊接电流参考表   表 5-5

管壁厚度（mm）	焊接层数	焊条直径（mm）	焊接电流（A）
3～6	2	2～2.3	80～120
6～10	2～3	3.2	105～120
		4	160～200

5）管道对接焊口的组对及坡口形式，见表 5-6。

组对及坡口参考表   表 5-6

项次	管壁厚度（mm）	坡口名称	坡口间隙（mm）	坡口角度（°）
1	1～3	Ⅰ形坡口	0～1.5	—
	3～6		1～2.5	—
2	6～9	Ⅴ形坡口	0～2.0	65～75
	9～26		0～3.0	55～65

6）管道对口焊接前，要将对口管道内、外壁清理干净，两管道应在同一条直线上，管端偏差 < 1.5mm。管道焊缝表面应清理干净，焊道平整，宽度一致。

（2）紫铜管钎焊连接：

1）将铜管接头处的外表面及管件接头处的内表面的氧化膜等清理干净。在清理干净的管子外表面及管件接头处的内表面均匀涂刷糊状或液体的钎剂，采用铜磷钎料或低银铜磷钎料钎焊铜管与紫铜管件时，可不抹钎剂。

2）将铜管插入管件中，插到底并适当旋转，以保持均匀间隙，若涂有钎剂，应将挤出接缝的多余钎剂用清洁抹布抹去。

3）用气体火焰对接头实施均匀加热，直至加热到钎焊温度，锡钎焊时，也可用电加热将接头处加热到钎焊温度。

4）用钎料接触被加热到高温的接头处，以判定接头处的温度，若钎料不熔化，表示接头处温度尚未达到钎焊温度，需继续对接头进行加热，若钎料能迅速熔化，表示接头处温度已经达到钎焊温度，即可边继续对接头加热，以保持接头处的温度在钎焊温度以上，边向接头的缝隙处添加钎料，利用接头处的热量将钎料熔入缝隙，直至将钎缝填满，切忌用火焰直接熔化钎料涂于缝隙表面。

5）移去火焰，停止加热，使接头在静止状态下冷却结晶，防止熔化钎料冷却结晶时受到振动而影响钎焊质量。

6）将钎焊接头处的残渣清洗干净，必要时可刷涂清漆保护。

7）铜管支吊架与铜管接触的支承件，宜采用铜合金制品，当采用钢制支架时，铜管与支架间应设置隔垫，以防止因电极电位差引起对钢支架的电化腐蚀。

（3）镀锌管外露螺纹和表面损坏要进行防锈处理，丝接螺纹内安装后应外露 2～3 扣。

（4）法兰连接，法兰盘应垂直管道中心线。法兰应平行以防止环缝不均，加垫后造成衬垫受力不均产生渗漏。螺杆突出螺母长度一致且不大于螺栓直径 1/2，朝向合理，螺杆丝扣部分加黄油以防锈蚀。法兰及丝接密封垫在一个接口处不得使用二个以上衬垫。

（5）承插水泥捻口，其灰面不得低于 2mm，不得用湿水泥抹口。卡箍式连接：两管口端面平整、无缝隙，沟槽均匀，接口严密平直，无变形，卡箍方向一致。

4. 穿墙、楼板套管

（1）管道穿墙壁或楼板，应设置钢制套管。根据所穿部位的厚度及管径尺寸确定套管规格、长度。一般非保温管道套管内径应大于管道外径 30mm；保温水管，其套管内径应满足设计规定厚度的保温层通过；套管与管道之间用非燃性保温材料填实；穿过厕所、厨房等潮湿房间的立管，套管与管道之间可用油麻填实。

（2）在竖井内（暗装）的水管可采用镀锌铁皮套管，镀锌铁皮套管的横向接口要牢固，套管的上下口均要高出楼板厚度 2～3cm，套管和管道间的封堵同上。

（3）凡穿墙水管其套管也可采用镀锌铁皮套管，镀锌铁皮套管的横向接口要牢固，套管两端要和墙平齐（明装无吊顶），套管两端要长 1～2cm（暗装有吊顶）。套管和管道间的封堵同上。

（4）套管和管道间封堵要保证套管和管道同心，尤其是空调水管道要保证套管和管道间隙一致、填塞宽度应不小于保温层的厚度。

（5）管道穿防水楼板应用油麻和沥青嵌缝油膏将套管填实，以防止管道根部漏水。

（6）立管安装完毕后，用不低于楼板强度等级的细石混凝土将洞口堵实。

（7）厨房、卫生间地面做防水前应将卫生器具或排水配件的预留管安装到位，如果器具或配件的排水接口为丝扣接口，预留管可采用钢管。

5. 机房内设备与管道布置

机房内施工管道或设备排列布置时，主要设备必须考虑留有检修通道，距墙、顶及其他设备之间应留有一定合理的检修空间。否则会出现下列问题：如交换罐安装后封头及检修孔无法开启、空调机组过滤网无法取出、检修门打不开、冷水机组无法抽芯检查或更换等不合理现象。

6. 特种风管、水管施工

（1）玻纤风管施工及玻璃棉做吸声材料的消声器消声弯头等施工或加工时，其玻纤板材或吸声材料衬布不可破损，使玻璃纤维外露，在运行时通过风道飘出，造成空气污染。

（2）不锈钢管道施工时应采用和其材质相匹配的工具、附料。

7. 临时中断的管口

临时中断的管口要做好临时封堵，以防止杂物进入。

三、施工中的专业配合

1. 专业间配合协调

在管井、管廊、设备机房等部位各专业管线纷杂、交叉错叠，如事先不进行有效的协调，容易产生相互干扰和影响，造成工程整体施工进度和（或）质量出现问题。因此，对交叉节点处的施工，事前需进行机电管线空间布置上的协调，在有条件时可以绘制出机电综合管线施工图，在综合图的基础上进行支吊架的协调。在管线布局协调沟通后再开始进行施工安装。

（1）吊顶内机电工程综合施工管理：

在大工程中吊顶内机电管线施工受吊顶空间的限制，但这些部位又是风、水电专业管线集中密集的地方，在施工中既要保证吊顶的高度，又要将各种管线根据图纸合理地布置在吊顶内，并要考虑到将来的运行管理使用和维修的方便。因此要求机电专业在施工前要统一综合考虑布置。如有些吊顶内既有通风、给水排水又有强、弱电等，管线密集，因此施工时就需要精心统筹。在这些空间窄小的部位进行机电施工安装，必须保证排水管、凝结水管、透气管等管道的坡度要求，风、水专业阀门开启的操作距离，电气桥架内缆、线的管理维护及更换等等。因此专业施工时要充分沟通、综合考虑。

1）专业工种交叉时避让的原则：基本上要按着小管道让大管道、小断面让大断面、有压让无压的原则，即各种有压管道让无压的排水管道；管径小的自行撮弯的电气、给水、空调水、消防水等支管让管径大的桥架、通风、给水、空调水、消防水等主干管道。

2）各专业施工先后工序原则：一般要按自上而下、先里后外的程序安装施工。施工时要先安装靠近楼板靠近墙边的，然后再安装下面和离墙面远的管道。

（2）为了达到上述要求在施工中采取以下措施：

1）施工前根据设计图纸在现场放建筑基准线：

①建筑 50 线；

②吊顶标高线。

2）优化图纸，画专业综合剖面图、节点图。剖面图要选择在管线密集、管线交叉拐弯、电管及桥架进强、弱电气小间，风、水管道进竖井等关键的部位。剖面图中管线的最低标高要保证吊顶主、次龙骨、边龙骨的安装。剖面图中要注明：

①各管线的标高、管径规格；

②末端装置如灯具、风口、喷淋头；

③照明灯具所需嵌入吊顶内的高度。

3）在配合时要统筹全局，合理安排布置、确定和调整管道走向及支架位置，在可能及不违反规范的前提下管道可采用共架。合理安排管线布局减少管道拐弯、标高反复调整等变化以提高使用功能，达到管线布局经济、美观。

4）在空间窄小部位的风、水管道保温和水管的试压、冲洗，桥架内缆、线敷设等工序时间的安排要做到施工时既不互相干扰又不会交叉作业，损坏成品。当水管在桥架上方时水管的试压、冲洗尽量安排在缆、线敷设前，试压、冲洗采取局部分段进行，随即保温；但是试压必须征求监理意见，以减少后续交叉作业。当水管在桥架下方时水管的保温尽量安排在缆、线敷设后，以减少缆、线敷设损坏保温；否则应对保温完的管道采取有效的保护措施，以减少保温的损坏。

5）对有些管线在符合规范的原则下采取共架安装，这样既可以利用空间又节约支吊架型钢。但在共架时要考虑管线的性质，如有热伸缩管道、有屏蔽要求的管线要单独支吊。共架在设置计算时要对吊杆、横担进行强度、刚度计算及吊点生根的计算，吊点生根要经结构专业确认。

6）风、水、电末端设置（风口、照明灯具、喷淋头、报警探测器等）安装除要根据建筑平面图定位又要符合本专业规范要求，同时又要不影响其他专业的功能（如风口的设置和喷淋头的距离、喷淋头自身的保护距离、照明灯具的距离等）。因此支管引下布置要尽量准确，不要引下支管过长，造成互相交叉缠绕。末端设置安装前要根据吊顶平面图对风口、照明灯具、喷淋头、报警探测器等的位置放线定点，把相互矛盾、重合的问题在安装前进行调整，以保证明露的末端设置排列整齐、规则、美观。

7）对一些风、水阀门在安装前要按规范和设计要求设定到开启或关闭的位置，以减少在吊顶内交叉工作的次数。

8）施工前要将同一类型的末端设置、送、回风口在符合规范的原则前提下，统一安装高度、样式以达到整齐、规则、美观。

2. 设备安装与土建施工配合

设备订货时应同时确定基础的材质、规格、尺寸等技术要求，如是混凝土基础，要提前和土建施工人员沟通配合在机房进行设备定位放线及混凝土基础浇筑，待设备到场后再经核实无误即可办理基础验收、移交手续，以便设备尽快安装就位，为管道配管与电气接线创造条件。

3. 重点机房施工

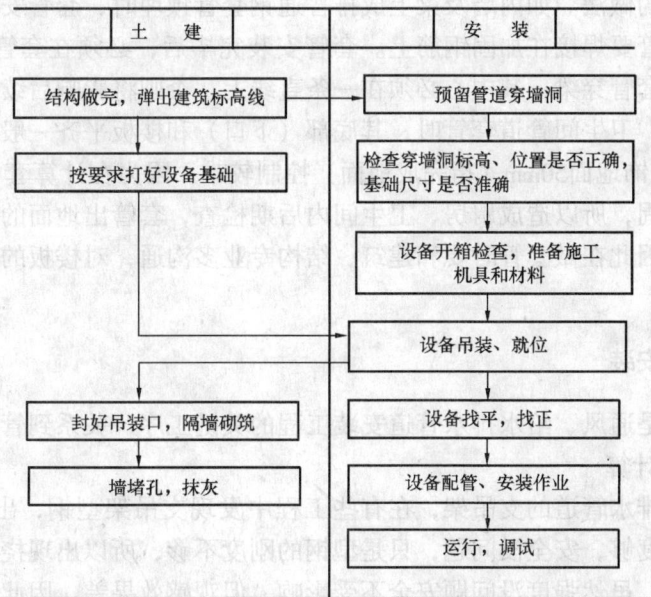

图 5-7　土建与安装施工交叉作业措施

在机电安装工程施工中，机房的安装是非常重要的一部分。在机房中分布着大小规格不同的设备以及风、水、电等各种管线，这些设备和管线绝大部分是明装，因此在施工过程中，既要保证各种管道布局合理、工艺整齐美观，还要保证和满足以后使用、维修的方便；同时机房又有建筑吸声、防水、地面排水等的较高要求。所以在施工过程中，土建与安装各专业要紧密配合，避免造成机房施工延误工期或质量不符合要求等问题出现。为避免产生不利情况，需制定交叉作业措施，见图5-7。

图5-7中的各个阶段均应遵循各自的施工验收规范和质量工艺标准，上一道工序不符合要求的，下一道工序有权拒绝继续施工。

第五节　优质工程的控制

为了保证工程质量达到优质工程标准，在施工中要不断强化全体管理、加强施工人员的质量意识、使全体施工人员牢固树立"百年大计、质量第一"的思想。本节仅对优质工程中的一些外观质量或重要部位工序的要点加以强调或重述。

根据施工经验，认识到现场的工程管理极为重要，只要现场的工长、技术、质量等管理人员的质量意识达到一定层次，严格依据国家质检部门、监理、设计及有关部门的有关规范、规程和工艺标准进行施工，管理到位，优质工程的取得是不难的。在施工中重点、关键的施工部位和做法，其工序必须贯彻"一步到位，一次成优"的方针。

优质工程的施工做法，除满足合格、满足使用功能外，还要在合格的基础上进一步的提高和完善，达到功能质量、内在质量、外观质量全方位的优良。

一、预留、预埋

施工现场的预留孔洞、预埋套管是管道施工的基础，虽然简单，但优质工程施工时就要注意局部部位的做法。如内墙及梁上成排普通钢套管预埋时，套管安装首先应进行拉线定位，安装时套管要焊接在加固钢筋上。套管安装完毕后，必须在套管中心拉通线检查，所有纵横方向的套管穿梁，其中心必须在一条直线上，否则将影响后续管道施工的精度。

在预埋厨房、卫生间管道套管时，其底部（下口）和楼板平齐一般容易做到，但顶部（上口）要高出装饰地面50mm（指完成地面）控制较难。因为在计算套管长度时对地面的建筑做法考虑不周，所以造成厨房、卫生间内后期检查，套管出地面的高度有问题，再改也为时太晚了。因此在做套管时要和建筑、结构专业多沟通，对楼板的厚度和地面的做法要清楚。

二、支吊架安装

支吊架安装是通风、给水排水管道安装工程的关键工序，关系到管道安装的安全。

1. 支吊架的计算

通风、给水排水管道的支吊架，在有些工程中发现支吊架型钢，出现挠度弯曲变形，经计算其型钢强度够，安全没问题，只是型钢的刚度不够，所以出现挠度弯曲变形。支吊架发生刚度弯曲，虽然强度没问题安全不受影响，但观感效果差。因此在支吊架计算选用时，必须考虑管道的稳定性，支吊架型钢的强度和刚度要求，不得发生弯曲变形现象。

2. 支吊架安装

在通风、给水排水管道的支吊架安装中，很多工程的吊杆和横担不是垂直而是歪斜的，有些圆钢吊杆由于刚度不高，安装后也呈弯曲状态。这些虽然不影响强度和安全，但观感效果差，在优质工程中也是不容许的。因此在施工安装时，工长、质量管理等人员对施工人员应及时纠正，避免问题。

3. 吊架的连接

吊架的吊杆应平直，螺纹应完整、光洁。吊杆拼接可采用螺纹连接或焊接。采用螺纹连接时，任一端的连接螺纹应长于吊杆直径，并有防松动措施；采用焊接时，应采用搭接，搭接长度不少于吊杆直径的 6 倍，并应在两侧焊接；吊架上的螺孔必须采用机械加工，不得用气焊开孔。

三、管道及设施安装

管道连接是通风、给水排水工程的基本环节工序，但往往在有些环节工序上疏忽了一些问题，虽然不影响工程使用和安全，但作为优质工程是应该注意和避免的。

1. 给水排水专业

(1) 管道焊接安装时：

1) 焊口不得在楼板中或三通开口处。

2) 有缝管的原有焊缝，在管道对接时应相互错开，并且朝向墙的外侧，以便观察和维修。

(2) 管道螺纹连接安装时：

1) 螺纹应端正、清楚、完整、光滑，不得有毛刺、乱丝、断丝，缺丝长度不得超过螺纹长度的 10%。

2) 管道连接后，应把挤到螺纹外面的填料清除掉，填料不得挤入管腔，以免阻塞管路。

(3) 管道法兰连接安装时：

1) 法兰连接螺栓，螺杆长度应一致、安装方向一致，紧固后外露长度不大于 2 倍螺距。螺栓紧固后应与法兰紧贴，不得有楔缝，需加垫圈时，每个螺栓所加垫圈不得超过 1 个。

2) 为了便于装拆，法兰与支架边缘或建筑物距离一般应不小于 200mm，不允许装在楼板、墙壁或壁式套管内。

(4) 管道沟槽连接安装时：

1) 卡箍件上连接支管的管中心必须与管道上孔洞的中心对准。孔洞同心，间隙均匀。

2) 橡胶密封圈，不得起皱。

(5) 卫生洁具安装：

1) 遇冷热水管或冷、热水龙头并行安装，管道上下平行时，热水管在冷水管上方安装；垂直安装时，热水管在冷水管的左侧安装；在卫生器具上安装冷热水龙头，热水龙头安装在左侧。

2) 卫生间或厨房的地漏、清扫口安装位置应布置在地砖的中心或有序布置。

3) 2 个以上同一规格、品牌的洁具，安装后应成排成列，中心在一条线上。

（6）喷洒头安装：

1）喷洒头安装后装饰盘要与装饰面板（墙面、吊顶面板等）紧贴，喷洒头成排成列，左右一条线。

2）喷洒管道不同管径连接采用异径管箍、异径弯头，不得使用补芯变径。

（7）消火栓安装：室内消火栓栓口朝外，安装在门轴对侧。阀门中心距地面为1.1m，阀门距箱侧面为140mm，距箱后表面为100mm。

（8）机房的设备（如水泵、冷水机组等）与管道连接：

1）不得用强力对口；固定焊口应尽量远离设备，以减弱焊接应力的影响；

2）机房的设备、管道布置除确保安全、质量，功能合理外，还要注意布局整齐、美观和运行维修、操作的方便。

2．通风专业

（1）风管道法兰连接应平行、严密，垫料不得凸出，法兰螺栓应均匀拧紧，螺母方向一致。

（2）阀门：多叶阀、蝶阀等各种阀门安装后，手动操纵机构应放在便于操作的位置。

（3）明装在墙上的排烟就地控制装置，装置盒与墙面密贴、不得歪斜。

（4）风口安装：

1）安装前，风口要擦拭干净。

2）风口要与装饰面板紧贴（墙面、吊顶面板等），表面平整、清洁、无变形。

3）同一房间或部位的风口安装后成排成列，左右一条线，风口在装饰面板的位置要规则，如吊顶板是方形，其风口的中心和板应是同一中心。

4）安装要横平、竖直，和装饰面板线要平行。风口水平安装，水平度偏差不大于3‰；风口垂直安装，垂直度偏差不大于2‰。

5）风管保温后，表面应平整，水平与垂直面搭接处以短边顶在大面上，保温材料的纵、横向接缝应错开。

6）穿越保温层的空调水管支撑须提供妥善和足够的保温，以确保结露不会产生。

第六章　工程质量控制要点及细部做法

根据多年来在工程施工和检查验收中的发现，某些项目在工序、部位以及整体等方面质量问题还较多；一次成活率、一次合格率依然不高，返工、返修现象较为普遍，不能满足设计要求和验收规范标准；违犯强制性条文规定，影响工程使用安全、使用功能的现象时有发生。向质量零缺陷努力，进一步提高分部工程质量水平，降低质量成本投入，改进提高分部工程质量水平，需在以下方面加强管理，重点控制。

第一节　施工准备阶段的质量控制

(1) 认真贯彻落实国家质量验收规范对施工项目管理的要求，健全机制，完善体系、制度，优化项目管理行为，提高项目管理水平。

(2) 严格图纸会审设计交底程序，切实把设计中存在的问题解决在开工之前。针对诸如设计质量粗糙，设计中各专业不交圈、相互矛盾，设计意图说明中又表述不清不细等问题，搞好图纸会审尤为重要。

(3) 加强施工方案、技术质量交底的针对性、可操作性，要结合工程实际，不要照抄规范。要认真履行方案、交底的审核审批程序，并严格按照方案、交底组织实施。方案、交底是施工质量的保证，所以必须提高方案、交底的编制与审核审批质量。

(4) 抓好施工队伍资质、操作工人素质的评审、培训，提高操作技能和操作质量水平。

(5) 加强各专业之间、各分包单位之间施工矛盾的协调、图纸矛盾的排除，克服各自为政、互不沟通的现象对工程总体质量的影响。

第二节　管道、管洞预留预埋

套管、孔、洞（槽）预留预埋工序看起来简单，但却很重要，它是决定后期管道、设备安装质量的关键，所以不能忽视预留预埋质量。重点控制如下：

1. 各种预埋管、预埋件、孔、洞、槽必须符合设计和规范要求，按预检记录严格实施，不得随意更改。

2. 各种埋件、孔、洞预埋前各专业对图纸要认真核对，做到不漏不错。

3. 预留预埋的坐标、标高、型号、规格、数量要准确，误差符合规范规定。

4. 要明确掌握预留部位、用途及后期的封闭要求，如穿越伸缩缝、沉降缝、施工缝、厕浴间、屋面、管道井、普通房间的墙、板和防火分区的墙、板都有不同的用途和填塞封闭要求。不同形式的套管、管洞的不同做法，如图 6-1、图 6-2 所示。

(1) 无伸缩性、无振动性管道可直接穿过屋面，不需加套管。

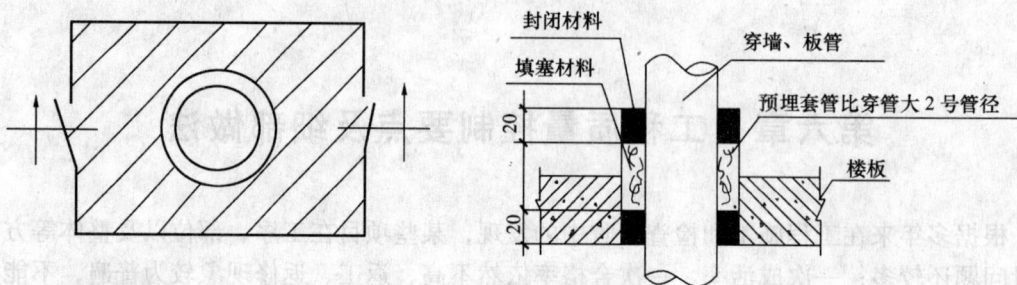

图 6-1 圆管穿墙板做法样图

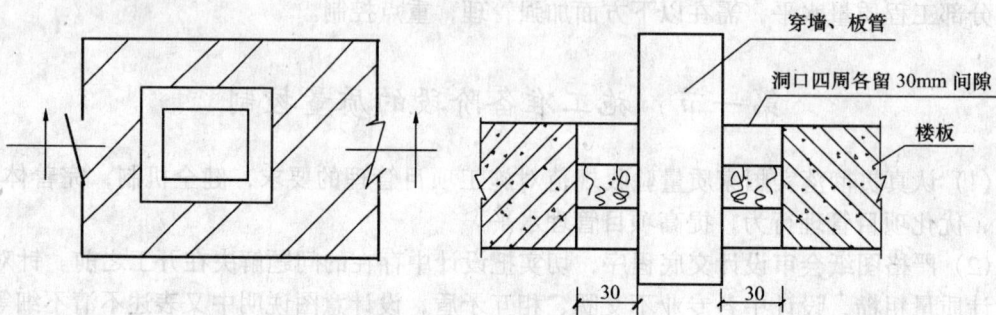

图 6-2 方管穿墙板做法样图

（2）有伸缩性、振动性的管道穿过屋面时需加套管，套管顶部高出屋面 250mm。底部与楼板底相平，套管内先填塞沥青油麻，上下两端各留 20mm 用沥青油膏填实抹平。

（3）套管穿过有防水要求的墙、板时（厕、厨间、浴室等），套管上端应高出房间净地面 50mm，下端与楼底相平，如穿过防水墙时，套管两端与净墙相平，套管封闭应采用防水材料，中间部分先用沥青油麻填塞密实，两端口留 20mm 用沥青油膏填实抹平。

（4）管道穿过普通墙、板时，套管穿墙，两端与净墙面相平；穿过居室楼板，套管上端高出居室净地面 20mm，下端与楼板底相平。套管封闭采用普通材料，套管中间部分用石棉绳或普通麻绳填实，两端口 20mm 用普通腻子填实抹光，表面刷同墙面颜色的涂料。

（5）管道穿过防火分区墙、板时，套管及洞口封闭采用防火材料，如防火枕、防火胶泥，全部填实，抹严抹平，保证防火效果。

第三节　给排水管道

一、给水管道及配件安装

1. 材料要求

（1）所用材料的材质、型号、规格必须符合设计要求和规范规定。严禁使用淘汰、禁用、限用材料。

（2）镀锌碳素钢管及管件，管壁内外应镀锌均匀，无锈蚀、飞刺。管件无偏扣、乱扣、丝扣不全或角度不准等现象。

（3）水表规格应符合设计要求并经供水公司确认，表壳铸造规矩，无砂眼、裂纹，表玻璃无损坏，铅封完整。

（4）阀门的阀体应铸造规矩，表面光洁、无裂纹，开关灵活、关闭严密，填料密封完好无渗漏，手轮完整、无损坏。

（5）给水塑料管、复合管及管件内外壁应光滑、平整，无裂纹、脱皮、气泡；无明显的痕迹、凹痕和严重的冷斑；管材轴向不得有扭曲或弯曲，其直线度偏差应小于1%，且色泽一致；管材端口必须垂直于轴线，并且平整；合模缝、浇口应平整，无开裂；管件应完整，无缺损、变形；管材和管件的壁厚偏差不得超过14%；管材的外径、壁厚及其公差应满足相应的技术要求。

（6）铜及铜合金管，管件内外表面应光滑、清洁，不得有裂缝、起层、凹凸不平、绿锈等现象。

（7）其他辅助材料应符合相关技术质量标准和有关消防、环保的要求。

2. 管道及配件安装控制要点

（1）立管上的阀门安装要考虑便于开启和维修；下供式立管上的阀门，当设计未标明高度时，应安装在地坪上300mm处，且阀柄应朝向操作者的右侧并与墙面形成45°夹角处，阀门后侧必须安装可拆装的连接件（油任）。

（2）多层及高层建筑，应每隔一层在立管上安装一个活接头。

（3）管道上阀门安装位置应符合设计要求，进出口方向应符合介质流向。对于安装时有方向位置要求的阀门，如升降式止回阀，升降的阀瓣轴心一定要呈垂直状态。

（4）水表应安装在便于维修、不受曝晒、污染和冻结的地方。安装螺翼式水表，表前与阀门应有不小于8倍水表接口直径的直线管段。表外壳距墙外表面的净距为10～30mm。水表前应安装有阀门，两边与管道连接应有活接头，水表安装应牢固平整，不得歪斜。水表底部应设托架。

（5）塑料管和复合管明敷安装时应利用管道折角进行自然补偿，当采用折角自然补偿有困难时，支管长度应不小于6.0m，在引出点应设专用伸缩节，且在干管部位应设固定支撑。当采用橡胶密封圈连接管道时，固定支撑点间距不应大于6.0m，且应在折角转弯的管件部位采用防止推脱措施。

二、室内消火栓系统安装

1. 材料要求

（1）消防设施用管材有镀锌钢管或非镀锌钢管及管件、消火栓、水枪、水龙带、控制阀、信号阀和支吊架用型钢、连接材料等，均应符合设计要求的品种、型号、规格，其质量、性能，必须符合国家规定的产品标准，并有产品质量出厂合格证及说明资料。

（2）消防设施安装时应在建筑物墙体和屋盖施工完毕后进行。对暗装消防管道及设施的管沟、墙槽及预留孔洞，均按设计要求预先留设后，方准进行施工。

2. 系统安装控制要点

（1）消火栓有明装、暗装和半暗装之分。暗装的消火栓箱门应预留在装饰墙面的外部。

（2）单出口消火栓的水平支管，应从箱体的端部经箱底由下而上引入，安装位置尺寸，见图 6-3。

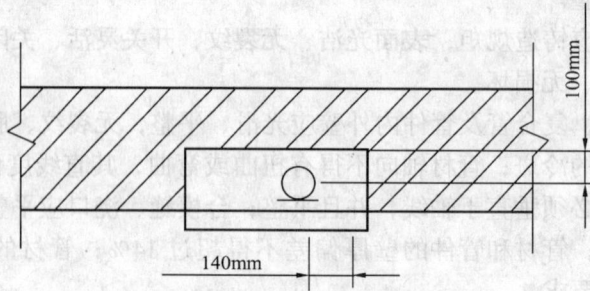

图 6-3　单出口消火栓

（3）双出口的消火栓，其水平支管可从箱的中部，经箱底由下而上引入，其双栓出口方向与墙面成 45°角，见图 6-4。

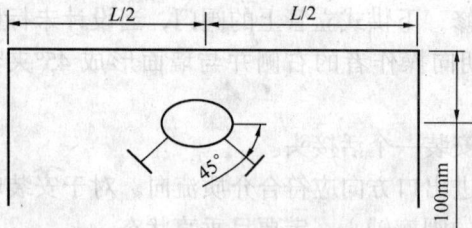

图 6-4　双出口消火栓

注：L—箱体宽度

（4）室内消火栓，栓口应朝外，栓口中心距地面为 1.1m，容许偏差 ±20mm，距箱后表面为 100mm，允许偏差 5mm。消防水龙带与水枪和快速接头的绑扎应紧密牢固，扎好后应根据箱内结构，将水龙带卷折，挂在箱内托盘或挂钩上。当盘卷放在箱内时，盘法应正确。

（5）消防高位水箱的安装应在结构封顶及塔吊拆除前就位，并应做满水试验，消防出水管应加单向阀（防止消防加压时，水进入水箱）。

三、自动喷水系统安装

系统安装控制要点如下：

（1）喷洒干管用法兰连接，每根配管长度不宜超过 6m。喷洒管道不同管径连接不宜采用补芯，应采用异径管箍；弯头上不得用补芯，应采用异径弯头；三通、四通处不宜采用补芯，应采用异径管箍进行变径。

（2）喷洒头支管安装要与吊顶装修同步进行。吊顶龙骨装完，根据吊顶材料厚度定出喷洒头的预留口标高，按装修图确定喷洒头的坐标，使支管预留口位置准确。支管管径一律为 25mm。末端用 25mm×15mm 的异径管箍口，管箍口与吊顶装修层平，拉线安装。支管末端的弯头处 100mm 以内应加卡件固定，防止喷头与吊顶接触不牢，上下错动。

（3）报警阀组的安装应先安装水源控制阀、报警阀，然后根据设备安装说明书再进行辅助管道及附件的安装。水源控制阀、报警阀与配水干管的连接，应与水流方向一致。报警阀组应安装在便于操作的明显位置，距室内地面高度宜为 1.2m；两侧与墙的距离不应小于 0.5m；正面与墙面的距离不应小于 1.2m。

（4）水流指示器的安装应在管道试压和冲洗合格后进行。水流指示器前后应保持有 5 倍安装管径长度的直管段，应竖直安装在水平管道上。其指示的箭头方向应与水流方向一致。信号阀应安装在水流指示器前的管道上，与水流指示器之间的距离不应小于 300mm。

（5）喷头安装应在管道系统试压合格并冲洗干净后进行。安装时应使用专用扳手，严禁利用喷头的框架施拧；喷头的框架、溅水盘产生变形或释放原件损伤时，应采用规格、型号相同的喷头更换。安装喷头时，不得对喷头进行拆装、改动，并严禁给喷头附加任何装饰性涂层。安装在易受机械损伤处的喷头，应加设喷头防护罩。

四、给水设备安装

1. 水箱安装控制要点

水箱管网压力进水时，要安装液压水位控制阀或浮球阀。水箱出水管上应安装闸阀，不允许安装阻力大的截止阀。止回阀要采用阻力小的旋启式止回阀，且标高低于水箱最低水位 1m。

泄水管从止回阀最低处接出，可与溢水管相连。但不能与排水系统直接连接，溢水管安装时不得安装阀门。不得在通气管上安装阀门和水封。

2. 水泵试运转控制要点

（1）泵启动前，泵的入口阀门应全开；出口阀门、离心泵全闭；其余泵全开。

（2）试运转结束后，应关闭泵的出入口阀门和附属系统的阀门，放尽泵内和管内的积水，防止生锈和冻裂。

五、排水管道及配件安装

1. 控制要点

（1）排水立管一般不允许转弯，当上下层位置错开时，宜用乙字管或两个 45°弯头连接，错开位置较大时，也可有一段不太长的水平管段。

（2）排水支立管露出地坪的长度一定要根据卫生器具和排水设备附件的种类决定，严禁地漏高出地坪和小便池落水高出地面。

2. 塑料排水管安装控制要求

（1）塑料管粘接前，应先清除接口处的油污，插入后应有稍长于 1min 的定位时间，待其固化。

（2）塑料排水立管上的伸缩节必须按设计要求的位置和数量进行安装。横支管上合流配件至立管超过 2m 应设伸缩节，但伸缩节之间的最大距离不得超过 4m。管端插入伸缩节处预留的间隙应为：夏季 5~10mm，冬季 15~20mm。

六、雨水管道及附件安装

控制要点：密闭雨水管道系统的埋地管，应在靠立管处设水平检查口。高层建筑的雨水立管在地下室或底层向水平方向转弯的弯头下面，应设支墩或支架，并在转弯处设检查口。

七、热水管道及配件安装

1. 控制要点

（1）热水系统的热水横管应有不小于 0.003 的坡度，以利于放气和排水。上行下给系统供水的最高点应设排气装置，下行上给系统可利用最高层的热水龙头放气，管道系统的泄水可利用最底层的热水龙头或在立管下端设置泄水丝堵。

（2）热水管道水平干管与水平支管连接，水平干管与立管连接，立管与每层支管连接，应考虑管道相互伸缩时不受影响的连接方式，见图6-5。

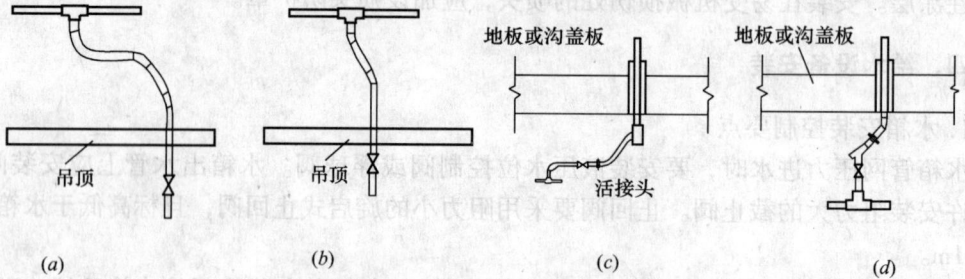

图 6-5　热水干管与立管等管道连接方式
（a）连接方式一；（b）连接方式二；（c）连接方式三；（d）连接方式四

（3）冷热水管上下平行安装，热水管应在冷水管上面；垂直并行安装，热水管应在冷水管左侧，其管中心距为 80mm；在卫生器具上安装冷、热水龙头，热水龙头应安装在左侧。

（4）为满足热水系统运行调节和检修要求，在下列管段上应设置阀门：

1）配水或回水环状管网的分干管；

2）各配水立管的上、下端；

3）从立管接出的支管上；

4）配水点不小于 5 个的支管上；

5）水的加热器、热水储水器、循环水泵、自动温度调节器、自动排气阀和其他需要考虑检修的设备进出水口管道上。

（5）热水管网应在下列管段上设置止回阀：

1）闭式热水系统的冷水进水管上；

2）强制循环的回水总管上；

3）冷热混合器的冷、热水进水管上。

2. 热水系统补偿器的安装

（1）热水管道应尽量利用自然弯补偿热伸缩，直线管段过长应设置补偿器。一般采用波纹管补偿器，在安装前不得拆卸补偿器上的拉杆，不得随意拧动拉杆螺母。

（2）装有波纹补偿器的管道支架不能按常规布置，应按设计要求或生产厂家的安装说明书的规定布置。一般在轴向型波纹管补偿器的一侧应有可靠固定支架，另一侧应有两个导向支架，第一个导向支架离补偿器边应等于 4 倍管径，第二个导向支架离第一个导向支架的距离应等于 14 倍管径，再远处才可按常规布置滑动架，管底应加滑托。见图6-6。

3. 轴向波纹管补偿器的安装

应按补偿器的实际长度并考虑配套法兰的位置或焊接位置，连接时找平找正，使补偿器中心与管道中心同轴，不得偏斜安装。热水管道系统水压试验合格后，通热水运行前，要把波纹管补偿器的拉杆螺母卸去，以便补偿器能发挥补偿作用。

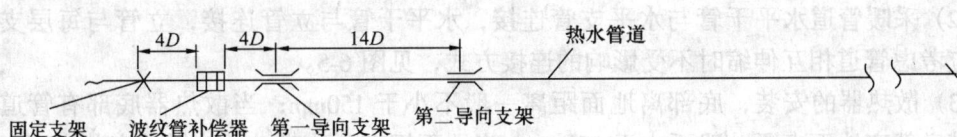

图 6-6　装有波纹补偿器的热水管道支架布置

注：D—管道直径

八、卫生器具安装

1. 预控项目

(1) 根据设计要求和土建确定的基准线，确定好卫生器具的标高。

(2) 所有与卫生器具连接的管道水压、灌水试验已完毕，并办好隐蔽、预检手续。

(3) 浴盆安装应待土建做完防水层及保护层后，配合土建施工进行。

(4) 其他卫生器具安装应待室内装修基本完成后再进行安装。

(5) 蹲式大便器应在其台阶砌筑前完成，坐式大便器应在其台阶砌筑后安装。

2. 控制要点

(1) 卫生器具排水口在通水前应堵好，存水弯的排水丝堵可以后安装，施工排水横管及水平干管，应满足或不小于最小坡度的要求。

(2) 器具安装后必须平稳、牢固。竣工前应逐个检查，保证零件齐全、开关灵活、无松动损坏现象。瓷器安装应符合高度规定，距离一致，多个器具安装间距均匀一致，拉线找平，上边沿应处在一条水平线上，不得里出外进、高低不平。

(3) 卫生器具与排水管的连接，不用下水栓而将卫生器具排水口与排水承口直接连接的，一般以纸筋水泥或油灰作密封填料。在器具排水口均匀地涂抹，然后按划线正确就位。以大便器的连接为例，见图 6-7。

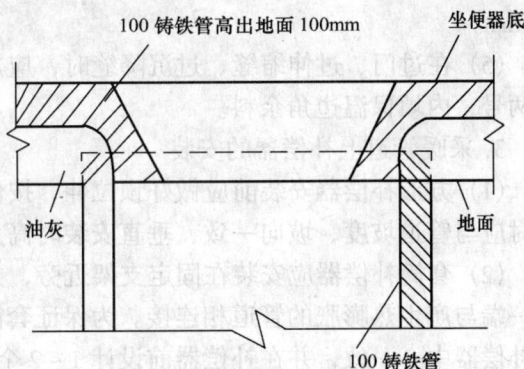

图 6-7　大便器与铸铁排水管连接

(4) 瓷盆的排水栓下应涂油灰，盆底应垫好橡胶圈，用紧锁螺母紧固使排水栓与瓷盆连接牢固且密封。水泥制作的瓷盆，应将排水口仔细凿平，并在排水栓外涂上纸筋石灰水泥，在水槽下部盆底用紧锁螺母锁紧。排水栓应低于盆槽底表面 2mm，低于地表面 5mm。地漏应安装在地面最低处，其算子顶应低于地面 5mm。地漏和地坪之间的孔洞应用细石混凝土仔细补洞，防止地面漏水。

九、采暖系统安装

1. 一般要求

(1) 采暖立支管变径，不宜使用补芯，应使用变径管箍。

（2）采暖管道水平干管与水平支管连接，水平干管与立管连接，立管与每层支管连接，应考虑管道相互伸缩时不受影响的连接方式，见图6-5。

（3）散热器的安装，底部离地面距离一般不小于150mm；当散热器底部有管道通过时，其底部离地面净距一般不小于250mm；当地面标高一致时，散热器的安装高度也应该一致，尤其是同一房间内的散热器。

（4）有放气阀的散热器，热水采暖和高压蒸汽采暖应安装在散热器顶部；低压蒸汽采暖应安装在散热器下部1/3～1/4高度上。放气阀在试压前上好，试压后取下，系统运行时再装上，以防止碰坏。

2．低温热水地板辐射采暖系统的安装要求

（1）绝热板材应清洁、无破损，在楼地面铺设平整、搭接严密。绝热板拼接紧凑，间隙10mm，错缝铺设，板接缝处全部用胶带粘接，胶带宽度40mm。

（2）房间周围边墙、柱的交接处应设绝热板保温带，其高度要高于细石混凝土回填层。房间面积过大时，以6000mm×6000mm为方格留伸缩缝，缝宽10mm，伸缩缝处用厚度10mm绝热板立放，高度与细石混凝土平齐。

（3）加热盘管在钢丝网上面敷设，管长应根据工程上各回路长度定尺寸，填充层内不得有接头。

（4）用尼龙扎带将加热管绑扎在绝热板加强层钢丝网上，或用固定管卡将加热管直接固定在敷有复合面层的绝热板上。同一通路的加热管应保持水平，确保管顶平整度为±5mm。

（5）在过门、过伸缩缝、过沉降缝时，应加装套管，套管长度≥150mm。套管比盘管大两号，内填保温边角余料。

3．采暖管道上补偿器的安装

（1）方形补偿器安装前应做好预拉伸，按位置固定好，然后再与管道相连接。水平安装时应与管道坡度、坡向一致，垂直安装时高点应设放风阀、低点处应设疏水器。

（2）套筒补偿器应安装在固定支架近旁，并将外套管一端朝向管道的固定支架，内套管一端与产生热膨胀的管道相连接。为保证套筒补偿器的正常工作，安装时必须保证管道和补偿器中心一致，并在补偿器前设计1～2个导向滑动支架。

波纹补偿器的管道支架与热水系统相同。

第四节 通 风 系 统

一、风管加工制作

1．材料要求

（1）所用材料的材质、型号、规格必须符合设计要求和规范规定。严禁使用淘汰、禁用、限用材料。

（2）镀锌钢板表面应平整光滑，有镀锌层的结晶底纹，普通薄钢板厚度应均匀，无严重锈蚀、裂纹、结疤等缺陷。

（3）铝板的光泽度良好，无明显的磨损及划伤现象。

(4) 不锈钢板厚度应均匀，表面光洁，板面不得有划痕、割伤、锈蚀等现象。

(5) 硬质聚乙烯板材表面应平整，厚度均匀，不应有分层、裂纹、气泡等缺陷。

2. 风管下料

(1) 在展开下料时应对矩形板料进行严格校方，对每片板料的长度、宽度及对角线严格检验，确保误差在允许范围内。

(2) 风管加工应根据现场实际测量准确后再加工，特别注意风口及其他可拆卸的接口，不得设置在预留孔洞或楼板内。

二、风管部件及附件制作

(1) 风管部件与消声器的材质、厚度、型号规格应严格按照设计要求及有关标准选用，并应具有出厂合格证和质量证明文件。风管部件与消声器制作材料表面应平整，厚度均匀，无明显伤痕，并不得有裂纹、锈蚀等缺陷。

(2) 防火阀所选用的零（配）件必须符合有关消防的规定。

(3) 柔性短管应选用防潮、防腐，不透气，不霉变的材料。防排烟系统的柔性短管的材料必须为阻燃材料，空气洁净系统的柔性短管应为内壁光滑、不积灰尘的材料。

(4) 调节阀、防火阀、消声器制作必须符合设计和相关标准的规定，各部件必须灵敏严密，符合功能使用要求。

三、风管安装

1. 预控项目

(1) 风管系统安装必须在土建工程具备条件、各主业之间图纸复核无误后进行。

(2) 风管安装前应对预留孔洞检查复核。

2. 控制要点

(1) 在干管上分出支管时，当采用短管法兰连接分支，法兰短管应不少于 50mm。如图 6-8 所示。

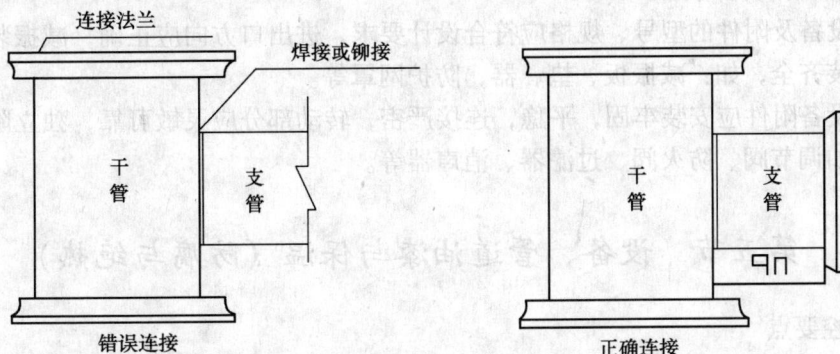

图 6-8　干管与支管连接样图

(2) 设备与管道、管道与管道进行柔性连接时（软连接）应垂直水平，不得歪斜扭曲，软管连接长度应大于 150mm，如图 6-9 所示。

3. 支吊架安装

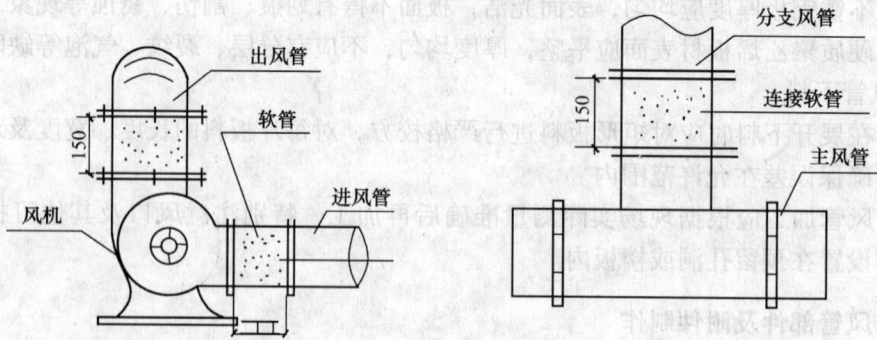

图 6-9 软管连接样图

（1）首先对预留孔洞进行检查，对不合适的孔洞进行处理，保证风管穿墙、板时顺利通过。

（2）支吊架安装前，对管道走向、坐标、标高、支吊架间距等进行现场实际测量后，绘制出支吊架布置图，按图进行设置。

（3）支吊架的材质、型号、规格应符合设计和规范要求，保证支吊架安装的准确性、安全性。

（4）风管安装成形后应垂直、水平、牢固严密，支吊架方向一致，间距统一，吊杆露出螺母长度应均匀一致。

四、通风空调设备、附件安装

1. 预控项目

（1）设备机房土建粗装修及门窗已安装完毕，现场清理干净，具备安装条件。

（2）设备基础及埋件强度符合设计规范要求并经检查验收。

（3）设备及附件进场开箱验收检查合格。

2. 设备及附件安装

（1）设备及附件的型号、规格应符合设计要求，进出口方向应正确，减振装置、防护装置应加装齐全，如：减振板、垫、器，防护网罩等。

（2）设备附件应安装牢固，平稳，连接严密，转动部分应灵敏可靠，独立附件应单设支吊架，如调节阀、防火阀、过滤器、消声器等。

第五节　设备、管道油漆与保温（防腐与绝热）

1. 预控要点

（1）各种漆料应按产品说明书进行配制，配制好先涂刷样板符合要求后，再大量配制、大面涂刷，以避免返工浪费。

（2）油漆涂刷前，首先检查被刷管道铁件除锈是否符合要求，合格后方能进行油漆作业。

（3）管道的保温应在水压试验合格后进行，如工期紧需在试压前进行，须将连接口留出（焊口、丝口等），但接头部分的处理必须严密保证防腐保温效果。

2. 材料控制要点

（1）油漆、涂料、保温材料应在有效期内，不得使用过期、不合格的伪劣产品。油漆、涂料、保温材料应有产品合格证、性能检测报告和质量证明书。

（2）保温绝热材料的材质、厚度、密度、含水率、导热系数等性能参数应符合设计要求。

（3）涂刷在同一部位的底漆和面漆的化学性能要相同，否则涂刷前应做溶性试验。

（4）在防火分区、防火部位内所用的主材和辅材均应符合防火和环保的要求。

3. 保温施工控制要点

（1）施工前，作业现场的杂物、积水应清理干净，并满足照明的需要，油漆涂料作业时不得单人操作，以保证安全和质量。油漆保温施工计划，技术安全质量交底，应审批签证。

（2）油漆、保温成形后，必须严密、均匀、色泽一致、表面平整光滑，无漏刷漏保缺陷。

（3）管道保温管壳的拼接缝隙不应大于 5mm，并用粘结材料勾缝填满；纵缝应错开，外层的水平接缝应设在侧下方。当保温层的厚度大于 100mm 时，应分层铺设，层间应压缝。

（4）管道防潮层施工应紧密粘贴在保温层上，封闭良好，不得有虚粘、气泡、皱折、裂缝等缺陷。立管的防潮层应由管道的低端向高端敷设，环向搭接的缝口应朝向低端；纵向的搭接缝应位于管道的侧面，并错开。

4. 成品保护控制要点

成品保护是建筑施工一项非常重要的工作，过程保护、最终产品保护都应有可行可靠的保护措施，并把措施落实到位。

第六节 设备与管道标色、标示、标向与编号

设备管道标色、标示、标向是整个安装工作最后一道工序，是体现总体质量观感效果的关键，必须做精做细。

1. 标色

设备管道面漆必须色泽均匀一致、光亮，无漏刷、无脱落、无污染、分色清晰洁净。在不同介质的管道表面或保温层表面，涂上不同颜色的油漆和色环，管道上还要标出介质流动方向的箭头，常用颜色标准，见表 6-1。

常用管道面漆和色环的颜色　　　　　　　　表 6-1

序号	管道名称（按输送介质划分）	油漆颜色		序号	管道名称（按输送介质划分）	油漆颜色	
		基本色	色环			基本色	色环
1	饱和蒸汽管	红	—	4	工业用水管	黑	—
2	过热蒸汽管	红	黄	5	工业用水与消防用水合用管	黑	橙、黄
3	废气管	红	绿	6	雨水管	黑	绿

続表

序号	管道名称（按输送介质划分）	油漆颜色 基本色	色环	序号	管道名称（按输送介质划分）	油漆颜色 基本色	色环
7	生活饮水管	绿	—	14	液化石油管	黄	绿
8	热力网供水管	绿	黄	15	燃料油管	褐	—
9	热力网回水管	绿	褐	16	压缩空气管	浅蓝	—
10	凝结水管	绿	红	17	氧气管	深蓝	—
11	消防用水管	绿	红、蓝	18	乙炔管	白	—
12	煤气管	黄	—	19	氢气管	白	红
13	天然气管	黄	黑	20	氨气管	棕	—

2. 标示

把设备管道的用途标示清楚，标示的部位应一致，字体的规格颜色应一致。

3. 标向

把各系统管道的走向，进出口的方向用箭头标示清楚，箭头的大小在同一部位应一致。

4. 编号

（1）在同一房间内的设备应进行编号，如：1号给水泵、1号消防泵、1号喷洒给水泵、1号循环泵等。

（2）同一系统的设备序号应一致。如冷水机组相对应的供、回水循环泵等编号及序号应一致。

190

第七章　施工现场安全、消防、环保与文明施工

第一节　施工现场安全与消防

"安全重于泰山"——施工现场安全管理贯穿于工程始终，在工程施工中极为重要。因此工程一开工就要成立由主要领导挂帅的领导小组，负责整个施工现场的安全、消防、治安保卫等工作。安全管理工作要以政府及有关管理部门的安全、消防法令和规定为准则，认真执行和贯彻。在施工前，要编制安全交底书面管理文件，在重要和关键部位或工序上要编制针对性的书面安全交底。在施工进程中定期召开安全会，组织安全员学习政府及有关管理部门的安全、消防法令和规定，教育广大施工人员树立安全意识，做到人人重视安全，事事、处处考虑安全。特殊工种必须持证上岗。

建立和加强施工现场安全检查，严格遵守现场各项规章制度，加强施工人员的安全知识培训。在施工中，始终贯彻"安全第一、预防为主"的安全生产工作方针，保证职工在生产过程中的安全与健康，严防各类事故发生，以安全促生产。强化安全生产管理，做到组织落实、责任到人、定期检查、认真整改，施工班组每日针对工程情况进行"三工"教育并有安全活动记录。发现安全问题或隐患及时指出并改正，机电设备安装施工现场安全管理主要有以下几个方面。

1. 现场安全用电

施工现场的临时用电按建设部《施工现场临时用电安全技术规范》（JGJ 46—2005）的要求执行，凡手持电动工具的使用必须通过漏电保护装置，施工照明用电必须用 36V 低压电。

（1）临时配电系统须按标准采用三相五线制的接零保护系统，或可根据现场的实际情况采取相应的接零或接地保护方式。各种电气设备和电力施工机械的金属外壳、金属支架和底座必须按规定采取可靠的接零或接地保护。漏电保护装置的选择应符合规定。

（2）安装现场使用电动机具要严格遵守操作规范，发生故障时由设备管理员负责维修。使用电动工具及带电的加工设备必须由专业值班电工负责接、拆线，电动工具及带电的加工设备应有保护措施和接地装置，绝缘性能应符合安全使用要求。电源开关应设在专用配电箱内，人员离开现场时应及时切断电源，下班后拉闸上锁。定期对电动工具进行检修、复查，保证施工机具的运转正常及用电安全。

（3）操作机械设备时严禁带手套，并将袖口扎紧；严禁在设备运转时处理故障，检修和保养待停机时进行，不得带电操作。

（4）设备送、停电及设备调试运转期间要按调试运转方案中的有关安全要求执行。

（5）施工现场须有足够的光线，施工照明可根据需要设置固定或移动灯具。不得把氧乙炔火焰、喷灯等用作照明光源。

2. 安全防护

施工现场必须做好各级人员的劳动保护监察工作，保证各级人员的身体健康。施工人员进入现场要做到或注意以下事项：

（1）进入施工现场的任何人员必须戴安全帽，禁止穿拖鞋进入施工现场，进入施工现场严禁吸烟。

（2）高空作业

1）两米以上空中作业时必须系安全带，安全带生根处须牢固可靠，安全带使用前要检查有无损坏和破旧，安全带要定期由有关专业人员检查。

2）高空作业使用操作平台时，也要系好安全带。平台上部须设侧栏，上人时平台的脚轮应加挡板，以防受力自行移动。操作平台在移动时，平台上面不得有人，平台上不得堆放材料和工具。当登高作业使用高梯时应尽可能不采用单梯而选用人字梯，并有专人扶梯。

3）高空交叉作业操作时，应对管钳、扳手等小型手持工具采取有效的防坠落措施，以免坠落伤人。

（3）做好施工现场临边和孔洞的安全防护，加强对施工用平台、脚手架的牢固性检查。脚手架要由专业人员搭设，不得随意乱搭，不得有探头板，搭设后要有专人检查合格才可使用。关键或大型脚手架要经专业技术人员计算。

（4）管道竖井施工时要做好警示标志并在竖井边做好安全防护，穿楼板的管道施工完毕应及时封闭，对暂时不施工的管井或孔洞要有防护措施，防止高空坠落。严禁在竖井内抛掷工具、小料等物品，以防伤人。

（5）使用砂轮切割锯时操作人员应站在砂轮片旋转方向的侧面，身体不得对着砂轮锯，以防锯片破裂伤人。不得在机具上放物。砂轮切割锯必须有防护罩，周围不得放可燃物品。

（6）现场存放钢管时，严禁超高码放，管子两侧要用楔子固定，不得滚动。

（7）各种管道就位后，必须及时固定或临时支吊，临时支吊要牢固、到位，不得浮放在支、吊架上。

（8）利用吊装机械吊管道时必须将管道绑扎牢固，有专职人员指挥吊装，其他人员不得乱给停、启信号。

3. 现场消防管理

现场消防管理遵循"预防为主，防消结合"的消防工作方针，强化消防工作的管理，杜绝火灾事故。要建立施工现场消防小组，专职消防人员要经常进行现场巡回检查，如有火灾隐患和苗头要及时与有关部门联系，避免火警事故的发生。在施工现场要按规定配备灭火设施。电、气焊是施工现场发生火灾的主要隐患，因此对电、气焊施工要建立严格的管理制度。

对施工人员进行消防自救及培训，要严格执行现场消防管理制度及上级有关规定。

（1）进入施工现场任何人员禁止吸烟；冬期严禁用电炉取暖；现场不得用明火，如需明火须经有关部门批准并应在明火附近增设灭火设施。

（2）电、气焊施工

1）严格执行现场用火制度，凡在现场进行电、气焊施工，用火前应先办理用火手续，并设专人看火，看火人员应配备有足够的灭火设施。

2）在电、气焊施焊前要检查作业面是否具备操作条件，清除作业面周围易燃、易爆物品，以防焊渣飞落引起火灾。施焊完后及时检查清理作业面，周围不得有余火隐患。同时要定期检查电气焊工具是否漏电、漏气，以防止易燃易爆等不安全因素的产生。

3）雨天、雪天应在室内或防雨棚内施焊操作，五级风以上时禁止露天作业。

4）氧气、乙炔罐要在施工建筑物外妥善保管，在搬运时要轻拿轻放。

5）电、气焊人员在操作时必须带防护面具、防护手套及穿防护工作服。

6）禁止在压力容器及有压的管道上进行操作焊接；一般禁止切割和焊接已受力构件，必要时要采取措施，领导批准后方可进行操作。油漆未干的构件不能焊接。

7）电、气焊工要经培训考试，持证上岗。要熟悉电、气焊工具的构造、性能、操作方法。在操作前要检查所有工具是否良好，然后才可工作；在工作间隙或结束后必须关闭有关的阀门和电源。下班后要将电、气设备收拾整理、切断电源及关闭阀门。

（3）油漆、稀料等易燃物品应妥善保管，库房应通风良好，并设置消防设施。调配油料的作业场所严禁烟火。在室内调配油料时应保持通风良好并设消防设施。

料库、料场应配备足够的消防器材，执行 24h 的消防值班制度。对易燃材料要集中管理，并设有明显标志，严禁在消火栓周围堆放设备材料，以确保消防设施道路的畅通。各施工小组工具房内不得存放汽油、煤油等易燃材料。仓库门窗要坚固、严密，门锁插销要齐全，库房建立严格的管理制度。

（4）贵重器材和设备应指定专人保管，严格领用、借用、交接手续。班组工具、量具等要有专人负责，下班后要锁入工具箱内，不要随便乱放。工具房门窗要牢固，防止工具丢失。

第二节　环保与文明施工

建立环保与文明施工领导小组，负责整个施工现场及周围环境的保护与文明施工工作。定期召开环保人员会议，教育广大施工人员树立环保意识，达到人人重视环保，为搞好环保与文明施工尽职尽责。认真贯彻《北京市建设工程现场环保工作基本标准》，不断提高职工的环保意识和法制观念，设专人经常考核检查，并做好记录。施工现场集中设垃圾站，由专人负责管理，及时清运，适量洒水，减少尘土。对粉尘污染和噪声，定期进行监测并记录，对超标问题，立即进行整改。施工现场文明施工管理必须执行上级颁发的场容有关规定，施工现场要有领导负责，工长分区负责，施工小组均要有专人负责，使施工现场达到文明四区。

现场文明施工要有书面交底，交底必须对文明施工提出具体要求，重要部位要有切实可行的具体措施，书面交底。

1. 现场环保管理

（1）现场垃圾及时清理并清运，生活垃圾和施工垃圾要分类，应采用容器吊运，不得随意抛洒。现场使用的玻璃棉、橡塑等保温材料下脚碎料、废料随手捡拾不得乱丢弃，要装袋密封，材质不同时分类存放，及时清运。

（2）现场使用的油漆、油料等不得造成跑、冒、滴、漏或随意抛洒污染环境。调制油漆时，油漆桶和稀料桶及时盖好封严，防止加大异味的扩散。废弃的漆桶不得随意丢弃，要回收到位，统一处理。

（3）昼夜连续作业的工序，对其人为的噪声要采取降噪措施，并制定各项管理制度。大型机械、电动工具注意噪声，严格控制噪声，最大限度减少扰民。夜间施工噪声与照明不许违反规定及超出规定标准。如加工风管时使用机械作业或其合缝铆接、调校时常规手工操作的金属敲击声，要尽可能减少。

（4）对施工现场的锅炉、茶炉、火灶应采取消烟除尘措施，茶炉、大灶要使用清洁燃料。

（5）施工现场应有有效的环境保护措施和自我保证体系及信息网络。

2. 文明施工管理

（1）施工队对现场文明施工管理要统一布置，统一安排，要有平面布置分区负责公告，贴在现场，每个班组要有岗位责任制，做到人人皆知。

（2）现场施工用房不得有歪斜、破烂等现象，要严格按要求办，做到规矩整齐。

（3）施工操作面周围要做到活完场清，工完料尽，及时清退多余材料。剔凿、保温等产生的施工垃圾要随时清理干净，并将垃圾废料倒在指定地点做到工完场清。

（4）上道工序须为下道工序积极创造便利的施工条件，及时做好预留、预埋和暗配管工作，尽量减少剔凿、开洞等重复工作。必须要剔凿或开洞时要先在墙面、楼板画线，然后用专用的工具切割或打孔，不得用大锤乱敲乱打野蛮施工。

（5）管道专业水压试验后，放水要有序排放到指定的地点，不得在施工现场内外自由流放。试压管道的连接要按试压方案以使经济合理，其试压用水要尽量采用循环水或多管分段试验，尽可能地节约用水。

（6）通风、管道专业刷漆时，其他专业要有防护措施，要做好成品保护，如明装散热器、给水、排水管道最后的银粉面漆一般在墙面装饰完成后再刷，因此在刷面漆时要做好防护，避免污染墙面或其他专业管道造成二次交叉污染。

（7）通风、管道专业末端设施安装时要做防护，避免污染其他专业的成品。如通风专业在装饰好的墙面或吊顶板上安装末端风口、消防喷洒专业在吊顶板上安装末端喷洒头，一定要带白色的工作手套，以免将墙面或吊顶板弄脏。

（8）施工现场堆放的成品、材料要整齐。不锈钢管、管件及管道材料应与碳素钢管及制品分开堆放。不锈钢管材在运输和安装过程中，应在它们与黑色金属运输机具或吊装索具之间垫上木板或橡胶板，并防止碰撞影响管道外观质量。

（9）施工临时中断的管道开口应及时封堵，隔一段时间再施工时应检查管内有无杂物，及时清理。加工好的管子暂不安装时，应在表面上涂油防锈，封闭管口。管子、管件等在施工中应妥善保管和维护，不得混淆或损坏。

（10）在装饰好的地面上施工，在地面放置设备或高梯时梯脚要有防护措施，一是防滑，二是防止划痕，对地面保护。如散热器搬运和安装时要在散热器下方加防护措施。

附　录

附录 1　××工程机电工程施工组织设计

1　编制依据

1.1　×××××××工程施工合同

1.2　××××设计院设计、绘制的通风空调、给水排水施工图

1.3　总承包商编制的工程施工组织总设计

1.4　总体施工进度计划

1.5　各专业工程施工及验收规范（附表 1-1）

各专业工程施工及验收规范　　　　　　　　　　附表 1-1

序号	规 范 名 称	规范编号
1	建筑给水排水及采暖工程施工质量验收规范	GB 50242—2002
2	通风与空调工程施工质量验收规范	GB 50243—2002
3	给水排水管道工程施工及验收规范	GB 50268—97
4	现场设备、工业管道焊接工程施工及验收规范	GB 50236—98
5	自动喷水灭火系统施工及验收规范	GB 50261—2005
6	压缩机、风机、泵安装工程施工及验收规范	GB 50275—98
7	工业金属管道工程施工及验收规范	GB 50235—97
8	给水排水管道工程施工及验收规范	GB 50268—97
9	建筑工程施工质量验收统一规范	GB 50300—2001
10	通风管道技术规程	JGJ 141—2004
11	建筑设备施工安装通用图集	91SB1～91SB8
12	建筑工程资料管理规程	DBJ 01-51—2003
13	建设工程监理规程	GBJ 01-41—2002

2　工程概况

2.1　工程简介

　　×××××工程位于北京××区××西北角，为一综合性发展项目，总建筑面积近 80350m²，地下二层，地上二十八层，建筑高度为 813m。地下一、二层为小汽车库及设备用房，A 座地上一、二层为商务用房，三层以上为商务公寓；B 座地上一、二层分别为商业、商务用房，三层以上为办公用房。

　　×××××工程建设单位为北京×××××房地产开发有限公司，由×××设计院

组织设计，××工程建设监理公司负责监理，××承包商承建，××安装公司、××分公司、××设备公司作为机电专业分包。机电工程的施工范围包括通风空调系统、给水排水系统。

本工程于 2006 年 5 月开工，计划 2008 年 9 月竣工。质量目标为单位工程确保北京市优质工程，争创国家优质工程鲁班奖。

2.2 机电工程各系统简介

2.2.1 通风空调系统

本工程的裙楼商业区及 A 座办公区采用中央空调系统，总冷负荷约为 2600kW，选用 2 台螺杆式制冷机组，每台制冷机的制冷量为 1300kW，2 台冷却塔，3 台冷冻水泵，3 台冷却水泵。制冷机、冷冻水泵及冷却水泵置于地下二层制冷机房，冷却塔设在 A 座屋面。冷冻水供回水温度为 7℃/12℃，冷却供回水温度为 32℃/37℃，系统工作压力为 800kPa。

空调系统热水的热源为市热公司提供之（110℃/70℃）高温热水，换热器为板式系统，系统总热负荷为 7800kW，其中，塔楼公寓部分热负荷为 5160kW，商业及地下室部分热负荷为 2640kW，换热站设于地下一层，分为裙房，塔楼高区，塔楼低区三个独立系统，并设置一套软水设备供系统补水用。

商务公寓各单元厨房、卫生间及地库内机电设备用房、卫生间、垃圾间、停车库等地方，将采用机械通风系统，为防止异味外溢，部分房间室内均设计保持负压。

在楼梯间，楼梯前室及消防电梯前室设加压防烟系统；在地库停车库、地下室物业管理用房及员工餐厅厨房区域及地下室变配电室设排烟系统。所有排烟风机前均设 280℃关闭的排烟防火阀，当烟气温度达到 280℃时，排烟防火阀自动关闭，同时联动排风机关闭。防排烟管道穿越防火分区时，均用满足耐火等级的不燃材料包裹。

2.2.2 给水排水系统

本工程给水排水系统工程范围包括：生活给水、生活热水、中水管道、污废水及压力排水、雨水排放等系统。招标范围不包括的有：卫生洁具安装、中水机房内中水设备的供应及安装、热力站设备及管道安装及消防水系统安装。

生活给水系统：水源由市政供水管网供应，由两根 200mm 进水管分别引入至地库二层生活水泵房，设有两台 12m³ 的生活储水箱，地库二层至裙楼二层山市政给水管网直接供水，裙楼三层及塔楼部分分为高、中两个区，高区为十六层至二十八层，中区为三层至十五层，高、中区给水由一套变频调速泵分区供水至各用水点，在水泵的吸水管上设置紫外线消毒器，空调补给用水利用一组上水泵及气压罐，从合用水池泵至办公楼屋顶的水箱，在适当位置装设减压阀。

生活热水系统：主要供应地下一层餐饮用生活热水，采用市政热网为一次热源，二次水经水—水热交换器换热后供应。

中水排水及回用系统：中水系统水源为洗手盆排水及洗浴废水，收集后集中排至地库二层中水处理站处理，中水回用水在地库二层中水泵房由中水泵加压提升至屋顶中水箱，经自流方式供水至各用水点，在适当位置加设减压阀以确保供水水压，本系统分为高、中、低三个区，地上二层以下为低区，三层至十五层为中区，十六层至二十七层为高区，中低区采用干管减压。

生活排水系统：生活排水系统采用污废分流设计，地上部分的生活废水收集后作为中水水源处理并回用于绿化、浇洒道路和冲厕之用，办公楼及裙楼部分的污水由污水管道收集后排入室外化粪池进行净化处理后排入市政排水管网，浇洒道路废水、绿化排水则和雨水排水排入市政雨水管网，餐饮部分的废水和停车库的废水先经隔油池处理后排入市政排水管网。消防电梯井底设排水装置，地下层设集水坑，均由污水泵提升后排入市政排水管网。

雨水排水系统：雨水排放系统以重力排放为主，采用内排水系统，雨水由雨水斗收集后经悬吊管，雨水立管在地库一层高位排入市政雨水排水管网，地下停车库出入口车道起端及末端加设雨水截水沟，末端设集水井及潜水泵排放雨水。

2.3 主要工程数量（略）

3 施工准备

3.1 施工组织机构（略）

3.2 技术准备

3.2.1 现施工图纸已全部到位，专业技术人员认真熟悉图纸，进行图纸自审，及时办理设计交底及图纸会审，解决图纸问题。

3.2.2 专业技术人员在熟悉本专业图纸及管路布置的情况下，及时与其他专业技术人员进行管路走向及标高核对，发现各专业管路间有交叉、打架现象及时请设计解决，避免施工时相互间影响。

3.2.3 专业技术人员根据工序要求及现场实际情况，编制详细的施工技术交底见附表1-2，对施工人员进行交底和有针对性的培训，规范操作程序及施工方法。

施 工 技 术 交 底　　　　　　　　　　　　　　　附表 1-2

序号	分部工程	技术交底名称	负责人
1	通风空调	风管制作、安装	××
2		空调、新风机组安装	××
3		螺杆式制冷机组安装	××
4			
5			
6			

3.2.4 对于特殊工序和大型设备运输，专业技术人员应根据现场实际情况，编制相对切实可行的施工方案，见附表1-3，以期提高施工质量，缩短工期。

施 工 方 案　　　　　　　　　　　　　　　　　附表 1-3

序号	分项工程	方 案 名 称	负责人
1	通风空调	空调、新风机组运输方案	××
2		螺杆式制冷机组运输方案	××

3.3 施工人员准备

项目部根据工程量对施工人员工种、数量进行计划招聘，见附表1-4。

招聘计划表 附表1-4

序　号	工 种 名 称	计 划 人 数
1	通风工	××人
2	管道工	××人
3	电气焊工	××人
4	油漆工	××人
5	起重工	××人
6	普工	××人
7	电工	××人
	合计	

3.4 材料准备

3.4.1 项目部及时与业主、总包协商，确定设备、材料采购负责单位。

3.4.2 专业技术人员及时、准确地计算图纸工程量，编制出材料使用计划。

3.4.3 专业技术负责人与材料管理人员对材料进场的时间、数量及使用进行合理安排与严格控制管理，保证材料能够满足施工要求，避免不合理浪费。

3.4.4 主要设备到场计划，见附表1-5。

主要设备到场计划表 附表1-5

序号	设备、材料名称	单　位	数　量	招标采购单位	计划到场时间
1	空调、新风机组	台	3	业主	××年×月
2	螺杆式制冷机组	台	2	业主	××年×月

3.5 施工用设备、机具、仪表准备

3.5.1 施工用设备、机具计划，见附表1-6。

施工用设备、机具计划表 附表1-6

序号	名　称	型 号 规 格	单位	数量
1	风管制作成套设备			
2	剪板机	Q11-4×2000	台	
3	折方机	WS-1.5×2000	台	
4	联合咬口机	最大可咬厚度1.5mm	台	
5	单平咬口机	最大可咬厚度1.5mm	台	
6	弯头咬口机	最大可咬厚度1.5mm	台	
7	压筋机	YJ 1.2×2300		
8	联合冲剪机			
9	电焊机	B×300　300A		
10	卷扬机	JJM-3　3t		
11	套丝机			
12	沟槽机	单相220V　0.3kW（0.5kW）		
13	角向磨光机	&18		
14	切割机			
15	氧割（焊）设备			
16	电锤			
17	台钻			
18	手电站			

3.5.2 施工用仪表计划，见附表 1-7。

施工用仪表计划表

附表 1-7

序 号	名 称	型 号 规 格	单 位	数 量
1	干湿球温度计	(0～150℃±0.3℃)	个	6
2	热球式风速仪		个	12
3	叶轮式风速仪		个	12
4	毕托管倾斜式微压仪	φ8	个	2
5	转速表	±1%	个	12
6	点温计	(0～150℃±0.3℃)	个	12
7	漏风测试仪		个	3

3.6 与土建单位技术配合

3.6.1 预留、预埋

在结构施工阶段配合土建单位搞好设备吊运孔洞的预留工作；管路安装孔洞的预留及预埋件设置工作亦应细致配合土建单位进行。结构图上标出的大型孔洞，要和结构专业共同复核、检查其位置、标高、尺寸是否与设备图一致，若发现问题，及时请设计解决。

3.6.1.1 专业技术人员认真审图，给施工人员交底，对于 300mm 以下的孔洞及时随土建施工进度预留、预埋木盒或钢套管。

3.6.1.2 敷设在钢筋混凝土结构楼板及结构墙体内的管线在土建单位浇筑混凝土前要敷设、安装完毕，并经监理及相关单位隐蔽验收合格，在开口部位做封堵。

3.6.1.3 在二次结构砌体内的管线敷设，尽量跟紧土建单位施工进度，在砌筑前完成。若遇特殊情况，施工单位应经相关单位许可后，用机具规整剔槽。

3.6.1.4 预制墙板、楼板需要剔孔洞，必须在装修或抹灰前剔凿；遇有剔混凝土空心楼板或断钢筋，必须先征得有关部门的同意及采取相应补救措施后，方可剔凿。

3.6.2 套管安装

管道穿墙壁或楼板，应设置钢制套管。根据所穿部位的厚度及管径尺寸确定套管规格、长度。一般非保温管道套管内径应大于管道外径 30mm；安装保温水管，其套管内径应满足设计规定厚度的保温层通过。安装在楼板内的套管，其顶部应高出地面 20mm，底部应与饰面相平；套管与管道之间用非燃性保温材料填实；穿过厕所、厨房等潮湿房间的立管，套管与管道之间可用油麻填实。

3.6.2.1 防水套管安装（见 91SB 图集）

3.6.2.2 柔性穿墙防水套管用于管道穿过墙壁之处受有振动或有严密防水要求的构筑物（做法见 91SB 图集）；刚性套管适用于钢管穿过墙壁之处有严密防水要求的构筑物。

3.7 施工进度计划（略）

根据土建进度和甲方要求竣工日期，安排机电设备安装施工进度。

4 主要施工方法及技术要求

4.1 通风空调系统

4.1.1 工艺流程

施工技术交底 / 施工安全交底 → 材料进场检验 → 风管加工 / 法兰制作防腐 → 风管与法兰组装 / 支吊架制作防腐

→ 风管、阀件安装 → 风管严密性试验 → 风管保温 →

设备进场验收、安装、配管 → 风口安装 → 系统调整、调试 →

资料收集、整理 → 竣工、验收

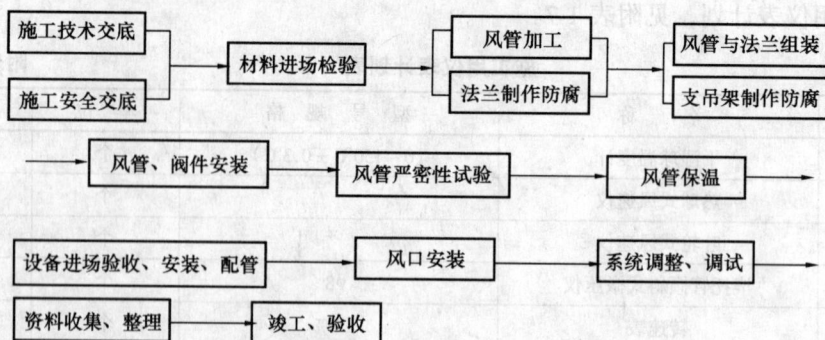

4.1.2 法兰（角钢）风管制作主要施工方法

4.1.2.1 风管咬口采用联合角咬口，金属板材的拼接、圆形风管的闭合缝均采用单咬口。风管板材拼接的咬口缝应错开，不能有十字形交叉缝。

4.1.2.2 风管咬口缝应紧密，宽度一致。风管表面应平整，凹凸不大于 10mm。

4.1.2.3 风管路开三通处加工成圆弧面或 45°面过渡，以减小阻力。

4.1.2.4 风管转弯处变径一般 $R = D$，矩形短变径弯头设导流叶片，导流片间距不小于 60mm，片数不小于 2 片。

4.1.2.5 低压系统风管做风管严密性试验，采用漏光法检验，抽检率为 5%，严格控制漏光检测标准，达到合格。

4.1.2.6 风管制作的规范允许偏差，见附表 1-8。

风管制作的规范允许偏差　　　　　　　　　　　　　　　附表 1-8

项　目	风 管 规 格	规范允许偏差
风管外径或外边长	不大于 300mm	2mm
	大于 300mm	3mm
管口平面度		2mm
矩形风管对角线长度差		不大于 3mm
圆形法兰任意正交两直径差		不大于 2mm

4.1.2.7 风管法兰

4.1.2.7.1 加工风管法兰时，一般情况下，法兰内径比风管外径略大 2～3mm。

4.1.2.7.2 法兰焊缝应饱满，无夹渣与孔洞；法兰表面要平整，平面度偏差为 2mm。

4.1.2.7.3 矩形风管法兰的四角都应设置螺栓孔，螺栓孔直径应比连接螺栓直径大 2mm，螺栓及铆钉的间距不应大于 150mm。螺栓孔的位置处于角钢（减去厚度）中心，相同规格法兰的螺孔排列应一致，并具有互换性。

4.1.2.7.4 风管与角钢法兰连接采用 $\phi 4 \times 8$ 铆钉翻边铆接，铆接应牢固，铆接部位应在法兰外侧；翻边尺寸应为 6～9mm，翻边应平整、宽度一致，咬缝不得有孔洞。

4.1.2.8 风管加固

4.1.2.8.1 矩形风管边长大于 630mm、保温风管边长大于 800mm、管段长度大于 1250mm 时，应采取加固措施。

4.1.2.8.2 本工程所有镀锌钢板风管全部使用宽度为 1250mm 的卷材，在制作风管前对钢板进行整平并压制加强筋对风管加固。当长边大于2000mm时除上述加固外还要采用内加固筋加固，加固筋采用$\delta=1.2$的镀锌钢板条形下脚料制作。

4.1.2.8.3 采用内加固筋加固时，加固筋应在风管竖向，与风管气流方向一致排列均匀以免形成气流阻力，加固筋间距不超过800mm。

4.1.2.8.4 风管加固应排列整齐，布置应均匀，加固筋与风管的铆接应牢固，铆接间距不大于200mm。

4.1.2.8.5 对于大边大于1500mm的弯头三通采用外加固角钢框的加固形式。

4.1.3 风管及部件安装

4.1.3.1 图纸矩形风管为管下皮标高。安装前要进行现场实测，保证风管安装位置、标高、走向正确。

4.1.3.2 风管安装前应清除管内、外杂物，保证风管的清洁。

4.1.3.3 风管安装前要先检查现场预留孔洞的位置、尺寸是否符合图纸要求，有无遗漏现象，发现问题，及时请相关方解决。

4.1.3.4 风管接口的连接应严密、牢固。法兰连接的风管，法兰垫料采用8501密封胶条，压置在螺栓孔里侧。法兰垫料不能挤入或凸入风管内，连接法兰的螺栓应均匀拧紧，螺母方向一致。

4.1.3.5 风管的连接应平直、不扭曲。机房明装风管水平安装，水平度的允许偏差为3/1000，总偏差不大于20mm。吊顶内风管位置应正确，无明显偏差。

4.1.3.6 风管穿防火墙或楼板时，应外加$\delta=1.6mm$钢板防护套管，风管与防护套管间用不燃烧的柔性材料封堵。

4.1.3.7 各类风阀安装在便于操作及检修的部位，安装后操作装置应灵活，阀板关闭严密，防火阀方向应正确。

4.1.3.8 风口安装前要与土建装饰单位配合，风口中心位置由土建装饰单位给予确定。风口与风管的连接应严密、牢固，与装饰面紧贴；表面平整、清洁、无变形。风口水平安装，水平度偏差不大于3‰；风口垂直安装，垂直度偏差不大于2‰。

4.1.4 风管吊架

4.1.4.1 风管水平安装，直径或长边不大于400mm，吊架间距不超过4m；大于400mm，吊架间距不超过3m。支吊架形式见附图1-1，先制作后安装，安装前刷灰色防锈漆两遍。保温风管下加1mm厚的镀锌钢板垫板，具体做法见附图1-1。

4.1.4.2 风管吊架不得设置在风口、阀门、检查门处，不得影响阀件的操作，离风口距离大于200mm。

4.1.4.3 风管吊架不得直接吊在法兰上，保温风管的支吊架设在保温层外部，并不得损伤保温层。

4.1.4.4 防火阀的安装要求设独立吊架。

4.1.4.5 水平悬吊的主干风管长度超过20m时，每个系统设1~2个防晃吊架。

4.1.4.6 风管弯头处在45°角方向上设一吊架，三通、四通、风管的末端0.5m处均设吊架。

4.1.4.7 风管支、吊架在除锈后刷防锈漆两遍，明装部分再刷面漆两遍。

4.1.5 风管保温

膨胀螺栓
短角钢
风管
吊杆
横担
A
B
25 ↓50 50↑ 25

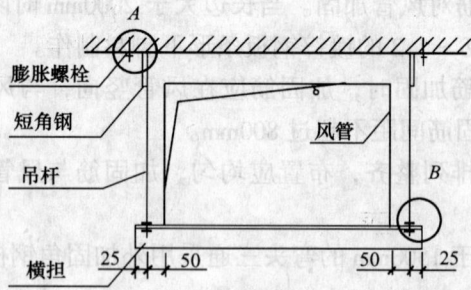

一般风管吊架图

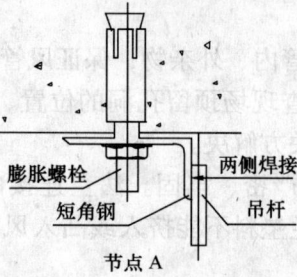

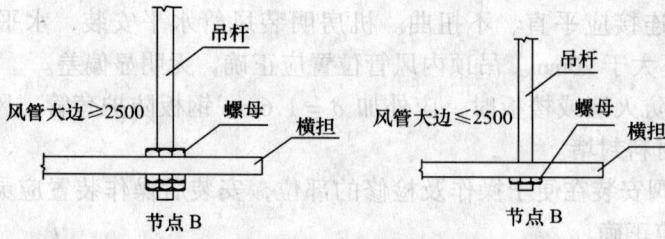

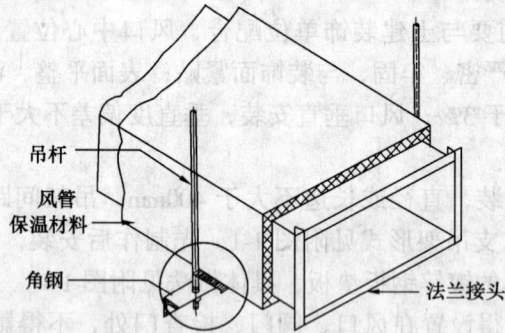

膨胀螺栓
短角钢
两侧焊接
吊杆

节点 A

吊杆
螺母
横担
风管大边≥2500

节点 B

吊杆
螺母
横担
风管大边≤2500

节点 B

吊杆
风管
保温材料
角钢
法兰接头

保温风管吊架图

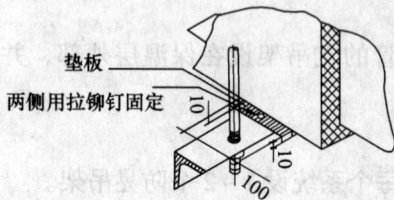

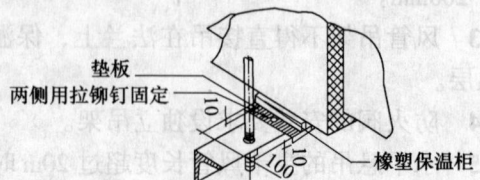

垫板
两侧用拉铆钉固定
10
10
100

垫板
两侧用拉铆钉固定
10
100
橡塑保温柜
10

附图 1-1　风管吊架图

4.1.5.1 空调风管保温做法，见附表 1-9。

空调风管保温做法

附表 1-9

序	系 统 类 型	保 温 材 料	厚度（mm）	保护层
1	空调送回风管、新风管（屋顶棚内、空调机房内、非空调机房内）	难燃 B1 级氧指数大于 33 的橡塑保温板	$\delta = 25$	外缠玻璃丝布，刷两道防火漆
2	空调送回风管、新风管（空调房间吊顶内）	难燃 B1 级氧指数大于 33 的橡塑保温板	$\delta = 20$	外缠玻璃丝布，刷两道防火漆
3	消防排烟管（吊顶、罗盘箱、管井内）、空调回风兼排烟管	带夹筋铝箔离心玻璃棉	$\delta = 30$	外缠玻璃丝布，刷两道防火漆

4.1.5.2 保温材料要具备出厂合格证或质量检验报告，并有消防局检验证明。保温材料应密实、无裂纹、空隙等缺陷，表面平整。

4.1.5.3 橡塑保温板保温

4.1.5.3.1 橡塑保温板与风管粘接采用专用的胶粘剂。

4.1.5.3.2 胶粘剂应均匀涂在风管、部件的外表面上，橡塑保温板与风管、部件表面紧密贴实，无空隙。

4.1.5.4 玻璃棉板保温

4.1.5.4.1 玻璃棉板采用金属保温钉与风管连接、固定。

4.1.5.4.2 保温前风管表面要擦拭干净，保温钉分布均匀、成梅花形排列，数量为：风管下面 16 个/m²、风管侧面 10 个/m²、风管上面 8 个/m²。首行保温钉至风管边沿距离小于 120mm。

4.1.5.4.3 保温材料和风管要密贴，接缝处用铝箔胶带封严。

4.1.5.4.4 外缠玻璃布搭接宽度为 30～50mm，松紧适度。

4.1.5.4.5 防火涂料应分层涂抹，厚度均匀，无气泡和漏涂，表面应光滑无缝隙。

4.1.5.5 保温质量要求

4.1.5.5.1 保温后表面应平整，允许偏差为 5mm。

4.1.5.5.2 保温材料下料要准确，切割面平齐，水平与垂直面搭接处以短边顶在大面上。保温材料的纵、横向接缝应错开。

4.1.5.5.3 阀件保温同风管保温，防火阀保温露出执行机构。

4.2 给水排水系统

4.2.1 给水系统安装工艺流程

安装准备→预制加工→干管安装→立管安装→支管安装→管道试压→管道防腐和保温→管道通水冲洗

4.2.1.1 主要施工方法

4.2.1.1.1 安装准备

安装前根据图纸及建筑标高定位线进行测量放线，确定管道支架位置。

4.2.1.1.2 预制加工

按设计图纸画出管道分路、管径、预留管口及阀门位置等的施工草图，按标记分段量出实际安装的准确尺寸，记录下来并按草图及实际测得的尺寸预制加工。

4.2.1.1.3 给水干管安装

干管安装一般在支架安装完成后进行。安装前首先根据图测量、定位画线定出主干管中心线及分支主管的位置，然后下料及预组装，组装检查及调直。上管时，应将管道放置在支架上，用预制好的管卡将管子固定，防止管道滚落伤人。干管安装后进行最后的校正调直，保证整根管子水平面和垂直面在同一直线上并最后固定牢。给水干管按 0.002 ~ 0.005 坡度敷设，坡向泄水装置。

4.2.1.1.4 给水立、支管安装

给水立管分主管、支立管分步预制安装。安装前首先根据图纸要求或给水配件及卫生器具的种类确定支管的高度，画线定位、栽管卡。两个以上的管卡均匀安装，成排管道或同一房间的立管卡和阀门等的安装高度保持一致。管卡栽好后，再根据画线定位，测出各立管的实际尺寸进行下料编号，然后统一进行预制和组装，经检查和调直后方可进行安装。安装时要保证垂直度和离墙距离，并应在同一垂直线上。冷热水立管安装要求热水管在左，冷水管在右。给水立管每层设管卡，高度距地面 1.5m。给水立管和装有 3 个或 3 个以上配水点的支管始端，以及给水阀后面按水流方向均应设置可装拆的连接件。

给水支管安装前核定各卫生洁具冷热水预留口高度、位置，找平正后栽支管卡件。当冷热水管或冷、热水龙头并行安装时，应符合下列规定：上下平行安装，热水管在冷水管上方安装；垂直安装时，热水管在冷水管的左侧安装；在卫生器具上安装冷热水龙头，热水龙头安装在左侧。

4.2.1.1.5 管道试压

管道试压一般分单项试压和系统试压两种，单项试压是在干管敷设完后或隐蔽部位的管道安装完毕按设计和规范要求进行水压试验；系统试压是在全部干、立管安装完毕，按设计或规范要求进行水压试验。水压试验的方法和步骤按有关规定：管道的试验压力应为工作压力的 1.5 倍。

水压试验合格后把水有组织地泄净，破损的镀锌层和外露丝扣处做好防腐处理，再进行隐蔽工作，将管端与配水龙头接通，并以管网的设计工作压力供水，将所有配水点同时开启，各配水点的出水应通畅，并检查水压、流量是否满足使用要求。

4.2.2 排水系统安装工艺流程、主要施工方（略）

5 质量保证措施

5.1 质量目标、保证体系（略）

5.2 质量保证措施

5.2.1 施工材料质量要求

认真执行物资采购、进货检验和试验、搬运和储存等控制文件。制定现场施工材料管理办法和措施。加强原材料和设备的质量检查工作，做好记录。所有设备材料做到无合格证材质单一律不许进场，坚持不合格品不施工的原则。

（1）进入现场的板材、型钢，应具有质量合格证明及材质检验报告，符合建筑安装工

程资料管理规程的规定。

(2) 镀锌钢板表面应平整，厚度均匀，无裂纹、结疤及水印等缺陷，镀锌层完整，咬口测试无镀锌层起皮、剥落现象。

(3) 各种型钢应该等型、均匀，无裂纹、气泡、窝穴及其他影响质量的缺陷。各种管材、型钢及各种阀部件在进场后认真检查，必须符合国家或部颁标准，有质量、技术要求并有产品合格证。

(4) 镀锌钢管及管件表面无划痕，管壁内外镀锌均匀。焊接钢管、铸铁管壁厚均匀，厚度符合设计要求，无弯曲锈蚀。

5.2.2 施工过程、产品控制

(1) 在施工前，项目部组织各专业技术人员、质检员，对各专业施工人员进行质量培训教育。培训后，对参加施工人员进行考核，考试合格后方可上岗。

(2) 各施工队设兼职质检员，负责检查本施工队日常施工质量，定期对本施工队人员进行质量教育及培训。

(3) 各专业技术人员根据本专业的实际情况，依据设计要求、施工技术文件、施工规范，做详细、明确、有针对性的技术交底，并根据施工情况和技术变更情况及时向施工班组做好补充交底。

(4) 严格自检、互检制度，各分项工程检验批必须在自检合格的基础上，报监理验收。

(5) 各工序施工前做好"样板段"，统一施工做法及操作程序，经甲方、监理、设计验收合格后，再进行大面积施工，施工样板计划，见附表1-10。

施 工 样 板 计 划　　　　　　　　　　　　　　　附表1-10

序　号	分项工程	样板段名称	负责人	备　注
1	通风空调	风管制作、安装	××	
2				

(6) 凡是隐蔽工程都要经甲方、监理、设计三方验收，做好隐蔽工程记录。

(7) 对于各类机房、公共区域吊顶内等各专业交叉复杂的部位，预先组织各专业进行图纸综合会审，绘制出综合剖面图后，再进行施工，避免出现专业交叉打架现象。

5.2.3 质量控制关键过程

(1) 通风空调专业：空调机组运输及安装；防排烟系统调试等。

(2) 给水排水专业：管道强度、严密性试验等。

5.2.4 特殊过程

管道除锈刷漆；风管保温等。

5.2.5 质量通病预防措施，见附表1-11。

质量通病预防措施　　　　　　　　　　　　　　　附表1-11

序　号	分项工程	质 量 通 病	预 防 措 施
	通风空调	风管法兰连接不正	用方尺找正，使法兰与直管棱垂直

6 安全技术措施

6.1 加强施工人员的安全知识培训，各项施工工序和关键施工部位编制有针对性的书面安全交底。

6.2 要求施工班组每日针对工程情况进行"三工"教育并有安全活动记录。

6.3 加强施工现场安全检查，严格遵守现场各项规章制度，发现安全问题或隐患及时指出并纠正。

6.4 施工现场的临时用电按建设部规范《施工现场临时用电安全技术规范》（JGJ 46—88）的要求执行，凡手持电动工具的使用必须通过漏电保护装置，施工照明用电必须用 36V 低压电。

6.5 做好施工现场临边和孔洞的安全防护，加强对施工用平台、脚手架的牢固性检查。

6.6 进入施工现场必须戴安全帽、穿防滑绝缘鞋。做好各级人员的劳动保护监察工作，保证各级人员的职业健康。

6.7 定期对施工用设备、机具、电动工具进行检修、复查，保证施工机具的运转正常及用电安全。

6.8 各种管道就位后，必须及时固定，严禁浮放在支、吊架上。

6.9 高处作业人员必须系安全带，安全带须悬挂在牢固可靠处。

6.10 竖井施工后及时封闭，做好警示标志。严禁在竖井内抛掷工具等物品，以防伤人。

7 消防保卫措施

7.1 仓库门窗要坚固、严密，门锁插销要齐全，库房建立严格的管理制度。

7.2 库房电源控制必须设在外面，下班后断电，安装库门要一律往外开。

7.3 贵重器材和设备应指定专人保管，严格领用、借用、交接手续。

7.4 班组工具、量具等要有专人负责，下班后要锁入工具箱内，不要随便乱放。工具房门窗要牢固，防止工具丢失。

7.5 建立施工现场临时义务消防小组。专职消防人员要时常进行现场巡回检查，如有特殊情况应及时与有关部门联系。

7.6 严格执行现场用火制度，电气焊用火前应先办理用火手续，并设专人看火，看火人员应具备有足够的消防工具。同时电气焊工要经常检查电气焊工具是否漏电漏气，以防易燃易爆等不安全因素的产生。遇五级风以上时，禁止使用明火作业。

7.7 料库、料场应配备足够的消防器材，执行 24h 的消防值班制度。对易燃材料要集中管理，并设有明显标志，严禁在消火栓周围堆放设备材料，以确保消防设施道路的畅通。各施工小组工具房内不得存放汽油、煤油等易燃材料。

7.8 对施工人员进行教育及培训，要严格执行现场消防制度及上级有关规定，冬季严禁用电炉取暖，在施工现场严禁吸烟。

8 冬、雨期施工措施

8.1 进入现场的设备、材料必须避免放在低洼处，要将设备垫高，设备露天存放应加苦布盖好，以防雨淋日晒，料场周围应有畅通的排水沟以防积水。

8.2 施工机具要有防雨罩或置于遮雨棚内，电气设备的电源线要悬挂固定，不得拖拉在地。下班后要拉闸断电。

8.3 夏季炎热天气，施工人员在高层作业时要进行体格检查。有关部门做好防暑降温措施。

8.4 冬期施工，应做好五防"防火、防滑、防冻、防风、防煤气中毒"。用水不得随意乱泼。

9 现场文明施工管理措施

9.1 施工现场文明施工管理必须执行上级颁发的场容有关规定，施工队要有一名队长主抓，工长分区负责，施工小组均有一人管文明施工。

9.2 施工队对现场文明施工管理要统一布置，统一安排，要有平面布置分区负责，贴在现场，每个班组要有岗位责任制，贴在小组工具房。

9.3 工长交底必须对文明施工提出具体要求，重要部位要有切实可行的具体措施书面交底。

9.4 对于暂设用房不得有歪斜、破烂等现象，要严格按要求办，做到规矩整齐。

9.5 操作地点周围要做到整洁，干活脚下清，活完料尽，剔凿、保温完后要随时清理干净，将废料倒在指定地点。

9.6 上道工序必须为下道工序积极创造质量优良的条件，及时做好预留、预埋和暗配管工作。

9.7 施工现场堆放的成品、材料要整齐，以免影响地区景观。

10 成品及设备部件的保护措施

10.1 施工人员要认真遵守现场成品保护制度，注意爱护建筑物内的装修、成品、设备、家具以及设施。

10.2 设备在安装前由甲方、监理、施工单位有关人员进行设备进场验收，进行拆箱点件并做好记录，发现缺损及丢失情况，及时反映到有关部门。应参加人员不齐时，不得随意拆箱。

10.3 设备开箱点件后对于易丢、易损部件应指定专人负责入库妥善保管。各类小型元件及进口零部件，在安装前不要拆包装。设备搬运时明露在外的表面应防止碰撞。

10.4 大型设备吊装，应编写吊装及运输方案，在吊装时按产品吊装点吊装，专业公司和施工队指派有关人员参加。

10.5 对成品有意损坏的要给予处罚。

10.6 对管道、通风保温成品要加强保护，不得随意拆、碰、压，防止损坏。

10.7 各专业施工遇有交叉"打架"现象发生，不得擅自拆改，需经设计、甲方及有关部门协商，由工长协调解决后，方可施工。

10.8 对于空调机房等重要部位，在不具备安装条件时不得进行设备安装，当设备安装好门要加锁，并设专人看管。

10.9 对于贵重、易损的仪表、零部件尽量在调试之前再进行安装，必须提前安装的要采取妥善的保护措施，以防丢失、损坏。

11 现场的材料供应和管理措施

11.1 现场应有与工程量相适应的场地、库房，以利主、辅料及加工件的堆放、储备。

11.2 现场的设备、材料、加工件派专人负责按生产进度、计划编制，进行收、管、发的工作。

11.3 库内、场内的各种材料分规格、型号码放整齐，符合材料管理程序文件的要求。

11.4 充分发挥班组长的作用，加强对施工班组料具的管理，防止材料和零部件的丢失，废料、下脚料及时回收。

12 机械设备管理措施

12.1 购置或租赁设备、机具时，应优先选择环保型设备。

12.2 施工用设备及机具进场后，应进行安全运转检查和绝缘、接地、接零保护的测定。

12.3 对操作设备的施工人员进行培训，严格按照《施工设备技术安全操作规程》进行操作。

12.4 加强设备、机具的日常保养，及时进行清理。

12.5 定期对施工用设备、机具、电动工具进行检修、复查，保证施工机具的运转正常及用电安全。

13 环保措施

13.1 昼夜连续作业，应对人为的噪声采取降噪措施，并制定各项管理制度。

13.2 对施工现场的锅炉、茶炉、火灶应采取消烟除尘措施，茶炉、大灶要使用清洁燃料。

13.3 施工现场的环保工作应有专人负责。

13.4 对施工人员应进行环保宣传教育并进行考核，同时做好记录。

14 降低成本技术措施（略）

15 技术资料管理措施（略）

附录2 卫生洁具安装施工方案

1 编制依据

1.1 施工图纸（附表 2-1）。

施 工 图 纸 附表 2-1

序 号	图纸名称	图纸编号	出图日期	备 注
	别 03—卫生间大样	水施—003	×年×月×日	

1.2 现行施工验收规范、标准

(1)《建筑给水排水及采暖工程施工质量验收规范》（GB 50242—2002）

(2)《建筑工程施工质量验收统一标准》（GB 50300—2001）

图集

1.3 所选用卫生器具安装要求

1.4 土建施工组织设计

2 工程概况

2.1 建筑工程概况

本工程为××集团承建的××山庄 003 号别墅，位于××山庄北侧，建筑面积 420m²，现浇框架结构。地上两层，首层设有主客厅、厨房、起居室、小卫生间，二层设有主卧、次卧、主卫、次卫、小客厅。

2.2 给水排水系统

由于楼层较矮，给水水源由室外管网直接提供，采用直供方式向楼内各用水器具供水。

排水系统采用合流式，伸顶透气，经设在室外地下的排水干管排至污水处理器内。

热水系统，洗手盆及洗澡间的热水由设在卫生间内的电开水器提供。

3 施工安排

3.1 任务安排

本工程预计于 2005 年 3 月 1 日开工，2005 年 5 月 30 日投入使用，工期紧，装修要求高，要求在 5 月 10 日前本别墅的所有洁具均达到设计要求。

3.2 施工顺序安排

卫生间的施工受到土建施工进度的制约，在土建施工创造条件的情况下进行施工，卫生间内洁具的安装随建筑装修施工进度进行。

3.3 施工进度计划

3.3.1 施工准备阶段：在这期间准备好各种机具、材料的进场工作，施工作业人员的培训及组织施工技术人员熟悉图纸，编制施工方案及材料设备进场计划。并对进场的材料进行报验、检查。

3.3.2 安装阶段：根据建筑装修进度编制周计划或日计划，和建筑装修同步完成所有的卫生器具安装。

3.3.3 调试及验收阶段：在 5 月 10 前完成洁具竣工验收。

4 施工准备

4.1 现场施工准备

在卫生间的墙面放建筑 5.0 线、吊顶标高线、各种洁具及管线的中心线。

4.2 技术准备

技术人员在熟悉图纸的基础上编制详细技术交底，针对洁具的施工规范要求和工艺特点对操作人员进行技术交底，同时工程技术人员与工人共同讨论，优化施工方法，提高质量，缩短工期。

4.3 设备材料准备

设备、管件的规格、型号必须符合设计要求，材料进场后安装前必须经监理验收合格后方可进场使用。

设备、管件、附件、配件、密封件等产品质量应符合国家或行业现行标准要求，应具有质量合格证明。

4.4 机具准备

机械：冲击钻、手电钻、套丝机、磨光机、砂轮锯、电气焊等。

工具：管钳、手锯、螺丝刀、扳手、手锤、水平尺、盒尺、线坠等。

5 施工方法

5.1 卫生器具安装程序

测量→划线→栽固定件→器具试装/调试→装上水管→安装下水配件/下水管→器具正式就位固定→装上水配件→通水试验/背箱等上水配件调整

5.2 安装注意事项

5.2.1 座便器稳装前其下水口要清理干净，甩口周围抹油灰，要抹光滑。座便就位前其底部的水泥不要放的过多，拧地脚螺母时不要用力过猛。

5.2.2 固定小便池的膨胀螺栓出墙长度要一致，不要过长或过短，螺栓冒出螺母长度以1/2个螺杆直径为宜。

5.2.3 台式脸盆就位后，脸盆要平稳，与台面之间的间隙要均匀一致，并打上密封胶放水，脸盆的溢水口要通顺。

5.3 卫生洁具安装要求

5.3.1 操作工艺

安装准备→卫生洁具及配件检验→卫生洁具安装→卫生洁具、配件预装→卫生洁具稳装→卫生洁具与墙、地缝隙处理→卫生洁具外观检查→通水试验

5.3.2 材料要求：卫生洁具的规格型号必须符合设计要求，并有出厂产品合格证。外观规矩、造型周正、表面光滑、美观无裂纹、边缘平滑、色调一致。卫生洁具零件规格标准，质量可靠，外表光滑，电镀均匀，螺纹清晰，锁母松紧适度，无砂眼、裂纹等缺陷。

5.3.3 蹲便器安装根据《建筑设备施工安装通用图集》（91SB2），首先将胶皮碗套在进水口上，要套正、套实，用14号铜丝分别绑二道，将排水管口周围清扫干静，取下临时管堵，找出排水管口的中心线，将下水管口内抹上油灰，蹲便器的位置下铺垫白灰膏，然后将蹲便器排水口插入排水承口内稳好，同时用水平尺放在蹲便器上沿，纵横找平、找正，同时蹲便器两侧用砖砌好抹光。将蹲便器排水口与排水管口接触的油灰压实、抹光。最后将蹲便器排水口用临时堵封好。

5.3.4 小便器安装根据《建筑设备施工安装通用图集—卫生工程》（91SB2-1）图集，首先检查给水管与排水管的位置是否正确，根据小便器的规格尺寸确定螺栓的位置，把胶垫、胶圈套入螺栓，将螺母拧至松紧适度。

5.3.5 质量保证措施：严格依据国家质检部门、监理、设计单位和有关部门的有关规范、规程和工艺标准进行施工，并建立完善的质量保证机构。

5.3.6 成品保护措施

5.3.6.1 洁具在搬运和安装时要注意不要磕碰。稳装后洁具排水口作临时封堵，镀铬零件用纸包好，以免堵塞或损坏。

5.3.6.2 在釉面砖墙剔空洞时，宜用手电钻或先用小钎子轻剔掉釉面，待剔至砖底灰层处方可用力，但不得过猛，以免将面层剔碎或振成空鼓现象。

5.3.6.3 洁具稳装后，为防止配件丢失或损坏，如拉链、堵链等材料、配件在竣工前统一安装。

5.3.6.4 安装完的洁具应加以保护，防止洁具瓷面受损和整个洁具损坏。

5.3.6.5 通水试验，以免漏水时装修工程受损。

5.3.6.6 管道安装过程中，各敞口要及时封堵，严防有灰泥或杂物进入堵塞管道，安装完的管道及时用塑料布裹缠，以防污染。

参 考 文 献

[1]　莫章金等．建筑安装工程制图．长沙：重庆大学出版社，1997．

[2]　陈耀宗，姜文源，胡鹤钧等．建筑给水排水设计手册．北京：中国建筑工业出版社，1992．

[3]　黄剑敌．暖、卫、通风空调施工工艺标准手册．北京：中国建筑工业出版社，2003．

[4]　北京城建科技促进会．DBJ/T 01—26—2003．建筑安装分项工程施工工艺规程，北京：中国市场出版社，2003．

[5]　陆耀庆．实用供热空调设计手册．北京：中国建筑工业出版社，1993．

[6]　赵容义等．空气调节（第三版）．北京：中国建筑工业出版社，1994．

[7]　朱勇等．中央空调．北京：人民邮电出版社，2003．

[8]　刘金言．给排水·暖通·空调百问．北京：中国建筑工业出版社，2001．